U0248662

涂华民　编著

化学入门

很简单

HUAXUE RUMEN
HENJIANDAN

化学工业出版社

· 北京 ·

内容简介

本书集趣味性与知识性为一体,从化学的基本概念出发,选取了化学入门最基本的内容:元素、元素符号、化学式、化学反应、酸碱及溶液等。简要介绍了与之相关的概念、重要知识点及化学计算等。希望读者能在轻松的阅读中步入化学殿堂,获取新知,开阔视野,启迪思维,激发好奇心和想象力。

本书注重知识性、趣味性和思辨性相结合,可作为初高中生学习化学的课外读本,也可作为中学化学教师备课、教学的参考书。

图书在版编目(CIP)数据

化学入门很简单 / 涂华民编著. —北京:化学工业出版社,2024.2(2025.1重印)
ISBN 978-7-122-44420-2

Ⅰ.①化… Ⅱ.①涂… Ⅲ.①化学-普及读物 Ⅳ.①O6-49

中国国家版本馆 CIP 数据核字(2023)第 213066 号

责任编辑:李晓红　　　　　　文字编辑:郭丽芹
责任校对:杜杏然　　　　　　装帧设计:刘丽华

出版发行:化学工业出版社
　　　　　(北京市东城区青年湖南街 13 号　邮政编码 100011)
印　　装:北京天宇星印刷厂
710mm×1000mm　1/16　印张 19¼　字数 251 千字
2025 年 1 月北京第 1 版第 3 次印刷

购书咨询:010-64518888　　　　售后服务:010-64518899
网　　址:http://www.cip.com.cn
凡购买本书,如有缺损质量问题,本社销售中心负责调换。

定　　价:68.00 元　　　　　　　　版权所有　违者必究

　　化学的世界丰富多彩，天然元素的复杂组合共同构成了我们美丽的世界，而科学家根据元素规律创造的人造元素进一步证明了科学的无限魅力！

　　然而，由于公众对化学了解不够，媒体的宣传较为片面，一些人将某些偶发事件随意扩大，导致部分普通民众对化学产生过度的恐惧感，对化学科学的社会价值产生怀疑，这种现象亟须纠正。两年前参与大学生顶岗支教活动使我有机会与中学教师及学生进行了较多的接触与交流，这段经历使我思考了一些过去未曾思考过的问题，如部分高中生在学科分流时为什么不选化学学科？初中生为什么认为化学入门难？

　　化学其实很简单，入门也并不难，关键是要重塑大众对化学学科的认识与看法。为此，我认为很有必要撰写一本化学入门方面的书，以帮助初学者树立学好化学的信心。

　　化学学科的独特魅力在于化学实验，因为化学实验承载着知识、技能、方法、情感、观念与思想等重要内容。化学实验不仅可以培养学生学习的兴趣、观察自然的能力，拓展思维能力，提高团队意识与合作能力、创新精神与实践能力，而且可以训练学生动手操作的技能，使其养成严谨求实的科学态度、树立科学合理的价值观和人生观。

　　兴趣是行动的引擎。元素知识是学习化学的基石，相关内容繁多、庞杂、零碎，若罗列过多，易使初学者产生枯燥乏味、无所适从之感，从而失去学习的兴趣。故在介绍相关内容时，反复斟酌，精心编排，力求难度适宜，深浅结合，既体现一定的知识性，亦具备一定的趣味性与可读性。将身边的生活实例与具体的化学知识相互穿插融合，引导初学者体会化学与生活息息相关，学好化学，不但可提高个人的知识素养，而且可大大丰富自己的生活常识等。

化学给人类所带来的巨大利益和享受是无法估量的。据测算，当今世界人类财富的 50%来源于化学品。化学品的生产丰富了人类物质世界，满足了人类精神需求。2019 年 5 月 8 日，美国《化学文摘》（*Chemical Abstracts*，CA）上登录的化学物质就达到了 1.5 亿种，而且绝大部分是在自然界中从未有过的新物质。

化学计算类问题是化学问题的一种重要类型，鉴于初次接触者多有畏难的心理特征，本书特选取了一定量的例题，期望有利于大家学习掌握。熟练掌握化学计算有利于促进学生更深刻地理解化学变化过程的实质及其数量关系。

为了满足学习者的好奇心和求知欲，本书拓展了部分基础知识的深度，但由于个人学识局限，书中选材可能并非最佳，衷心期待广大读者、相关专家不吝赐教，多提宝贵意见与建议。

本书在编写过程中得到了河北师范大学化学与材料科学学院的大力支持。本书能够顺利出版，首先要感谢化学工业出版社编辑在图书出版方面的指导和帮助；其次感谢河北师范大学出版基金、化学学院学科建设基金的资助；最后感谢家人及亲朋好友的理解与支持，感谢所有对作者提供过各种形式帮助的同仁、学友。

涂华民

2024 年 1 月于石家庄市博士专家楼

目　录

第 **1** 章

初识元素

人类探索自然的脚步一刻也没有停止过。物质世界到底是由什么构成的？物质世界的深处究竟是什么？炼金术士、化学家、物理学家等已经持续研究物质相关问题上千年了，部分问题已有了答案。但仅仅对于化学这门学科而言，实际仍有许多未解之谜，也仍有许多很难测算的问题尚未获得正确的阐述。

物质世界是由什么组成的？

原子：原子是构成物质的基本粒子之一。原子在化学变化中不可再分，是化学变化中的最小粒子。原子是由原子核与核外电子构成的。

元素：元素是质子数（即核电荷数）相同的一类原子的总称，是物质世界组成的基本单元。

原子质量：组成原子所有微粒的质量和。由于电子的质量相对于质子和中子的质量而言很小，可以忽略不计，因此原子质量大致等于原子核中质子质量和中子质量的加和。原子的质量极小，一般不直接使用原子的实际质量而采用相对质量（即原子量）进行计算。

原子量：以处于基态的 ^{12}C 中性原子的静质量的 1/12 为标准，其他原子的质量与它相比较所得到的比值，即为该种原子的原子量。原子量的真实含义是元素的相对原子质量，元素的平均原子量是元素各核素的原子量与其丰度乘积的加和。

物质世界是由什么组成的？这一看似简单的问题，实际上困扰了人类相当长时间。公元前的一些哲学家在对此问题进行深入思考后，逐步形成了一些初步的看法。古希腊哲学家恩培多克勒（Empedocles）提出了世间万物都是由"水、气、火、土"四种基本元素组成的；中国古代先哲则认为物质世界是由"金、木、水、火、土"五种基本元素组成的。

柏拉图（Plato）最早引入并定义了元素（element）一词，该词来自拉丁语中的"elementum"一词，意思是"最基本的规则"或"最基础的形式"。柏拉图认为自然界中唯一永恒不变的就是数学，元素必须符合一定的数字顺序和审美。柏拉图多面体因此而与希腊哲学的四元素产生——的对应关系（正四面体对应火，立方体对应土，正八面体对应气，正二十面体对应水）。另外，十二面体则分配给了"以太"（一种非实体、无质量、恒定不变的物质，避开了绝对真空的存在）。

什么是原子？

公元前 5 世纪前后，哲学家留基伯（Leucippus）提出原子论的概念。其核心的观点是物质不可能被无限地分割下去，相反，世间万物都是由极小的、不可分割的粒子构成的，这种粒子被称为"átomos"。遗憾的是，"有不可再次被分割的物质存在"这一"原子"（atom）观点未被世人接受。

实际上，古代的人也都知道，硬币（金币、银圆或铜钱）在使用过程中会逐渐被一点点损耗，尽管这种损耗并不明显。古希腊哲学家德谟克利特（Democritus）从这一事实中意识到：世界上所有的物质必定是由极其微小的小片组成的。他把这最小的小片称为"原子"。德谟克利特认识到：物质的物理性质取决于构成它的原子（atom）的微观性质。

19 世纪初英国化学家约翰·道尔顿（John Dalton）将原子论继承并发扬光大："物质由不可再分的、被称为原子的微粒构成""每种元素的原子都有自己确定的原子量""不同元素的原子性质也不相同，改变原子的结合方式可以得到化合物"。

道尔顿的原子论观点的要点包括：所有的物质都是由原子构成的；

同种元素的原子性质和质量都相同，不同元素原子的性质和质量各不相同；原子是化学反应中的最小单元——无法被创造、破坏或者分解；原子可以从一种物质转移至另外一种物质，但不能从一种元素的原子转变为另一种元素的原子。

道尔顿原子论的元素定义深刻地揭示了元素的一些固有特性，明确了元素和原子的内在联系。但原子论显然有局限性：首先，同位素虽然化学性质相同，但质量不同；其次，由于存在同量素（质量数相同而质子数和中子数不同的原子的总称，分属不同元素），所以不同元素原子的质量可能相同（如 Ar-40、K-40、Ca-40）；再次，现代科学发现，原子可再分，质子、中子也可再分；最后，从原子核物理范畴讲，一种元素的原子可以转变为另一种元素的原子（参阅本章后面元素的起源和合成相关内容）。道尔顿的原子论带有明显的主观主义色彩，对元素的认识仍带有机械论和形而上学的特点，且没有涉及原子本身结构的讨论。

原子是一种永远运动的、远距离相互吸引、近距离相互排斥的微小粒子。原子本身也是由更小的组成单元所构成的（参见后面的"原子结构模型"内容），比如质子、中子和电子。从我们星球的地核到遥远的恒星，所有的物质，无论是固体、液体、气体还是等离子体，都是由质子、中子和电子三种粒子通过不同的组合方式构成的。

原子是由一个很小的、密实的原子核及核外一定数目的电子组成的，原子是电中性的，电子带负电的性质暗示了原子核是一种带正电的粒子。原子是保持物质化学性质的最小单位。原子核内有一定数目的质子和一定数目的中子，质子带有一个单位正电荷，中子不带电荷。原子直径大约在 10^{-10}m 数量级。原子核的直径在 $10^{-15} \sim 10^{-14}$m 区间，虽然原子核体积小，但 99.96% 以上原子的质量集中于原子核里。各种元素的原子核中普遍都存在质子，质子是自旋量子数为 1/2 的费米子，由 3 个夸克（2 个上夸克和 1 个下夸克）构成。原子核中的另一类重要组成核子就是中子，中子同样由 3 个夸克（2 个下夸克和 1 个上夸克）构成。中子数和质子数之和为原子核质量数，也就是说原子的质量主要来源于原子核。

原子太小，肉眼不能直接看到它。分子是由原子组成且能保持原物质化学性质的基本微粒。最简单的分子为单原子分子，如惰性气体 He、Ne、Ar 等；绝大多数分子为多原子分子，如水分子（H_2O）、苯分子（C_6H_6）等，其数目巨大。分子很小，就算是利用现代新技术合成的十二面体巨分子 $C_{2000}H_{2300}N_{60}P_{120}S_{60}O_{200}F_{180}Pt_{60}$（分子量达 61955，分子直径达 7.5nm，相当于小蛋白质分子的尺寸），仍不能用肉眼直接观察到。

借助扫描隧道电子显微镜（STM），科学家能够操纵单个原子，组成一定的图案或字词等；借助于原子力显微镜（AFM），人类已能够"看"到原子间的连接等，如图 1-1 所示。

 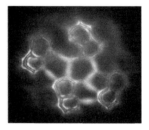

(a) 电子显微镜观察到的 70 个钴原子在铜　　　(b) 原子力显微镜拍摄的
　　表面组成"NIST"图　　　　　　　　　　　8-羟基喹啉照片❶

图 1-1　科学家们借助电子显微镜（a）和原子力显微镜（b）
拍摄到的原子照片

以氢为例，氢的原子核内只有一个质子（带正电荷），核外只有一个电子，这种最简单的原子被称为普通氢或氕（H）。如果氢原子核内的质子数不变而增加一个中子（不带电荷），核外仍然只有一个电

---

❶ Zhang J, Chen P, Yuan B, et al. Science, 2013, 342(6158): 611-614.

子，则所形成的原子被称为重氢，或称氘（D），它是氢的一种同位素。如果在氘核中再添加一个中子，得到超重氢，或称氚（T），氚核外也只有一个电子，这是氢的另一种同位素。氢的三种同位素如图 1-2 所示。

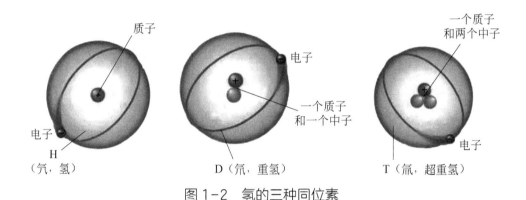

图 1-2　氢的三种同位素

一个原子核内必须包含的组成微粒是质子。元素同位素表征性符号中，只有 1 号元素给出了不同的名称（氕、氘、氚）与符号（H、D、T），因为它们的原子量差异大，同位素效应显著。为与周期表中其他元素表示相一致，现在多数教材及文献形成共识，统一采用"氢"及"H"表示。不过，由于氢同位素的性质差异较为显著，符号 D 或 T 仍有应用。如重水，常以 D_2O 表示，在核反应中可能应用更为普遍。

【知识拓展】质子数相同而中子数不同的同一种元素的不同原子，称为**同位素**。由于质子与中子共处于原子核心，不同中子数的同位素的稳定性差异巨大。一个不稳定的原子核通过放射出粒子（α粒子、β粒子、γ射线或中子）及能量后转变为较稳定的、新的原子核，该过程称为**衰变**。在爱因斯坦质能方程（$E = mc^2$，其中 E 为能量，m 为质量，c 为光速）及原子核的链式反应的指导下，人类发明了原子弹。

放射性原子衰变至原来数量的一半所需的时间，称为该原子的**半衰期**。不同原子具有不同的半衰期，短的可以微秒计，长的可达数百万年，甚至数十亿年。

原子结构模型

原子是否有更加精细的结构？原子是否能够进一步再分？等等，这是人类好奇心导致的必然追问。

1803 年，道尔顿提出第一个原子结构模型，他认为原子应该是一个实心的球体，不同原子具有不同的半径，球体的堆积形成宏观的物体。该模型没有体现原子结构自身的复杂性，缺乏实验依据。

英国物理学家汤姆森（J. J. Thomson）在 1897 年发现电子，这是对"实心球模型"否定的最直接证据。于是，道尔顿在 1904 年提出了一种被称为葡萄干布丁（plum pudding）的原子结构模型。他指出，每个原子都是由一系列带负电的粒子（葡萄干）镶嵌在一个带正电的生面团状的材料（布丁）中组成。该模型就像西瓜子分布在西瓜瓤中一样，较为形象且易于理解。虽然该模型能够解释光的色散和吸收现象等，但不能说明电子和正电荷为什么不发生"中和"，以及原子的光谱线系是如何形成的。

欧内斯特·卢瑟福（Ernest Rutherford）等通过α粒子散射实验发现，原子中 99.9999999999996% 的空间里什么也没有，仅占原子体积 $1 \times 10^{-13}\%$ 的原子核却占原子质量的 99.95% 以上，且原子核带正电荷。α粒子散射实验否定了原子结构的葡萄干布丁模型。所以卢瑟福于 1911 年提出了原子的行星模型，该模型认为原子是一个迷你太阳系，原子中间的核相当于太阳，是一个带正电的高密度的核，带负电的电子像行星一样绕着原子核高速运动。原子结构的 3 种模型演化过程见图 1-3。

(a) 实心球模型

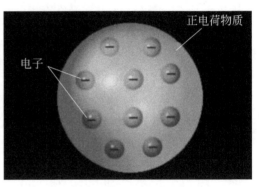

正电荷物质

电子

(b) 原子结构的葡萄干模型

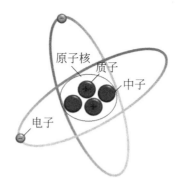

原子核
质子
中子
电子

(c) 氦原子的组成示意图

图1-3　原子结构模型的演化过程

　　原子的行星模型不能对原子的线状光谱进行合理的解释，也无法说明高速绕原子核运动的电子为什么没有发生湮灭。根据电磁理论，电子高速运动过程是不稳定的，电子将会不断地放出辐射能量。因此，这个原子中的电子将会失去能量，并最终以螺旋状轨迹进入原子核内，整个原子就崩溃了。但实际情况并非如此，原子是十分稳定的，发射线状光谱。

　　1913年，尼尔斯·玻尔（Niels Bohr）通过对氢光谱的深入分析研究，提出了电子绕核运动的定态量子化假设，合理解释了氢原子线状光谱，形成了新的原子结构模型。玻尔建立的原子结构模型说明电子绕原子核的运行并不能随心所欲，它们被排在有固定（量化）能量的"壳"里。每个壳层持有特定数量的电子，当上一层电子数量超过

　　化学入门很简单

上限时，电子将去填入下一个层次（图1-4）。

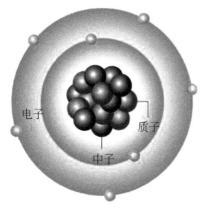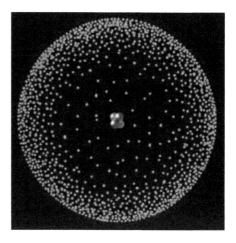

(a) 量子化原子模型　　　　　　　　　　(b) 电子云模型

图1-4　量子化原子模型和电子云模型

1921年，玻尔做了《各元素的原子结构及其物理性质和化学性质》的长篇演讲，阐述了光谱和原子结构理论的新发展，诠释了元素周期表的形成，对周期表中各种元素的原子结构作了说明。

玻尔模型能满意地解释实验观察到的氢原子的光谱，但玻尔模型将经典力学的规律应用于微观的电子，不可避免地存在一系列困难。如为什么处于定态运动的电子不发出电磁辐射？真实原因是玻尔理论还没有完全揭示微观粒子运动所遵循的运动规律，没有正确描述电子的微观状态。

实际上，电子并不像行星围绕太阳一样围绕着原子核运行。电子神出鬼没，电子运动也并不遵循牛顿（Isaac Newton）运动力学规律。微观粒子运动同时具有波动性和粒子性，即在一个确定的时刻其空间坐标与动量不能同时测准（德国物理学家海森堡在1927年提出测不准原理），为此薛定谔（Erwin Schrödinger）建立了波动方程来描述电子的运动。根据波动方程的解，可以得到电子在原子核周围形成"电子云"的结论，它实际上就是微观粒子运动所遵循的规律，即波恩（M.

Born）统计规律（图1-4）。

换个角度讲，带有负电荷的电子与带有正电荷的质子相互吸引，电子会向质子"坠落"，同时失去势能。在电子撞击到质子之前停止进一步地接近，电子会围绕质子运动，此时两者处于"最低能态"。电子的运动遵循量子物理学的定律而非宏观物体运动所遵循的牛顿运动力学定律，就是说电子的运动可以同时以波和粒子的形式存在（波粒二象性）。因此电子既是一个粒子，也是一个三维的概率驻波，电子位于原子核周围的某些区域里，以不同的概率出现在不同的地方，这些区域构成带电荷的云，称为轨道。可以说元素的性质就主要取决于它核外电子的排布。

核外电子分层排布取决于核外所谓"原子轨道"数量、分布、最大容纳电子数等因素。考虑到原子核带正电荷，电子带负电荷，最外层电子离核较"远"，具有较高的能量，因此最外层电子数决定元素化学性质。

对于多电子原子体系，核外电子的排布是分层进行的。美国化学家鲍林（L. C. Pauling）从大量光谱实验数据出发，通过理论计算得出多电子原子中轨道能量的高低顺序，即所谓的能级顺序图（图1-5）。图中一个小圆圈代表一条轨道（同一水平线上的圆圈为等价轨道）；能量接近的能级归为一组（组内能级间能量差小），共有七组。能级组的划分是导致周期表中化学元素划分为周期的原因，七个能级组与周期表中七个周期相对应（参考本章后面部分内容），每一周期元素数目就是相应能级组容纳的电子数。自下而上为每一周期元素标出核外电子填充的几个主层符号依次为K、L、M、N、O、P、Q（对应于量子化学理论的电子主层，由主量子数 n 确定的能层），各层所能填充电子数最多分别为2、8、8、18、18、32、32。

需要说明的是，鲍林近似能级图反映的是同一原子内各原子轨道能级之间的相对高低，不能用于比较不同元素原子轨道能级的相对高低。

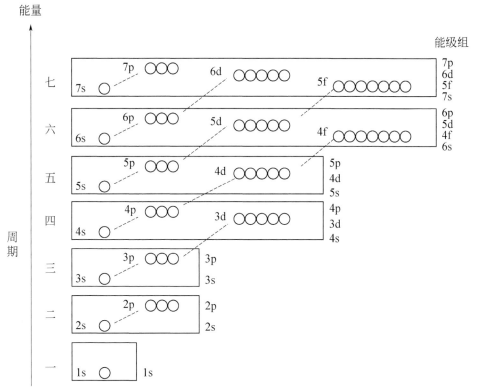

图 1-5 鲍林近似能级图

将图 1-5 用列表的方法展示出来（表 1-1），可以更清晰地体现元素周期与能级组的关系。

表 1-1 元素周期与能级组的关系

周期	相应能级组	能层	原子轨道	轨道数	最大电子容量	元素个数	原子序数
一	1	K	1s	1	2	2	1~2
二	2	L	2s，2p	4	8	8	3~10
三	3	M	3s，3p	4	8	8	11~18
四	4	N	4s，3d，4p	9	18	18	19~36
五	5	O	5s，4d，5p	9	18	18	37~54
六	6	P	6s，4f，5d，6p	16	32	32	55~86
七	7	Q	7s，5f，6d，7p	16	32	32	87~118

基态原子的核外电子排布服从构造原理，即能量最低原理、泡利（Pauli）不相容原理和洪特最大多重度规则三条基本原则，从能量最低的 1s 轨道开始，将电子按照能量从低到高的顺序依次填充。原子中全部电子排布组成一定的壳层，称为电子组态。例如，硅原子的电子组态是 $1s^22s^22p^63s^23p^2$，表示硅原子 14 个电子中有 2 个排布在 1s 态，2 个排布在 2s 态，6 个排布在 2p 态，2 个排布在 3s 态和最后 2 个排布在 3p 态。或者说，K 层填充 2 个电子，L 层填充 8 个电子，M 层填充 4 个电子。

根据量子化学研究结果，电子填充还受到角量子数（l）、磁量子数（m）及自旋量子数（m_s）的制约。4 个量子数的不同，决定了电子填充于 s、p、d、f 等类型原子轨道中何种轨道及自旋情况，亦决定了元素的性质等。

原子结构的简化示意图可采用以下方法展示（以金属钠为例）：

钠 (Na)

圆圈内填入+11，表示原子核内有 11 个质子（即原子序数 11），弧线表示电子在核外一定距离的空间（不同弧线代表不同的能层，即核外电子处于不同的能层里），弧线上的数字表示电子数。核外电子是分层排布的（电子组态为 $1s^22s^22p^63s^1$），能量低的电子先排在离核近的电子层中，每层最多可容纳的电子数为 $2n^2$（n 为电子层数）。当电子将离核最近的电子层排满后，才依次进入离核稍远的电子层。

该原子结构示意图体现的信息有：原子序数为 11，质子数为 11，核外电子数 11，电子层数 3 [第一层填充 2 个电子，即 $1s^2$；第二层填充 8 个电子，即 $2s^22p^6$（2s 和 2p 都属于第二能层，分层同能级组不同的能级亚层）；第三层填充 1 个电子，即 $3s^1$]，最外层电子数为 1，易失去，应为活泼的碱金属钠。

根据原子核外电子的分层排布情况，能够推断出原子最外层电子数的多少，进而推断出其活泼性强弱、形成何种离子（得、失电子或共用电子等），其在周期表中的位置等信息。

标准原子量为什么都不是整数？

由于元素一般包含多种不同质量的同位素，每种同位素的稳定性（半衰期）差异较大，因此其丰度不同，元素的平均原子量就是上述情况的一种综合体现，即元素不同同位素的原子量和对应丰度乘积的加和，该数值一般不是整数，习惯称其为标准原子量。

例如，元素氢的同位素、天然丰度数据及原子量分别为：H，99.9885%，1.007825；D，0.0115%，2.014102；T，痕量，3.016049。这样就可以计算氢元素的标准原子量（m_H）：

$$m_H = 1.007825×0.999885 + 2.014102×0.000115$$
$$= 1.007941$$

可以看到，对氢的标准原子量计算没考虑氚，这是因为其天然丰度太低了，它的加入与否不会影响计算结果的有效数字。通常在计算一种元素的原子量时，仅仅考虑其稳定同位素的加权平均值，忽略丰度太低同位素的贡献。

氯在自然界存在两种稳定的同位素——^{35}Cl 和 ^{37}Cl，^{35}Cl 原子量为34.968852，丰度为75.77%；^{37}Cl 原子量为36.965903，丰度为24.23%。则氯的标准原子量为：

$$34.968852×75.77\% + 36.965903×24.23\% = 35.4527$$

采用同样的方法，可以得到氩（Ar）的标准原子量为39.948，金（Au）为196.96654。

什么是元素?

> **元素:**根据原子核中电荷的多寡对原子进行分类,把核电荷数相同的一类原子称为一种元素。也就是说具有相同化学性质的一类原子总称为元素。
>
> **元素符号:**用于表示元素的化学符号,国际上统一采用英文字母或字母组合来表示元素。

元素是化学物质最基本的形态,是具有相同化学性质的一类原子的总称。一种元素就是最简单的物质形式。无论是单独存在还是以化合物的形式存在,元素都是宇宙内所有物质的基本组成单位。

前苏格拉底时代的哲学家认为世间万物都是由土、气、火、水以不同的方式混合而成的,四种元素组成万物的理念(四元素说)成为炼金术的理论基础。亚里士多德在四元素说的基础上,将构成太阳、月亮等宇宙天体之外的一层层球形天体空间称为"第五元素"(aether,以太),以太是一种非实体、无质量、恒定不变的物质,凡是没有其他任何物质存在的空间里全都充斥着以太。此学说跨越两千年时光,令许多人坚信不疑。

1661 年,爱尔兰科学家罗伯特·波义耳(R. Boyle)出版了《怀疑派化学家》一书,他将古代哲学家曾提出的"万物都是由无数的微小粒子组成的"这个观点与元素、化合物以及化学反应联系起来,提出了元素是一些"最简单、最原始、最纯净的粒子",是构成化合物的"原料"。即"元素就是无法进行再次分割的、完全纯粹的物质"这一观点。也就是说，物质由不可再分的元素（原子）构成，一种元素不能通过化学反应转变为另一种元素。

1789 年，法国的安托万·拉瓦锡（Antoine-Laurent de Lavoisier）在《化学基础论》一书中提出，将现有化学手段不能进行再次分割之物称为"元素"。元素本身就是化学学科的基础，而元素的最小单位就是原子。或者说，"元素"是通过原子核中的质子数量来区分的原子的种类。原子是指构成物质的、具有实体的一个最小单位粒子，而元素则是指原子这种颗粒的种类。原子在不同的物质中存在不同的形态，其基本特征不变。分子是由原子构成的，是决定物质性质的最小微元，一切化学现象的本质都是原子运动。化学家最终证实空气是多种气体的混合物，而水则是一种化合物，它们都不是构成物质的基本元素。

化学元素的起源和合成

元素的历史和宇宙一样久远。20 世纪 30 年代诞生的大爆炸理论认为，人类目前所能理解的宇宙"诞生"于一次大爆炸。大爆炸从何处开始？距今约 138 亿（或 154 亿）年之前，原本物质与能量凝结于一点（奇点或直径只有 1.6×10^{-35} m）的宇宙突然在某个瞬间开始膨胀，这个瞬间被称为"宇宙大爆炸"。在大爆炸的最初一刹那，先是夸克和轻子（最早出现的物质形式，各有 6 种）产生，随后由 2 个上夸克（u）和 1 个下夸克（d）组成质子，2 个下夸克和 1 个上夸克组成中子。质子、中子和电子是形成原子的基础。大爆炸 10 秒后，质子 4 个一组再聚变成由 2 个质子和 2 个中子构成的氦-4 原子核。质子和电子还无法结合形成中性原子，宇宙呈等离子体状态。随着温度的降低，质子和电子开始结合形成大部分的氢和少量的氦。氢和氦是两种丰度最高的元素。

大爆炸的 4 亿年后，宇宙间的元素绝大部分是氢（74%），还有少部分的氦（24%）。氢和氦后来聚集形成恒星，恒星以 1 亿摄氏度的高温将氢原子熔合成碳、氧、氖原子，硅原子的形成需要 130 亿摄氏度甚至更高的温度。只使用氢和氦作为起始原料。一颗普通恒星内部的核反应及其他过程"锻造"出了铁（原子核中含有 26 个质子）之前的所有元素。铁核作为结合能最高的原子核，是聚变释放能量和裂变释放能量的分界线，聚变反应到铁也就停止了。这被认为是化学元素形成的第二阶段。

宇宙中的重元素来自何处？所有重元素都是由轻元素合成的。一种观点认为，比铁更重的元素是在红巨星、超新星内形成的。超新星爆炸形成中子星，原子核捕获中子形成原子序数比铁更大的元素，一直到 92 号元素铀。而超新星爆炸会把合成的元素（原子序数位于 27~92 间的元素）散入太空，这样自然界中天然存在的所有其他元素几乎就被合成出来了。

原子序数从 93 到 118 的元素被称为超铀元素。超铀元素中除镎、钚之外的所有元素均为人工制造的元素，都不稳定，且具有放射性。95 号至 98 号元素也微量地存在于自然界中，可以在铀矿中找到它们的身影，但因其量甚微等，通常认为它们不属于天然元素。天然元素是指自然界中存在的元素，在 92 种天然元素中，有 84 种是原始元素（在太阳系形成之初就存在于地球上了），其余 8 种则是放射性衰变的产物。

在我们这个宇宙里，中子比质子重了大约 0.1%，这是形成稳定氢、碳和氧等元素的基本要求，也是碳基生命能够在地球上诞生的基础。每一个特定的原子核称为一个核素，绝大多数元素都包括多个核素，118 种元素共有 2786 个核素，其中稳定性核素仅有 321 个。原子序数为偶数的元素的稳定同位素的数目远远大于原子序数为奇数的元素的稳定同位素的数目。天然核素中，质子数和中子数均为偶数的核素占比最高。质子和中子具有相似性是质子和中子都有一些经常出现的神奇数字（被称为幻数），对质子而言，神奇数字为 2、8、20、28、50 和 82；对中子，神奇数字为 2、8、20、28、50、82 和 126。

元素，尤其是较轻的元素，总倾向于让中子数（N）和质子数（P）大致保持 1:1，这种状态最为稳定。核内中子数与质子数的相对比例 N/P 逐渐增大到约 1.6，超过这个比值，核素可自发裂变。核裂变有自发和感生两种，前者是重核不稳定的表现，其裂变半衰期一般很长；后者是原子核在受到其他粒子轰击时立即发生的裂变。元素的化学性质是由原子核决定的，而且原子核可以通过各种核合成过程相互转化。最常见的放射性衰变方式有α衰变、β衰变和γ衰变三大类。

⚛ 元素是怎样命名的？

物质世界聚集态所形成的各种物体终于被人类所认识，并形成了"元素"这一概念。人类生存的地球是由 90 种左右的元素构成的〔有人认为地球上一共存在 92 种天然元素；也有人认为存在 94 种元素，就是将 93 号元素镎和 94 号元素钚考虑在内。镎是最后一种天然元素，镎元素最稳定的同位素半衰期为 200 万年。虽然是用氘核轰击 ^{238}U 形成了 93 号元素镎，镎又通过β放射衰变为 94 号元素钚，但钚元素最稳定的同位素（^{244}Pu）的半衰期长达 8000 多万年。因此，这两种元素可能很早就存在于地壳岩石中，而现在正处于衰变中〕，日本长崎就是被钚弹炸毁的。

⚛ 那么元素是怎样命名的呢？

历史上，化学元素的名称很乱：有希腊文、阿拉伯文、印度文、波斯文、拉丁文和斯拉夫文的字根，又有神、行星和其他星体名称，还有地方、国家和人的名字。随着国际交流的需求，不同文字命名的元素交流使用起来十分不便。于是瑞典化学家贝采利乌斯（Jöns Jakob Berzelius）首先提出用欧洲各国通用的拉丁文来统一命名元素。对于早期发现的一些元素或物质，人们接受古已用之的名称，如金、银、铜、铁、锡、锑、碳、硫和汞；另一类元素的命名约定俗成，有的以星宿（如硒、碲、钯、铈、铀）、颜色（如铬、碘）、国家（如锗、钌、钫、钋）、地名（如镁、锰、锶、钇、铼）、矿石（如锂、铍、铝、硅、钼、镉、钐）、神话传说中的神名（如钛、钒、钽、钍）命名，有的以元素的某一特性（如氟、氯、铑、铟、铯、镨、锇、铱、铋）、单质或化合物的性质（如硼、磷、氩、镍、钨）命名，有的因其制备方法（锝）而得名，有的命名与物质组成或来源有关（如氢、碳、氮、氧），等等。对于后期发现的一些元素，只能以 5 种事物为之命名：科学家（如镄、钔、锘、铹、𬬻）、元素的性质（元素的光谱谱线颜色或元素某一化合物的性质，如铊、砹、氡、镭、镁）、出产元素的矿物（如钼、钐）、地名（如铪、铼、镅、锫、锎）或者神话人物（如铌、钜、钍）。

IUPAC 2016 年新版元素命名指南规定："所有新元素的命名，必须反映历史并保持化学的一致性，即属于 1～16 族（包括 f 区元素）的元素，命名以'-ium'结尾；属于第 17 族的元素，以'-ine'结尾；属于第 18 族的元素，以'-on'结尾。"由于科学名称都来源于新拉丁文，而大多数元素的英文名称与拉丁文名称一致，所以元素名称较为规范。

元素中文名称的特点：金属元素除汞外都是"钅"字旁；非金属元素按其单质在通常情况下的存在状态，气态的加气字头"气"，液态的加三点水"氵"，固态的加石字旁"石"。

元素的发现经历了极为漫长的时期，古代先人在与自然抗争、探索的过程中，学会了火的使用，逐步认识到碳、硫、砷、磷和氧 5 种非金属单质和金、银、铜、锡、铁、汞、铅、锌、锑、铋、镍、铂 12 种金属单质。19 世纪，许多"新"金属元素通过去除氧，将它们从"土"

（氧化物）中分离了出来（如 Mg、Ca、Al）。电解方法的应用发现了几种活泼金属元素（如 K、Na）；采用德国科学家罗伯特·本生与古斯塔夫·基尔霍夫发明的分光光谱仪，一些元素被发现（如 Rb、Cs、Ga）。锕系 15 种元素全部是放射性元素，所有超铀元素全部由人工核反应合成或两弹实验生成。杜布纳和利弗莫尔团队于 2010 年 4 月制造出了 6 个 117 号元素的原子，虽然它的半衰期只有 50 毫秒。2016 年，元素周期表包含的 118 种经过证实的化学元素，均受到国际纯粹与应用化学联合会（IUPAC）承认并命名。其中 92 种元素存在于自然界中（84 种为原生核素，另外 8 种只出现在原生元素的衰变链里，是放射性衰变的产物）。表 1-2 给出了 118 种元素发现的时期和分类简表。

表 1-2 元素发现的时期和分类

时期	金属	非金属	发现元素数目
古代	Cu，Pb，Au，Fe，Ag，Sn，Hg	C，S	9
13～17 世纪	Zn，Sb，Bi	As，P	5
18 世纪	Ti，Cr，Mn，Co，Ni，Y，Zr，Mo，Sr，W，Pt，U	H，O，N，Cl，Se，Te	18
19 世纪上半叶	Li，Be，Na，Mg，Al，K，Ca，V，Nb，Ru，Rh，Pd，Cd，Ba，La，Ce，Tb，Er，Ta，Os，Ir，Th	B，Si，Br，I	26
19 世纪下半叶	Sc，Ga，Ge，Rb，In，Cs，Pr，Nd，Sm，Gd，Dy，Ho，Tm，Yb，Tl，Po，Ra，Ac	F，He，Ne，Ar，Kr，Xe，Rn	25
20 世纪30 年代	Tc，Eu，Lu，Hf，Re，Fr，Pa		7
20 世纪40 年代	Np，Pu，Am，Cm，Bk，Pm	At	7
20 世纪50 年代	Cf，Es，Fm，Md，No		5
20 世纪60 年代	Lr，Rf		2

时期	金属	非金属	发现元素数目
20 世纪70 年代	Db，Sg		2
20 世纪80 年代	Bh，Hs，Mt		3
20 世纪90 年代至今	Ds，Rg，Cn，Nh，Fl，Mc，Lv，Og，Ts		9
数目共计	96	22	118

元素符号

元素符号是代表元素的符号。最初，炼金术士运用带有神秘奇幻色彩的语言来表达和理解物质世界，炼金术士为了便于整理总结探索结果，采用了一些特定的符号（"魔法语言"）用于代表所用元素（或物质），当然不同的炼金术士所用符号各异，外人极难认清识别。表 1-3 给出几个代表性符号。

表 1-3　炼金术所采用部分元素符号

符号								
元素	金	银	铜	铁	铅	锡	汞	硫黄
符号								
元素	空气	水	土	硫	镁	磷	铂	锌

对于同一种参与反应的物质，不同的炼金术士有可能采用不同的符号表示，如表示铁的符号就有♂或✎或⅄等；表示砷的符号有ᘛ、⟁、⊶、⊶•、ᑯ等。这些符号有与公元前的守护神相联系的符号，有古希腊炼金术士的符号，更有中世纪欧洲炼金术所用的符号等。因此，即便是相关领域的研究者，也很难理解不同符号所代表的是何种元素（或物质）间发生的反应等。而且，这类符号书写极为不便，符号与元素间亦缺乏一定的内在联系，不利于同行之间的学术交流，也不利于学科的建设与发展等。

德国博学者约翰·贝歇尔所著的《化学工艺》中，有一张图表，采用不同的符号标记不同类别的物质，这是一次探索物质类别的有益尝试。

炼金术士和炼丹家们经过长年累月的实验探究，最终意识到制定一套简明易识符号系统，不但利于经验技术的传承，而且有助于不同群体间的探讨与交流。

1808 年，英格兰化学家约翰·道尔顿在他的新书《化学哲学新体系》中提出：一种元素的原子都是相同的，并且有别于其他元素的原子。至此，原子这种既看不见又摸不着的微观基本粒子被理论上确定了。道尔顿采用不同的符号对相关原子进行了区分标记（表 1-4）。

表 1-4　道尔顿的化学符号

名称	氧	氢	氮	碳	硫	磷	锂	钠	钾
符号	○	⊙	◐	●	⊕	⊗	～	◖	⫴
名称	铍	镁	钙	锶	钡	铝	硅	钇	汞
符号	⊕	◒	◎	⊖	⊛	⊙	△	⊕	⊙

名称	金	银	铜	铁	锡	铅	锌	镍	铋
符号	Ⓖ	Ⓢ	Ⓒ	Ⓘ	Ⓣ	Ⓛ	Ⓩ	Ⓝ	Ⓑ
名称	铂	铀	砷	锑	锰	钨	铈	钴	钛
符号	Ⓟ	Ⓤ	Ⓐⓡ	Ⓐⓝ	Ⓜⓐ	Ⓣⓤ	Ⓒⓔ	Ⓒⓞⓑ	Ⓣⓘⓣ

可以看出，道尔顿提出的化学符号都是使用圆圈表示的，所以很难把所有的元素都一一表示出来。此外，P 居然不是磷而是铂，C 不是碳而是铜，S 不是硫而是银。

1860 年 9 月在德国的卡尔斯鲁厄召开的国际化学会议的所有参会化学家达成共识，决定使用瑞典化学家贝采利乌斯制定的英文字母元素表达体系（大多数元素的英文和拉丁文名称一致，不论其来源于希腊文还是拉丁文元素的名称）。基本原则是：古代已知的元素所用的符号仍用拉丁文名称的第一个字母（大写）或第一个字母（大写）和第二个字母（小写）组合表示（如 S—sulphur、Au—aurum）；如果碰到有些元素的拉丁文首字母和第二个字母均相同，则采用第一个字母（大写）和第三个或以后字母（小写）组合表示（如 Ag—argentum、As—arsenics）；后发现元素符号采用该元素英文名称的首字母或字母组合表示。该元素符号体系不但能够将所有元素都表示出来，而且对于不擅长画画的人也可以轻松地、正确书写各种元素，从而奠定了现代化学元素符号和化学式的基础。

化学元素符号的确立是一件十分有意义的事情，它不但使得化学工作者有了一套统一的语言系统，能够将所有元素都表示出来，而且书写规范、简便、美观。更为重要的是：每个元素符号既代表一种元素，又表示该元素的一个原子以及反映该元素的原子量等十分丰富的内涵。这不但有利于不同语言背景化学家间的交流，而且奠定了现代化学元素符号和化学式的基础。

表 1-5 给出了部分常见化学元素的中、英文名称，元素符号及简要说明。

表 1-5　部分常见化学元素一览表

中文名称	英文名称	元素符号	说明
氟	fluorine	F	源自拉丁文"fleure"，意为"流动"；萤石的英文名"fluorspar"
氯	chlorine	Cl	源自希腊语单词"chloros"，意思是"黄绿色"或"淡绿"
溴	bromine	Br	源自希腊语单词"bromos"，意为"恶臭"或"臭味"
碘	iodine	I	源自希腊语单词"iodes"，意为"紫色的"
氧	oxygen	O	来自希腊文"oxys"和"genes"组合，意为"酸形成者"，即"生成酸的物质"
硫	sulfur	S	来自它的拉丁语名字 sulpur 或 sulfur，原意是鲜黄色
硒	selenium	Se	源自希腊神话中月亮女神 Selene，译为"塞勒涅"，意为"月亮"
碲	tellurium	Te	来自拉丁语单词"tellus"，意为"地球"或"地球之神"
磷	phosphorus	P	源自希腊语单词"phosphoros"，意思是带来黎明的晨星，意为"火炬手"
砷	arsenic	As	来自希腊文"arsenics"或"arsenikon"，意为"剧毒"或矿物"雌黄"。有人认为源自古波斯语雌黄"zarnik"，意为"金色的"等
锑	antimony	Sb	元素符号源自拉丁语名字"stibium"，意为"眉笔"。语源学上有争议

中文名称	英文名称	元素符号	说明
铋	bismuth	Bi	英文名来源尚未确定，可能来自德语或希腊语，意为"容易熔化的金属"
硅	silicon	Si	源自拉丁文单词"silex"或"silicis"，意为"燧石"或"硬岩"
锗	germanium	Ge	源自拉丁文单词"Germania"，意为"德国"，德国化学家发现了该元素
锡	tin	Sn	Tin 来自古代欧洲，元素符号源自拉丁语名字"stannum"
铅	lead	Pb	源自古英语中金属铅的名字，元素符号 Pb 源自拉丁语中的"plumbum"一词
硼	boron	B	源于硼砂在古阿拉伯和波斯语中的名字 buraq 与 burah
铝	aluminum	Al	源于拉丁文"alumen"，原意是"明矾矿"
镓	gallium	Ga	源自拉丁文单词"Gallia"，意为"高卢"高卢一词源自拉丁语的"雄鸡"，在法语里就是"勒科克"，也就是如今的法国
铟	indium	In	源自"indigo"一词，意为"靛青色"
铊	thallium	Tl	源自希腊语单词"thallos"，意为"绿芽"，也是特征谱线的呈色
镁	magnesium	Mg	Magnesia 是希腊一座古城的名字，最早在该地发现的镁
钙	calcium	Ca	源自拉丁文单词"calx"，意为"石灰"
锶	strontium	Sr	源自苏格兰小镇 Strontian（斯特朗申）一词
锂	lithium	Li	源自希腊语"litho"，意为"石头"
钠	sodium	Na	元素符号源自碳酸钠的拉丁语名字"natrium"，单词衍生自"natron"；英文来自罗马人为厚岸草所起的名字"sodanum"，意思是苏打（soda）里所含的元素

中文名称	英文名称	元素符号	说明
钾	potassium	K	由"potash"（碳酸钾）衍生而来，元素符号源自它的拉丁语名字"kalium"，意为"钾碱"
铷	rubidium	Rb	源自拉丁文单词"ruidus"，意为"深红色"
铯	caesium	Cs	源自拉丁文单词"caesius"，意为"天蓝色"
铂	platinum	Pt	化学符号源自西班牙语"plata"，含义是"白银"
氢	hydrogen	H	源自希腊语中的 hydro（意为"水"），加后缀"genes"（意为"产生"），希腊文原意"水的生成者"
铍	beryllium	Be	希腊文"beryllos"，原意"绿宝石"，从绿柱石（beryl）中发现而得名
碳	carbon	C	拉丁语中"煤"称为 carbo，英语中元素碳（carbon）名称由此得来
氮	nitrogen	N	法语中的"硝石"叫 nitre，加后缀"genes"，原意指"硝石的形成者"

初学者，先熟练掌握如下元素即可：

H　O　C　N　S　P　Na　K　Ca　Mn　Fe　Cu　Ag　Au　Hg　U
氢　氧　碳　氮　硫　磷　钠　钾　钙　锰　铁　铜　银　金　汞　铀

　　氢与氧结合，生成水（H_2O），江河湖泊与海洋的主要组分就是水；大气主要组分是氮气（N_2）和氧气（O_2），N_2 占空气体积的 78%，O_2 占空气体积的约 21%；食盐（NaCl）不但是重要的调味品，且钠离子是体内细胞钠钾离子平衡的关键参与者。钙、磷不但是骨骼的重要组成元素，而且是动植物正常生长不可或缺的成分。金、银、铜为货币金属，铁则是钢铁工业时代的基石。铀是制造原子弹的重要材料和核反应堆的燃料。

元素符号的掌握不易，初学者可采用歌谣的方式将部分元素符号进行编排，以帮助记忆掌握。例如，"单杆梯子（H）拿得起，氧气泡泡（O）人人需，硫是 S 磷是 P，有个美（镁）女叫 Mg，钠是 Na 碳是 C，Ca 补钙好身体！""氮是 N 来钾老 K，水银符号 Hg，氟用 F 铁为 Fe，锰 Mn 牢记在心里。"

表 1-6 列出了部分易混淆元素符号对照表，要认真学习掌握，切勿混淆。若能够将元素命名的内涵厘清，则元素符号所代表的具体意义就简单多了。

表 1-6　部分易混淆元素符号对照表

$_{13}Al$	$_{18}Ar$	$_{33}As$	$_{47}Ag$	$_{79}Au$	$_{85}At$	$_{89}Ac$		$_{4}Be$	$_{35}Br$	$_{56}Ba$	$_{83}Bi$	$_{97}Bk$	$_{107}Bh$
铝	氩	砷	银	金	砹	锕		铍	溴	钡	铋	锫	𬭛
$_{17}Cl$	$_{20}Ca$	$_{24}Cr$	$_{27}Co$	$_{29}Cu$	$_{48}Cd$	$_{55}Cs$	$_{58}Ce$	$_{96}Cm$	$_{98}Cf$				
氯	钙	铬	钴	铜	镉	铯	铈	锔	锎				
$_{46}Pd$	$_{59}Pr$	$_{61}Pm$	$_{78}Pt$	$_{82}Pb$	$_{84}Po$	$_{91}Pa$	$_{94}Pu$			$_{3}Li$	$_{57}La$	$_{71}Lu$	$_{103}Lr$
钯	镨	钷	铂	铅	钋	镤	钚			锂	镧	镥	铹
$_{37}Rb$	$_{44}Ru$	$_{45}Rh$	$_{75}Re$	$_{86}Rn$	$_{88}Ra$	$_{104}Rf$				$_{12}Mg$	$_{25}Mn$	$_{42}Mo$	$_{101}Md$
铷	钌	铑	铼	氡	镭	𬬻				镁	锰	钼	钔

【知识拓展】43 号元素锝（Tc）在自然界中非常稀少，也有人认为不存在，其所有的同位素都是不稳定的。锝是第一个先由人工制得，然后才在自然界中发现的元素。^{99}Tc 的半衰期只有 6 个小时，可用于医疗成像。61 号元素钷（Pm）没有稳定的同位素，在磷灰石和沥青铀矿中有微量的钷存在。据估算，地球上自然存在的钷的总量很可能不超 1kg。85 号元素砹（At）已知有 33 种同位素，地壳中的总和只有约 30g。^{210}At 的半衰期是 8.1 小时，^{211}At 的半衰期为 7.2 小时，在放射治疗中有潜在应用价值。87 号元素钫（Fr）有很强的放射性，其中 ^{223}Fr 是寿命最长的同位素，半衰期为 22 分钟。地球上所有的岩石和矿物加在一起进行估算，都不会有超过 30g 的钫元素。

元素周期表

> **元素周期律**：元素的性质随着元素核电荷数的递增而呈周期性变化的规律。
>
> **元素周期表**：科学家们根据元素的原子结构和性质，把它们科学有序地排列起来，就得到了元素周期表。它是根据元素的原子结构和性质列出所有元素的原子序数、符号和原子量的表格。
>
> **原子序数**：为了便于查找，元素周期表按元素原子核电荷数递增的顺序给元素编号，叫作原子序数。原子序数在数值上等于该元素的核电荷数（即质子数）。

元素之间是否存在着某些关联？如何探寻物质结构的变化规律？

化学元素周期表的产生、成长和趋向完善，经历了一个多世纪众多科学家共同努力探索的过程。

安托万·拉瓦锡（Antoine Lavoisier）首先提出了元素表的概念，在他 1789 年给出的"简单物质"列表中，给出了 33 个当时意义上的元素，其中 25 个也是现代意义的元素。

对元素的顺序排列，最初是以道尔顿在 1803 年提出的原子量为依据的，约翰·德贝莱纳于 1817 年提出了三元素组定律，认为当时已发现的部分元素可以分成几组，每组由 3 种性质相近的元素组成。如下所示：

锂钠钾　　　　钙锶钡　　　　磷砷锑　　　　硫硒碲　　　　氯溴碘

在每一个三元素组里，中间元素的原子量不仅与前后两元素原子量的平均值十分接近，而且它的化学性质亦介于前后两元素的性质之间。

法国化学家尚古尔多（B. de Chancourtois）于 1862 年建立了"弯曲的香肠"图式（圆柱形螺旋图），将已发现的 62 种元素中的 47 种展示于该图，试图说明化学元素是按照一定的规律出现的（元素性质的变化具有一定的周期性），但因其复杂、深奥、延后发表等，未被大众接受。

1864 年，英国牛津大学化学教授欧德林制作了一张包括 45 种元素的表格，更加明显地表现出了元素性质的周期性变化规律与元素的原子量的变化密切相关。同年，德国科学家迈耳（J. L. Meyer）在制作《六元素表》时又指出："元素性质是它的原子量的函数"。

1865 年，英国化学家约翰·纽兰兹（J. A. R. Newlands）发表的一篇论说中列出一张有 62 种元素的表格，将原子量相同的元素编同一序号，提出了"元素八音律"的观点。

1869 年，俄国德米特罗·门捷列夫（Dmitri Mendelev）将当时已知的 63 个元素按照原子量的变化排列整理，周期以纵列排列，一些位置留为待发现填充的空格，形成了第一个现代元素周期表，并在德国期刊《化学杂志》刊登了这张表。由于门捷列夫坚定地认为，元素应该根据它们的属性进行分类，而不仅仅按照原子质量数由小到大依次排序，因此不可避免地留下了空缺。在《元素的性质和质量的关系》一文中，门捷列夫指出：①原子量的大小决定元素的性质；②按原子量由小到大排列起来的元素，化学性质呈现周期性的变化；③根据相邻元素原子量出现太大差值的程度，预言二者之间还有几个未被发现的元素；④某些元素的可疑原子量，能够利用几个邻接元素的原子量进行修正。

1871 年，门捷列夫在修改原子量的基础上重新制定他的元素周期表（表 1-7），表中钇（Yt）和碘（J）的元素符号不规范，规范的钇、碘符号为 Y 和 I。Di 为 Pr+Nd。在这张表里，他预言了"类硼""类硅""类铝""类锰"等元素的存在，描述了它们可能有的多种性质等。另外，门捷列夫又提出如下 3 点见解：①性质相似的元素，它们的原子量或者大致相同（如锇铱铂），或者是有规律地增加（如钾铷铯）；②元素按照它们的原子量排成的类（实则为族），是符合它们的化合价的；③自然界分布最多的一些元素，它们不仅都有比较小的原子量，而且具有特别显著的性质。

1875 年，"类铝"被法国化学家发现，即金属镓（Ga）；1879 年，"类硼"被瑞典化学家发现，即元素钪（Sc）；1886 年，德国化学家发现了"类硅"元素，将其命名为锗（Ge）。由于预言未知元素的性质与实测性质相当符合，周期律最终被广泛接受。

表 1-7　门捷列夫早期给出的元素周期表

H = 1	Li = 7	Na = 23	K = 39	Rb = 85	Cs = 133	—	—
	Be = 9.4	Mg = 24	Ca = 40	Sr = 87	Ba = 137	—	—
	B = 11	Al = 27.3	—	Yt = 88?	Di = 138?	Er = 178?	—
			Ti = 48?	Zr = 90	Ce = 140	La = 180?	Th = 231
			V = 51	Nb = 94	—	Ta = 182	—
			Cr = 52	Mo = 96	—	W = 184	U = 240
			Mn = 55	—	—	—	—
			Fe = 56	Ru = 104	—	Os = 195?	—
			Co = 59	Rh = 104	—	Ir = 197	—
			Ni = 59	Pd = 106	—	Pt =198?	—
			Cu = 63	Ag = 108	—	Au = 199?	—
			Zn = 65	Cd = 112	—	Hg = 200	—
			—	In = 113	—	Tl = 204	—
	C = 12	Si = 28	—	Sn = 118		Pb = 207	
	N = 14	P = 31	As = 75	Sb = 122		Bi = 208	
	O = 16	S = 32	Se = 78	Te = 125?	—	—	—
	F = 19	Cl = 35.5	Br = 80	J = 127	—	—	—

自 1869 年 3 月，门捷列夫发表第一篇有关元素周期表的论文，时至 1906 年，他又不间断地发表了 5 张元素周期表。按照他建立的元素周期系，门捷列夫编写了四大卷的化学教学参考书《化学原理》，使当时的化学教本不再是各种元素及其化合物资料的杂乱无章的堆积，而成为一个有条不紊的整体，就在这本书里，他给化学元素周期律下了明确的定义：元素以及由元素形成的单质和化合物的性质随着它们的原子量变化而发生周期性的变化。

实际上，1869 年之初，当时已知元素中的大部分已经按照其化学性质的共同特征而分为几个自然族，如碱金属族、碱土金属族、氧族、氮族、碳族、卤族等，同时还有几种零散的元素，不属于任何族。门捷列夫按照原子量递增且按照单质及相关化合物性质的归类，进行了元素的排列，所得元素周期表中的列被称为元素"族"，而属性的重复的"行"被命名为"周期"。元素的填充为什么会呈现出周期性？为什么每一族的元素的性质都极为相似？由于门捷列夫给出的元素周期表是按照原子量排序的，而钾的原子量（39.098）小于氩的（40.34），镍的原子量（58.69）比钴的（58.93）小，碲的原子量（127.60）大于碘（126.90），性质的递变规律与原子量递增顺序相悖，面对互相矛盾的排列顺序，门捷列夫感到十分困惑。

门捷列夫给出的元素周期表是按照原子量排序的，直到 1913 年，亨利·莫斯利（H. G. J. Moseley）才证明了元素排序的潜在依据是"原子序数"，而原子序数等于原子中的质子数这一困惑始得以解释。即周期表中元素排列的顺序是以核电荷为依据，而不是原子量。同位素和中子的发现，彻底解决了"原子量颠倒"问题。例如钾存在三种同位素（^{41}K、^{40}K 和 ^{39}K），丰度分别为 4.9%、0.04% 和 95.06%，所以钾的原子量为 $(41×4.9+40×0.04+39×95.06)÷100 = 39.0984$。氩同样存在三种同位素（$^{40}Ar$、$^{38}Ar$ 和 ^{36}Ar），丰度分别为 99.6%、0.063% 和 0.337%，所以氩的原子量为 $(40×99.6+38×0.063+36×0.337)÷100 = 39.9853$。

类似地，镍的质子数比钴的大，所以元素钴排在镍前面。碲的原子序数小于碘，碲排在碘前面。玻尔通过对氢光谱的深入研究，提出了原子核外电子运动的定态假设及能量量子化的观点，泡利提出原子中不能容纳运动状态完全相同的电子，最终提出原子核外电子是分层填充的，且电子的运动状态是由四个量子数决定的，才完全揭开了原子结构的秘密，元素周期律的本质才真正呈现于众——化学元素性质的周期性变化是原子结构周期性变化的反映，元素的性质是原子序数递增的函数。将元素的性质与原子量之间的关系提升到理性的阶段，这是周期表的巨大贡献。

元素的化学性质决定于其原子的电子结构，尤其是最外层电子。没有电子就没有化学！

一些早期的化学工作者在研究过程中建立了各式各样的"元素周期表"（700 多种），常见的有：方框形、扇形、螺旋形、宝塔形、圆盘形、分层排列形、立体延伸形等。除了众所周知的门捷列夫长短元素周期表外，1894 年，英国物理学家汤姆森（J. J. Thomson）用 70 种元素制作了一张宝塔式元素周期表；1901 年，英国物理学家瓦尔克（F. D. Walker）制作了一种包括 70 种元素的竖式双八族长周期表；1905 年，瑞士化学家维尔纳（A. Werner）制作了一种包括 81 种元素的单族式特长周期表，该表已十分接近现代通用的元素周期表格式；1964 年，特奥尔多·本菲提出了"螺旋形周期表"，通常也被称为"蜗牛表"。该表是将元素排列于一个连续不断的螺旋之中，s 区和 p 区位于氢周期的螺旋里，d 区（过渡金属）在周期表侧面形成一个延伸出来的"半岛"，另一个半岛是 f 区（镧系元素和锕系元素），该表也为新的 g 区留出了空间，也就是超锕元素，极大增强了周期表的观赏性。

1979 年，费尔南多·杜福尔提出了一个三维模型"元素之树"，从三个维度上，体现了元素之间的内部关系。图 1-6 给出了 4 个有趣的"元素周期表"，从中可以发现元素的排布是十分复杂而有趣的。

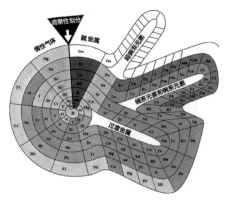

螺旋元素周期表

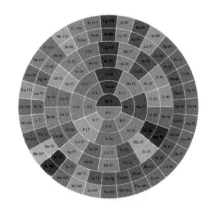

圆式元素周期表

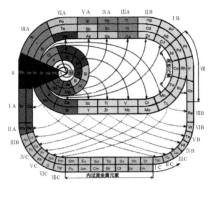

道式元素周期表

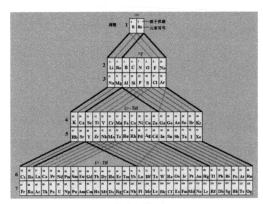

塔式周期表

图 1-6　几个代表性元素周期表

　　将现在已知的 118 种元素按照其原子序数来排序，且将最外层价轨道中填充电子数相同（性质相近或相似）的元素排于同一列（称为"族"），这样就形成了现代元素周期表。该周期表共有 7 个周期、18 族（铁系包括 3 个纵行，旧称Ⅷ族），或 8 个主族（ⅠA～ⅦA，0 族）、10 个过渡元素族（ⅠB～ⅦB，Ⅷ为 3 个纵列）。

　　元素周期表就是化学物质的"世界地图"，它不仅反映了元素的原子结构，也显示了元素性质的递变规律和元素之间的内在联系。周期表中有 92 种元素是在地球上发现的天然元素。在地壳里，这 92 种中的前 10 种占了地壳全部质量的 98.0%。氧是地球上最丰富的元素；硅名列第二，然后依次是铝、铁、钙、钾、镁、钠、钛和磷。

现代元素周期表（图 1-7）是人类最重要的财富之一，它涵盖了各元素的原子结构、反应性、常见价态及其他一些重要的概念。元素的化学性质取决于其原子的电子结构，尤其是最外层电子。

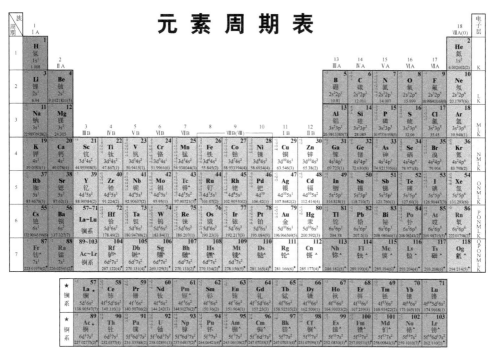

图 1-7　现代元素周期表示例

周期表的表格如此简洁优美，7 个横行（每个横行称为一个周期）、18 个纵列（每个列称为一个族，但第 8、9、10 列合称为一个族，Ⅷ族）共列有 118 种元素，其中 80 种有稳定同位素，38 种没有稳定同位素。根据原子基态电子组态的特点，将价层电子结构相近的族归为同一个区，元素周期表共划分成 5 个区，它们分别是 s 区（包括碱金属和碱土金属两个主族的元素）、p 区（包括ⅢA～ⅦA 及 0 族共 6 个主族的元素）、d 区（包括ⅢB～Ⅷ族共 6 个副族的元素）、ds 区（包括ⅠB 和ⅡB 两个副族的元素）和 f 区（包括镧系和锕系两个内过渡元素）。

元素周期表依然不算完整，例如氢是一种气体，不是金属，将氢排在碱金属一族上方是值得商榷的。又比如，金属汞呈现为液态也极为异常，更不用说很多未被合成的化合物等。

为什么原子核外的电子数等于某些特定的数目（2，10，18，36，54，86）时，原子的化学性质特别稳定？为什么当质子数 Z 或中子数 N 均为幻数（2，8，20，28，50，82）时，原子核特别稳定？

依据目前最好的模型，人们猜测周期表中至少有 172 种元素。若稳定岛理论正确，发现新的超重元素就只是时间问题了。

构成生物的元素

构成生物的元素主要是氧、碳、氢、氮、钙、磷等，生物元素可分为必需元素、有益元素、有害元素等。按照在生物体中的含量，生物元素又分为常量元素、少量元素和微量元素。不同物种的元素构成不尽相同，其中狗身体的构成元素的种类和比例与人类相差无几。

组成人体的元素大约有 60 种（主要由 34 种元素组成）：其中氧、碳、氢、氮、钙、磷这 6 种常量元素（又称宏量元素，人体中含量＞0.01%）占到了整体的 98.5%左右（见表 1-8）；另有 0.85%的质量由钾、硫、钠、氯和镁组成，称为少量元素；其余 49 种元素只占 0.15%的质量，差不多是 10 克，这些元素被称为微量元素（人体中含量少于 0.01%，如铁、锌、碘等）。

表 1-8　人体组成元素

元素名称	人体构成比例（质量）/%	主要作用或具体元素
氧	65.0	是水和多种有机物的主要组成元素
碳	18.0	是有机物的主要成分
氢	10.0	是水及有机物的主要组成元素
氮	3.0	是所有蛋白质和 DNA 的主要组成元素
钙	1.5	是骨骼的主要组成元素
磷	1.0	是构成 DNA 不可或缺的元素。此外，人体能量来源 ATP 中也含有磷元素
少量元素	0.85	硫，钾，钠，氯，镁
微量元素	0.15	铁，氟，硅，锌，锶，铷，锰，铜，镉，铝，锡，汞，硒，碘，钡，镍，硼，铬，砷，钴，钒，锂，铍，钛，镓，锗，溴等

微量元素按照在人体内的不同生物学作用可分为必需微量元素、可能必需微量元素及非必需微量元素三类。必需微量元素是维持人体正常生理功能或组织结构所必需的，微量元素中的 18 种在人体内有已知功能，或者可能对人体有用，其中包括砷、钴甚至氟。1973 年世界卫生组织公布了 14 种人体必需微量元素，包括铁、铜、锰、锌、钴、钼、铬、镍、钒、氟、硒、碘、硅、锡。非必需微量元素有 Al、Ba 和 Ti。Hg、Pb、Cd、Tl、Be 等对人体有很大的骨质疏松危害的元素，称为有害微量元素。

化学元素与人体健康

化学元素对于人体是必不可少的，人体几乎含有自然界存在的所有元素。按其含量分为常量元素、少量元素和微量元素。常量元素在人体中的主要生理作用是维持细胞内、外液渗透的平衡，调节体液的酸碱度，形成骨骼支撑组织，维持神经和肌肉细胞膜的生物兴奋性，传递信息使肌肉收缩，使血液凝固以及酶活化等。

C、H、O、N、S 和 P 是生命体的基本组成元素，C、H、O、N 几种元素以水、糖类、油脂、蛋白质和维生素的形式存在于体内。

氮（N）是构成蛋白质的重要元素，是人体的生命功能元素。蛋白质是构成细胞膜、细胞核、各种细胞器的主要成分。动植物体内的酶也是由蛋白质组成的。此外，氮也是构成核酸、脑磷脂、卵磷脂、叶绿素、植物激素、维生素的重要元素。

硫（S）是构成含硫氨基酸和蛋白质的基本元素，它又能合成其他重要的生物活性物质、参与酶的活化等。硫是所有细胞中不可缺少的一种元素，尤其是含铁硫簇的蛋白质和酶。

磷（P）主要参与肌体组成及能量代谢，人体骨骼、牙齿中的磷具有重要的结构功能。此外，肌体中的磷还有许多结构性的功能，如活化物质、组成酶的成分、调节酸碱平衡等。

镁（Mg）是 300 多种生物酶的辅助因子，这些酶参与合成蛋白质、控制血压、调节血糖、维持神经、心脏和肌肉的正常功能。钙在人体中还参与血管舒缩、肌肉运动、神经传导、激素分泌、凝血功能、卵细胞受精和细胞间信号转导等过程。

Mg^{2+}、Ca^{2+} 和 Na^+、K^+ 协同作用以维持肌肉神经系统的兴奋性，维持心肌的正常结构和功能。

钙（Ca）是人体健康必不可少的元素，缺钙会导致骨质疏松、佝偻病等，幼儿及中、老年妇女，要及时补钙，多吃一些奶制品、豆类、虾等含钙较为丰富的食物。需要注意的是，这里提到的钙是指元素钙（Ca），不是指单质钙或钙原子，也不是钙离子。

海产品一般含锌、碘等元素较高，适合日常生活多食用些。

人体必需微量元素是指参与生物体的新陈代谢过程、包含在酶和蛋白质之中的元素，是生物组织不可缺少的组成部分。科学界公认的人体必需微量元素有 14 种，它们分别是：Fe、F、Zn、Sr、Se、Cu、

I、Mn、V、Sn、Ni、Cr、Mo、Co 等。它们在人体中的总质量不大于0.05%，但起着重要作用。事实上，许多元素在适当浓度范围内对生物体是有益的，但当越过某一临界浓度时就有害了。例如，硒是一种重要的生命必需元素，每人每天摄取 0.1mg 较为适宜，过多摄入可导致腹泻和神经官能症等毒性反应。被称为抗癌食品的芦笋中含有丰富的硒元素，中国医学家应用补硒来防治克山病和大骨节病等，取得了举世瞩目的成果。

有毒微量元素是指阻碍各种代谢活动、抑制蛋白合成过程的酶系统，会影响正常的生理机能。如 Be、Cd、Hg、Pb、Tl、As 等。人体中还含有部分其他微量元素，其是否为机体所必需尚不清楚，如 Rb、Ba、Al、稀土、铂系元素等。

金属元素的代表性酶或蛋白简介如下：含铁的血红蛋白、肌红蛋白、细胞色素 C，铁硫蛋白，铁超氧化物歧化酶，铁蛋白等；含锌的碳酸酐酶、羧肽酶、磷酸酯酶、醇脱氢酶；锰超氧化物歧化酶；血钒蛋白；含镍的尿素酶、氢化酶，镍超氧化物歧化酶；含钼的固氮酶、亚硫酸盐氧化酶、黄嘌呤氧化酶；含钴的辅酶 B_{12}。金属蛋白和金属酶在人体内参加许多重要的生理过程（如生物氧化还原、水解、多种代谢等），在维持人体正常的功能中起着相当重要的作用。

趣味实验

趣味实验应在实验室中由老师指导完成，同学们在实验过程中要严格遵守实验操作规范，保证人身安全。

实验 1　滴水生紫烟

一、实验药品与器材

单质碘、锌粉、NaOH、蒸馏水。

50mL 小烧杯、滴管、表面皿、药匙、漏斗、纸等。

二、实验操作

1. 将 2g 碘与 0.5g 锌粉在纸上混合均匀。
2. 用漏斗将碘与锌粉的混合物转入 50mL 小烧杯底部中央。
3. 用胶头滴管吸取少量水。
4. 将滴管中的水滴至碘和锌粉的混合物上，盖上表面皿，观察实验现象。

三、实验现象

当少量水滴至锌粉与碘的混合物上时，引起锌与碘发生化学反应，放出大量的热，紫黑色碘受热升华，形成美丽的紫红色蒸气弥散于烧杯内。紫红色的碘蒸气凝华附着在烧杯内壁及表面皿上，变为紫黑色的晶体。

四、实验原理

碘具有升华与凝华的性质，碘与锌粉混合后，在少量水的催化作用下发生化学反应，放出大量的热，反应热可使过量（未参加反应）的碘受热升华，形成美丽的紫红色碘蒸气。

$$Zn + I_2 \xrightarrow{H_2O} ZnI_2 + 放热$$

镁粉与硝酸银反应，水同样可起到催化作用，因为水能够溶解反应的生成物硝酸镁，而反应放出的热量可将反应混合物引燃，形成漂亮的"蘑菇"现象。

五、注意事项

本实验所用小烧杯需要干燥过的,催化用水量不能多(数滴就可以)。若采用铝粉与碘直接反应,则会因反应过于剧烈而产生四溅火花等现象。

实验结束后,采用 5%左右的 NaOH 溶液处理未反应的碘等,这样小烧杯易于清理净,也防止了污染。

实验 2　指纹重现实验

指纹鉴定是刑侦工作中识别罪犯最普遍的方法,因为指纹是每个人特有的生物表征,世界上每个人的指纹都不相同。个体在用手接触物品时,会留下指纹,这些指纹通常分为三类:①明显纹,即目视即可见的纹路,如手沾涂料、血液、墨水等物品后触物留下;②成型纹,指手接触压印在易成型的物质上而留下的指纹,如黏土、蜡烛等柔软物上的指纹;③潜伏纹,指经身体自然分泌物转移而形成的指纹,如汗液、油脂等,需要经过特别的方法及使用一些特别的化学试剂加以处理,才能显现出这些潜伏的指纹。

碘熏法显现潜指纹实验,可用多种含碘物质作为实验试剂,如单质碘、碘酒、饱和碘水等。但是,显现潜指纹的实验效果与所选择的含碘物质及纸张类型匹配程度有关。如选用单质碘,可与大多数类型纸张匹配,但要求纸张应是干燥的;如选用碘酒、饱和碘水,则可与滤纸匹配,实验效果较好,因为碘酒、饱和碘水中含有水,而滤纸里不含淀粉,避免了蓝色的干扰。

一、实验用品

碘酒、单质碘、蒸馏水、A4 拷贝纸、滤纸、100mL 烧杯、石棉网、三脚架、镊子、酒精灯、火柴、大试管、试管夹、药匙等。

二、实验操作

碘熏法显现潜指纹实验装置如图 1-8 所示。

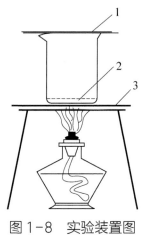

图 1-8　实验装置图

1—有潜指纹的纸片；2—碘酒、碘单质或饱和碘水；3—石棉网

1．把各种类型的纸张裁成 100mL 烧杯口大小的纸片，备用。也可以剪成长 4cm，宽不超过大试管直径的纸条。

2．在每块纸片一面的中央周围部位均匀地按上潜指纹印，并在纸张同一面的右下角写上纸张类型，以作标记，备用。

3．将 100mL 烧杯放在三脚架上的石棉网上，向该烧杯中加入约 0.5mL 的碘酒，然后将纸片有潜指纹的一面朝下盖在烧杯口上，开始对烧杯进行加热。当有适量碘蒸气产生时停止加热，从石棉网上取下烧杯，冷却 20～30s，翻开纸片，观察实验现象，并记录。（用药匙取芝麻粒大小的碘送入大试管的底部，将摁有手印的纸条悬于大试管中，塞上橡胶塞。用酒精灯微微加热大试管，使碘产生蒸气后移开。）

三、实验现象

A4 拷贝纸，纸张背面和内面分别出现烧杯口径大小的淡黄色痕迹和蓝色痕迹，加热过程中，颜色加深，所摁指印嵌在蓝色痕迹中，清晰可见，纹路也很清晰，且指纹周围呈棕黄色（见图1-9）。

过滤滤纸，有一个棕黄色的指纹印显现在滤纸中央，纹路很清晰。

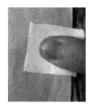 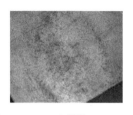  

(a) 摁手印　(b) 碘熏带手印　　　　(c) 指纹　　　　　　(d) 指纹　　　　(e) 人体指纹
　　　　　　　的纸条

图1-9　碘熏法显现潜指纹图

四、实验原理

利用指纹物质中含有不饱和脂肪酸这一要点，可考虑采用碘熏法使指纹显现。

碘熏法是指用碘蒸气熏有潜指纹的纸时，潜指纹会被显现出来的一种实验方法。碘熏法指纹显现过程既有物理变化，又有化学变化。原理有相似相溶的物理作用与卤代加成的共同作用。

因为指纹中微量的非极性油脂对非极性的碘分子有良好的溶解性能，同时，碘也能够与汗液中的不饱和脂肪酸（如硬脂酸）发生碘加成反应，生成饱和的二碘代脂肪酸，使手印呈现棕黄色或褐色。化学反应如下：

$$\begin{array}{c} HC(CH_2)_7CH_3 \\ \parallel \\ HCH(CH_2)_7COOH \end{array} \xrightarrow{+I_2} \begin{array}{c} I{-}CH(CH_2)_7CH_3 \\ | \\ I{-}CH(CH_2)_7COOH \end{array}$$

棕黄色

此法适于检验各种纸张、证券、纸币、竹器、本色木及石灰墙等表面新鲜或陈旧（数月前）的指纹。指纹上的油脂、矿物油和汗水留在手指触摸过的物体上，采用碘酒蒸气熏，指印中的油脂、矿物油会吸收溶解碘蒸气，显示出黄棕色或紫黑色的指纹。

五、注意事项

（1）碘熏法显现潜指纹实验成功的关键是指纹的纹路中要有油脂。为了使手指上有较多的油脂，在实验之前，可将手指在自己的脸上抹一抹，使手指上有较多的油脂，然后再在纸上按压手印，留下指纹，因为脸上分泌的油脂较多。

（2）加热过程中，当有适量的紫红色碘蒸气出现后，可熄灭酒精灯。此时，可以利用石棉网的余热继续实验，防止纸面上附着碘过多，不利于指纹清晰显示。迅速拿走熏好的纸片，然后快速盖上另一张有潜指纹的纸片，可充分利用含碘物质，以节约实验资源。

（3）在做完碘单质显现潜指纹的实验后，可以在已显出指纹的纸张上喷洒少量的水，这时可以发现，原本呈棕黄色的指纹处会变成大面积的蓝色，这不但能验证淀粉在有水时遇碘会变蓝，而且更能激发学生对化学的兴趣。

【知识拓展】人的指纹各不相同，且终身不变。肉眼观察，指纹可分 1000 多类。指纹的不同形状是由纹线组成，纹线分叉或中断的地方叫细节点（特征点），有 100 个左右；细节点大致又分 4 种：分叉、结合、起点、终点。仅考虑这一差异，就有 4^{100} 种指纹。若再考虑点与点之间的不同关系，则指纹的量呈天文数字。因此指纹具有专一性特征，可用于个人身份的鉴别。

指纹的检查还可采用硝酸银法（利用硝酸银会与指纹汗液中的氯离子反应这一特征，可将硝酸银溶液谨慎地涂在留有指纹的物证上，生成的氯化银在光照下分解成银的小颗粒，最后变为黑色的银微粒，使指纹呈现出来）、茚三酮法（利用茚三酮能与指纹形成物质中的氨基酸反应，生成蓝紫色物质鲁赫曼紫这一特征使指纹显现）、荧光试剂法（利用荧光氨与邻苯二醛几乎马上与指纹残留物的蛋白质或氨基酸作用，产生强荧光性指纹）等。

第2章

理解化学式

　　原子是构成所有物质的基本粒子，而保持物质化学性质的最小粒子是分子。1811年阿伏伽德罗（A. Avogadro）提出分子假说，进一步充实了原子分子学说。

　　分子由原子组成，单质分子由相同元素的原子组成，化合物分子由不同元素的原子组成。

　　采用元素符号和数字组合表示分子或化合物中原子的种类和数量的式子，称为化学式。化学式包括分子式、实验式、结构式和电子式等。1813年，瑞典化学家贝采利乌斯开始使用元素符号加数字的方式来表达分子的化学式。他用1~2个字母缩写来代表某一元素，在元素符号旁用上标数字来表明这一分子中该元素原子的数目。如：小苏打书写为$NaHCO^3$。

　　化学式清楚地表达了分子的化学组成与结构，化学家很快就接受了这种简洁的书写方式，仅将表明元素数目的数字改为下标。例如，碳酸钠的化学式为Na_2CO_3，这种式子还蕴含着CO_3^{2-}是一个基团形式整体存在；葡萄糖的化学式是$C_6H_{12}O_6$，一氧化碳的化学式是CO，硫酸的化学式是H_2SO_4，等等。

　　从宏观角度讲，化学式用于表示一种物质，且体现物质的元素组成。从微观角度看，化学式表示的是物质的微观构成单元，表示化合物的组成元素以及各组成元素的比例的符号。例如，"H_2O"表示一个水分子，同时表明水分子是由氢元素和氧元素组成的，且一个水分子（H_2O）是由两个氢原子（H）和一个氧原子（O）构成的。

　　众所周知，物质组成分为单质和化合物，化合物是指由两种或两种以上元素的原子，以特定的比例、特定的构型成键而形成的物质。

分子式

> **分子**：分子是由原子组成的，它是能单独存在并保持纯物质的化学性质的最小粒子。
>
> **分子式**：化学式的一种，是用元素符号和数字表示单质或化合物分子组成的式子。如用 H_2O 表示水分子组成，Hg_2Cl_2 表示氯化亚汞。
>
> **化学式**：用元素符号和数字组合表示纯净物质组成的式子。如用 NaCl 表示食盐组成，SiO_2 表示石英组成。
>
> **离子**：带有电荷的原子或原子团。带正电的原子或原子团称为阳离子，带负电的原子或原子团称为阴离子。

原子是参与化学反应的最小质点，分子是在游离状态下具有一定物质特征的最小单位。能够表示物质分子组成的化学式叫分子式。分子式表示各元素在化合物中的真实数量，用于表示存在独立分子的情况。如用 H_2O 表示水分子组成，用 N_2 表示氮气分子组成。

正如原子是元素的最小结构单元，分子也是化合物的最小结构单元，是表现出一种物质性质的最小单位。分子的大小差异很大，最小的分子是双原子分子 H_2，长度大约是 $7.4×10^{-11}$m；大的聚合物分子由成千上万个原子组成，甚至用肉眼都可以看见（人类的肉眼能够看见的最小尺寸大约是 0.1mm）。

分子结构式是一种能够更准确传达更多信息的化学符号系统，尤其是有机化合物及一些生物分子等。一位有经验的化学家通过阅读结构式就能清楚知道：这个物质的化学性质怎样，它的物理性质又如何。甚至还能推测出它有什么气味、该如何合成这个分子、可能会有什么应用等。有时，分子组成完全不同，却由于有类似的结构而有某些相近的性质。如水杨酸和乙酰水杨酸（阿司匹林）。

自然界中以单质形式存在的元素只有极少数：11 种在标准条件下是稳定气体的元素，即氢、氧、氮、氟、氯；6 种贵族气体（氦、氖、氩、氪、氙、氡）；部分非金属元素所形成的小分子固体单质，如白磷、硫黄等。

稀有气体（noble gases），旧称惰性气体。由于该族元素既不"稀有"（氩气占干空气的 0.93%，远高于 CO_2 等），亦非真的"惰性"（可形成 XeF_n、ArF 等不同类型的化合物）。因其特殊的核外电子结构而为单原子分子，故这类分子可以采用元素符号来表示。如用 Ar 表示氩气分子。稀有气体原子结构为什么稳定？稳定的原因可能不仅仅是其核外价轨道中均充满了电子，而且极有可能是由于该结构具有较完美的空间对称性。

单质金属和固态非金属一般用元素符号表示，如金（Au）、铁（Fe）、硅（Si）等。

当原子与同类原子或其他种类的原子接触时，往往会彼此成键而聚集为一体。原子之间可以相互作用，并且能够形成化学键，这是因为它们单独存在时的结构不稳定。每种原子都倾向形成稀有气体原子的外围电子结构，进而形成离子键或共价键。

分子一般是由两个或两个以上原子通过化学键形成的独立存在的电中性的实体。例如 Cl_2、O_2、H_2O、CO_2、C_6H_6 等。由同种原子组成的分子（如 Cl_2、O_2）属于单质，不同种原子组成的分子（如 H_2O、CO_2、C_6H_6）属于化合物。单质、化合物都具有一定的组成，可以用一种化学式来表示，这种物质称为纯净物。纯净物具有一定的性质（如有固定的熔点、沸点）。由两种或两种以上物质形成的混合体系，称为混合物。混合物无固定的组成和性质，混合物可以是均相的，也可以是非均相的。常见的混合物有空气、石油、海水、铝合金等。

稀有气体由单原子组成，习惯上，也称此基本微粒为单原子分子。双原子分子是除单原子分子外最简单的分子。同核双原子分子是非极性分子（如 H_2、N_2），异核双原子分子是极性分子（如 HCl、HI）。由两个以上原子组成的分子，通常称为多原子分子。如 O_3、S_8、SO_2、NH_3、CH_4、C_2H_5OH、CH_3COCH_3 等。

分子可以很小（如 H_2 分子），也可以很大。气体状态下的物质，几乎全部由小分子组成；但在固态或液态的情况下，物质既可能由小分子组成，也可能由高分子或巨大分子组成。例如，干冰是由大量的 CO_2 分子组成的分子晶体；金刚石是由碳原子共价键构成的单分子晶体（原子晶体）；食盐是众多取向晶粒的单晶的集合体，每个单晶晶粒可视为一个"分子"，因为在离子晶体中并不存在独立的"分子"。

空气中最主要的组成分子——氮气和氧气均为双原子分子，一般采用在元素符号后添加下角标"2"来表示，即氮气（N_2）和氧气（O_2）。

气态 O_2 是无色的，但氧气分子是顺磁性的，说明具有未成对电子的存在。液态 O_2 呈淡蓝色。研究表明，在氧气液化时会形成四聚氧（O_4），其中两个氧分子的自旋相互配对，产生一个不再含有未配对电子的基态分子。该分子是否具有平面矩形构型，抑或四角双楔形构型，尚不得而知。

氧原子还可以结合形成三原子角形分子，称为臭氧分子，采用"O_3"表示。大气层中所含臭氧吸收紫外线，保护人类免受过量紫外线的袭扰。在液态下臭氧呈深蓝色。红氧是由 4 个 O_2 分子组成的菱形

O_8 分子簇，是氧气在冻结时（低温高压）形成的 O_8 分子，呈红色。固态氧总共有 6 种形态，除了淡蓝色、红色外，还有粉红色、暗蓝色、橙色，而且在 100000 个标准大气压下，和金属氢一样，氧气就变成了金属态的氧[❶]。

初学者要认真领会采用元素符号与数字组合形成的分子式中涉及数字的真实含义，如 2O 表示 2 个氧原子，O_2 表示 1 个氧分子，$2O_2$ 表示 2 个氧分子，$2O_3$ 表示 2 个臭氧分子。

卤素单质为双原子分子，如气态的氯气（Cl_2）、液态的溴（Br_2）和固态的碘（I_2）。

单质硫通常有 3 种形式，斜方硫是黄色的，单斜晶硫是橙色的，弹性硫是黑色的。斜方硫由绉环状 S_8 分子组成（俗称冠状结构），是单质硫最为常见的分子形式，高温下气态分子 S_8 可离解成气态 S_2 分子等。在书写化学反应方程式时，一般采用元素符号"S"表示单质硫参与的化学反应。

【知识拓展】S_8 为什么呈绉环状结构？因为 S 原子采用 sp^3 杂化成键，每个 S 原子上有两对孤对电子，所以相邻三个 S 原子处在同一平面，彼此成一定的角度，故原子间结合成为环状结构时只能形成冠状结构（图 2-1）。

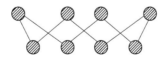

图 2-1　S_8 的分子结构示意图（◎表示 S）

单质磷主要有白磷、红磷、黑磷等几种同素异形体，其结构差异见图 2-2。

---

❶ Lundegaard L F, et al. Nature, 2006, 443: 201-204.

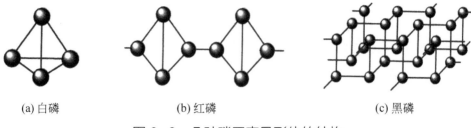

(a) 白磷　　　　　　　　(b) 红磷　　　　　　　　(c) 黑磷

图 2-2　几种磷同素异形体的结构

讲单质的性质，除了需要考虑原子结构外，还要考虑分子结构或晶体结构，且必须考虑反应条件等。通常情况下，单质磷参加的化学反应，中学一般采用元素符号"P"表示；进入高年级学习后，为体现单质磷是四面体骨架结构，最好采用"P_4"表示单质磷。

磷与氧反应，氧气不足时生成"P_4O_6"，氧气充足条件下生成"P_4O_{10}"，这是磷的"四面体"成键特征决定的，但人们习惯分别称之为"三氧化二磷"和"五氧化二磷"，且采用"P_2O_3"和"P_2O_5"表示。

PCl_3 分子为三角锥形构型，PCl_5 在气态条件下为三角双锥形构型。不过 PCl_5 在 148℃、加压条件下液化，能形成一种导电的熔体，这是由于在 PCl_5 晶体节点上的结构单元为 PCl_4^+ 和 PCl_6^-，因而能导电。

雄黄的化学式，不同文献及书中有不同的表述，如 AsS、As_2S_2 或 As_4S_4。若依据结构式应为 As_4S_4。雌黄的化学式若按照结构式应为 As_4S_6，一般习惯使用 As_2S_3 表示（图 2-3）。砒霜的化学式一般习惯使用 As_2O_3，结构式与硫化物类似。

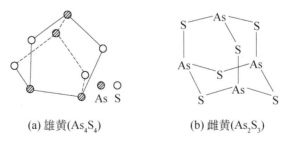

(a) 雄黄(As_4S_4)　　　　　　(b) 雌黄(As_2S_3)

图 2-3　雄黄和雌黄的化学结构式

红棕色的 NO_2 是一个奇电子分子，分子内有一个三中心三电子 Π 键[❶]，在 413K 以下能二聚成无色的抗磁性气体 N_2O_4（图 2-4）。X 射线衍射分析结果表明：N_2O_4 分子是平面状结构，且所有的 N—O 键长都相等[❷]。由于六个原子共面，所以 N_2O_4 分子内有一个六中心八电子离域 Π 键。

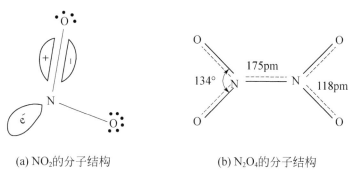

(a) NO_2的分子结构　　　　　(b) N_2O_4的分子结构

图 2-4　NO_2 和 N_2O_4 的分子结构

金属单质中，原子间形成的是金属键，金属键同样无方向性和饱和性，所以固体金属也不是"分子"。如金（Au）是自然界天然存在的最稳定的单质金属之一，金原子间形成金属键，无独立的分子存在，只有聚集体大小之分。对于金属单质及离子化合物，化学工作者采用化学式表示其组成元素及各组成元素的比例。

【知识拓展】对于初次接触化学的读者，他们常常奇怪为什么氯化亚汞分子采用 Hg_2Cl_2 表示，而不采用 "HgCl" 表示？这是因为氯化亚汞内有 Hg—Hg 金属键，单个分子是一个直线对称型结构：Cl—Hg—Hg—Cl，所以不能用 "HgCl" 表示，以防止一些重要信息的丢失。

Cotton 等人对 $KReCl_4 \cdot H_2O$ 进行了细致的研究[❸]，终于明确了 $[Re_2Cl_8]^{2-}$ 阴

❶ 吴际初. 化学教育, 1991(6): 45.

❷ 倪申宽, 叶世勇. 化学通报, 1992(5): 46.

❸ Cotton F A, Curtis N F, Johnson B F G, et al. Inorg Chem, 1965, 4: 326; Cotton F A. Inorg Chem, 1998, 37(22): 5710-5720.

离子的存在及其空间构型［见图 2-5（a）］，Re—Re 间距仅为 224pm（1pm = 10^{-12}m），远短于金属铼晶体中的 Re—Re 间距 275pm，说明存在金属-金属四重键。在二氯化钼溶液中，以及$[Mo_6Cl_8]Cl_4 \cdot 8H_2O$、$(NH_4)_2[Mo_6Cl_8]Cl_6 \cdot 2H_2O$ 等晶体中[1]，都发现有$[Mo_6Cl_8]^{4+}$离子，结构图见图 2-5（b）。Mo—Mo 键长为 263pm，接近金属单键键长 259.2pm。$[Nb_6Cl_{12}]^{2+}$、$[Ta_6Cl_{12}]^{2+}$和$[Ta_6Br_{12}]^{2+}$等离子的结构[2]示意见图 2-5（c）。

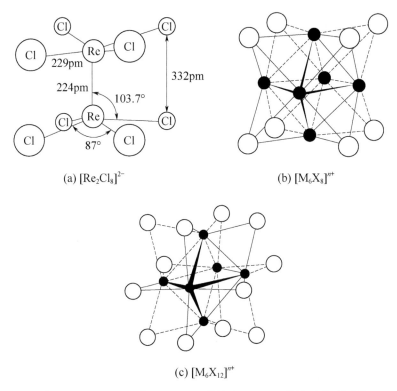

(a) $[Re_2Cl_8]^{2-}$

(b) $[M_6X_8]^{n+}$

(c) $[M_6X_{12}]^{n+}$

图 2-5　$[Re_2Cl_8]^{2-}$、$[M_6X_8]^{n+}$的和$[M_6X_{12}]^{n+}$的空间构型

对于一些含有金属-金属键的簇合物（非经典化合物），同样不能采用元素最简组成比的方式来表示分子或离子的组成。例如 $Mn_2(CO)_{10}$、$Co_2(CO)_8$、$Ir_4(CO)_{12}$ 等分子中同样含有金属-金属键，不能进行"简化"处理。

---

❶ Vaughan P A. Proc Nat Acad Sci U S, 1950, 36: 461.

❷ Vaughan P A, Sturdivant J H, Pauling L. J Am Chem Soc, 1950, 72: 5477.

富勒烯衍生物（如 $C_{60}Cl_{12}$、$C_{76}Cl_{24}$ 等）、硼烷（如 B_2H_6、B_6H_{12}、$B_6H_6^{2-}$ 等）、大量羰基化合物［如 $Fe_3(CO)_{12}$、$Co_4(CO)_{12}$、$Os_7(CO)_{21}$ 等］均不能采用最简组成表示分子的成分，必须考虑到簇合物的结构。

化学式代表了一定的结构组成，三氯化铝为缺电子化合物，通过 2 个三中心四电子氯桥配位键形成较稳定的二聚体分子，Al_2Cl_6。气态条件下，可形成平面三角形的 $AlCl_3$ 分子（图 2-6）。

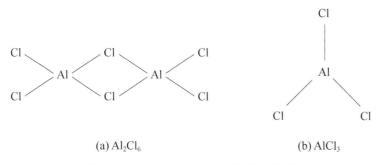

(a) Al_2Cl_6 (b) $AlCl_3$

图 2-6　Al_2Cl_6 和 $AlCl_3$ 的分子结构

实验式

如果知道化合物的结构比例，计算该化合物的实验式就是一件十分简单的事情，因为实验式就是最简化学式，它表示的就是各元素数量的最小整数比。

所有离子型化合物的实验式就是其真实的化学式。共价化合物的实验式采用的同样是各元素最简整数比，但共价化合物的化学式代表的可能是化合物的分子组成，共价化合物的真实化学式和其实验式可以相同，也可能是实验式的整数倍。

例如，某化合物含 21.6% 的钠，33.3% 的氯，45.1% 的氧。求其实验式。已知有关元素的原子量分别为：Na 23.0，Cl 35.5，O 16.0。

由于组成化合物三种元素的原子数量比为 $\dfrac{21.6}{23.0}:\dfrac{33.3}{35.5}:\dfrac{45.1}{16.0}=$

$1:1:3$。

因此，该化合物的实验式为 $NaClO_3$。

又比如，实验测得双氧水组成中，氢为 5.88%，氧为 94.12%，则它的实验式为 HO。考虑到双氧水为共价化合物，根据其相关性质，确定其真实的化学式为 H_2O_2。

为了求出某一物质的真实化学式，不但需要测定其各组分的占比，而且需要测得该物质的分子质量。例如，标准状态下，某气体化合物含 7.69%的 H 和 92.31%的 C，500mL 气体的质量为 0.58g，它是何种气体？

首先，根据气体化合物的质量百分比能够计算求出其实验式：

$C:H=\dfrac{92.31}{12.0}:\dfrac{7.69}{1.0}=1:1$，即气体的实验式为 CH；

其次，根据气体定律（同温同压条件下，气体的体积和气体的物质的量成正比。在同温同压下，相同体积的任何气体都含有相同数目的分子），可以求出气体分子的摩尔质量：

$$\dfrac{500mL}{0.58g}=\dfrac{22400mL}{x}$$

$$x=26g/mol$$

采用气体分子质量除以实验式分子质量，得出该气体各组分的真实数量：

$$\dfrac{26}{12.0+1.0}=2$$

所以，真实的化学式为 C_2H_2，即乙炔分子。

【知识拓展】不同元素的原子按照一定的比例关系形成的完美纯净物，通常称为整比化合物。因点缺陷而形成的、各类原子的相对数目不能用几个小的整数比表示的化合物，称为**非整比化合物**。例如，$Fe_{1-x}O$（$1-x$ 在 $0.84 \sim 0.95$ 之间）。非整比化合物的性质常常不同于整比化合物，是一类特殊的固体材料，不能进行简化处理。

结 构 式

化学式是分子的一种简化后的图像，仅仅知道共价化合物的分子式是远远不够的，因为一个特定的分子式不只代表一种化合物，如分子式 C_2H_6O 可能表示乙醇分子（CH_3CH_2OH），也可能表示甲醚分子（CH_3OCH_3）。为了区分可能出现的这些情况，有必要写出化合物的结构式。

醋酸（乙酸）以 CH_3COOH 表示，它隐含着一个甲基基团（—CH_3，1 个碳原子与 3 个氢原子的结合）被连接到一个羧基基团（$-\overset{\overset{\text{O}}{\|}}{\text{C}}-OH$，1 个碳原子与 1 个氧原子通过双键结合及与 1 个—OH 连接的官能团）上。有些类型的物质，仅凭化学式是无法知道分子是如何排布的。如三聚氰胺 [$C_3N_3(NH_2)_3$] 等。

结构式是一种图式展示原子如何相互连接及空间相对位置的方法，较为生动形象，直观性较强。结构式是既提供化合物中元素的实际数目（采用结构简式常略去与碳成键的氢），又能展示元素排列信息的化学式。如图 2-7 为苯分子的结构式和结构简式。

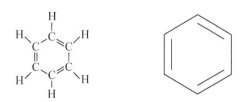

图 2-7 苯（C_6H_6）分子结构式的两种表示方法

【知识拓展】分子式为 $B_3N_3H_6$ 的化合物结构式确定，可根据路易斯式计算共价键数 V。路易斯式是描述非金属原子通过共用电子对而使其各原子外层达到 8 电子稳定构型，即形成稳定共价化合物。其中，n_t 为共价分子中所有原子均满足八隅体所需总价电子数；n_v 为共价分子中所有原子的价电子数总和；V 为共价分子的共价键数。

$$n_t = 2×6 + 8×3 + 6×3 = 54, \quad n_v = 1×6 + 5×3 + 3×3 = 30$$
$$V = (54-30)/2 = 12$$

考虑到 $N∶H = 1∶2$，正好组成三个—NH_2，共 9 个键，三个 B 原子联成一个三元环成 3 个键，正好 12 个键。结构示意见图 2-8（a）。

若按稀有气体结构计算共价键数 V，则

$$n_t = 2×6 + 8×3 + 8×3 = 60, \quad n_v = 1×6 + 5×3 + 3×3 = 30$$
$$V = (60-30)/2 = 15$$

这种计算将缺电子原子 B 同样按 8 电子处理，即通过离域键使之满足稀有气体电子结构。若 B_3N_3 形成一个六元环，则有一个六中心六电子π键，加 3 个 B—H 键和 3 个 N—H 键，正好形成 15 个共价键。

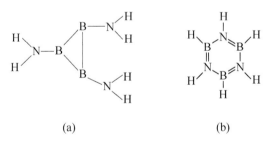

(a)   (b)

图 2-8 $B_3N_3H_6$结构式确定

实验发现 $B_3N_3H_6$ 是非极性分子、逆磁性物质，其性质与苯极为相似，因此该分子的结构式为图 2-8（b）。

电子式

20 世纪初，美国化学家路易斯（G. N. Lewis）认为，贵族气体最

外层电子构型是一种稳定构型，其他原子同样倾向于共用电子而使它们的最外层转化为稀有气体的 8 电子构型，这种构型被称为八隅体构型。

在元素符号周围利用"·"或"×"表示原子最外价层电子数的表示方式，称为电子式。

电子式书写可按如下口诀记忆：电子式书写并不难，最外层电子记心间；阳离子只写电荷数（简单阳离子），阴离子还须带括号；如果共用电子对，不带括号不带电；写后不忘多检查，稳定结构是关键。

采用电子式书写时，初学者应该思考如下几点内容：①用电子式书写阳离子和书写阴离子的区别；②"用电子式表示结构"和"用电子式表示分子的形成过程"的区别；③用电子式书写离子化合物和共价化合物的区别；④用电子式表示离子键的形成过程和表示共价键的形成过程的区别。

例如，第二周期元素正常状态的合理的电子式为：

$$Li· \quad Be: \quad \dot{B}: \quad \cdot\dot{C}: \quad \cdot\ddot{N}: \quad \cdot\ddot{O}: \quad :\ddot{F}: \quad :\ddot{Ne}:$$

需要说明的是，电子式表示的是孤立的原子或原子团、分子在基态的一种情况，当原子处于激发态时，电子构型将随之改变，电子式也应发生改变。

由于分子中除了用于形成共价键的键合电子外，还经常存在未用于形成共价键的非键合电子对（孤对电子），因此采用短横线加小黑点的式子被叫作路易斯结构式。如：氮气（$:N\equiv N:$），水（$H—\ddot{O}—H$）等。

路易斯结构式给出了分子或离子中价电子总数以及电子在分子或离子中的分配。熟练计算每个原子最外层价电子数，也是一些选择题涉猎的范畴。例如，下列分子（A）$COCl_2$、（B）SF_6、（C）XeF_2、（D）BF_3 中，所有原子都满足最外层 8 电子结构的是（A）。四个选项中，选项 B 和 C 的中心原子 S 和 Xe 均属于多电子中心（S 原子提供

6 个价电子参与成键，Xe 原子提供 8 个价电子参与成键），选项 D 的中心 B 原子属于缺电子中心（B 原子提供 3 个价电子成键），只有选项 A 符合要求。

【知识拓展】原子最外层的原子轨道结构只有采取四面体型分布才能使静电排斥和轨道磁矩吸引达到最稳定平衡。因此，稳定的体系中至少包含 4 个电子（半充满）、最多可以包含 8 个电子（全充满）。全充满的电子层结构处于自旋耦合、轨道也都耦合的状态，简称为全耦合态，是最稳定态，这就是化学元素表现出八隅体规则的根本原因。

八隅体规则（octet rule）：元素化合价的最大正值与最小负值相差通常为 8。当一个元素的价层拥有 8 个电子时，对称性、磁相互作用等达到相对稳定的结构，因此元素在形成化合物时，价层电子倾向于八电子结构（贵族气体原子构型的结构，因采用电子排布在立方体的八个角上，因而称为八隅体）。

化学式的计算

化合物的式量是化学领域最重要的概念之一，它是该化合物组成元素的原子量的总和。化学式给出了特定化合物的元素和分子之间的比例。例如，二氧化碳（CO_2）的化学式表明，每个 CO_2 分子中有两个氧原子和一个碳原子。为了计算化学反应涉及的种种变化，需要正确书写化学式。

离子化合物的化学式是各元素的最简整数比。例如，离子化合物氯化钠的化学式 NaCl，它是食盐中各元素的最简整数比，说明该化合物包括相等数量的钠离子和氯离子，不表示单独存在"NaCl"分子。

离子化合物化学式的书写很简单：对于二元离子化合物，金属元素通常带正电荷，非金属元素带负电荷，依据电中性要求，正电荷的数量必须等于负电荷的数量。例如氯化镁的化学式为 $MgCl_2$，因为元素镁形成阳离子常见稳定的价态为 +2，元素氯形成阴离子稳定的价态为 –1，故这两种元素结合形成二元离子化合物时必定是一个镁离子结合两个氯离子，只有这样所形成化合物的电荷总数才为 0。

认真观察、分析一下化学式 $MgCl_2$，可以发现化学式中每个元素的下标数字就是另一个元素的电荷数，下标为 1 时常常省略不写。

对于高于二元素形成的离子化合物，一般情况都存在多原子离子根，因此首先确定多原子离子根所带电荷数，将其看作一个整体，就可以写出相关离子化合物的化学式了。

例如，硝酸钠中的硝酸根（NO_3^-）带 1 个单位负电荷，故所形成化合物的化学式为 $NaNO_3$。硫酸钠中的硫酸根（SO_4^{2-}）带 2 个单位负电荷，因此化学式为 Na_2SO_4。磷酸铵中的磷酸根（PO_4^{3-}）带 3 个单位负电荷，铵根离子（NH_4^+）带 1 个单位正电荷，所以化合物的化学式为 $(NH_4)_3PO_4$。

对于写出的化学式为非最简整数比的情况，需要根据具体情况考虑是否可以采用简化处理为最简化学式。例如硫化钙的化学式：利用电荷交叉的方法可以得到 Ca_2S_2，简化后得到化学式 CaS。

共价化合物有两种化学式：实验式表示各元素最简整数比；分子式表示各元素在化合物中的真实数量。实验式可通过元素分析等手段确定，对由分子组成的物质而言，求出分子化合物的真实化学式是进一步分析其有关性能、结构等信息的基本要求。

共价化合物或特殊结构类型的化合物，不能采用简化的处理方法得到化学式。例如，Hg_2Cl_2 就不能简化为 $HgCl$，因为该分子中含有

Hg—Hg 金属键。对于原子簇合物，同样不能采取简化处理，因为这类化合物的空间结构及成键方式不同于经典化合物。

根据化学式能够知道其组成元素种类及数量，将每种元素的原子量与其原子个数相乘，相加可得到相对化学式量（若为分子，即为分子量）；相比能够确定各组成元素的质量比；除以相对化学式量 × 100%，得到某元素的质量分数。

例如，NaCl 的化学式质量计算如下：

Na 的原子量为	22.990u
Cl 的原子量为	+35.453u
NaCl 的式量为	58.443u

尽管离子化合物中不存在分子，人们仍然习惯用"分子量"来表示离子化合物的质量。

若知道化合物的化学式，求出其每一种元素所占的质量分数就是一件十分容易的事情。

$$元素 X 的质量分数 = \frac{1摩尔化合物中元素X的质量}{1摩尔化合物的质量} \times 100\%$$

反过来讲，若能够通过实验测定确定化合物组成中每种元素所占的质量分数，得到化合物的化学式也是一件简单的事情。例如，求硝酸钙中氧的质量分数。

硝酸钙的化学式为 $Ca(NO_3)_2$，其分子量为：$M = 40.1+(14.0+16.0×3)×2 = 164.1$

$$氧的质量分数 = (16.0×6/164.1)×100\% = 58.5\%$$

必须正确计算分子量，这是有关化学计算题的基础。要清楚化学式中各种数字的含义，依据化合价基本知识判断化合物的组成，才能计算出化合物的分子量。

例如，已知 X 原子的核电荷数是 11，原子量为 23；Y 原子的核电荷数是 16，原子量是 32，由 X 和 Y 组成的化合物的分子量是（　　）。

（A）27；（B）55；（C）78；（D）62。

核电荷数 11 的元素是 Na，核电荷数 16 的元素是 S，所以两者组成的化合物为 Na_2S，分子量是 78，故选项 C 正确。

又如，正长石的化学式是 $KAlSi_3O_x$，x 是＿＿＿＿＿＿，以氧化物形式表示正长石为＿＿＿＿＿＿＿＿。

根据中性化合物中正、负化合价代数和为零的原则，有：$1+3+4 \times 3 = 2x$，$x = 8$，因此正长石的化学式为 $KAlSi_3O_8$。用氧化物形式表示为：$K_2O \cdot Al_2O_3 \cdot 6SiO_2$。

涉及化学式的计算问题，也有可能将相关数据隐藏于题目中而不直接给出数据，解这类"无数据计算题"时，需要细心分析题中的潜在条件，从而使没有具体数据的计算题中的量的关系显露出来，建立关系式，就能一举攻克。

例如，相同质量的二氧化硫和三氧化硫，所含硫元素的质量比是（　　）。

（A）1∶1；（B）2∶3；（C）5∶4；（D）4∶5。

这是一道关于分子式计算的选择题，但题中并没有给出具体的数值。可设它们的质量分别为 1 克（也可设为 x），求出各自所含硫元素的质量，再求其比值，问题就能够得到解答。

$$1 \times \frac{S}{SO_2} : 1 \times \frac{S}{SO_3} = \frac{32}{64} : \frac{32}{80} = 5 : 4$$

说明，选项 C 正确。

又如，已知乙炔、苯、乙醛的混合蒸气中含碳元素的质量分数为 84%，求混合物中氧元素的质量分数为多少？

看似无从下手，但若将乙醛的分子式 C_2H_4O 转化为 $C_2H_2 \cdot H_2O$，结合乙炔（C_2H_2）和苯（C_6H_6）分子组成，能够发现混合物的组成中 $\boxed{C_2H_2 、 C_6H_6 、 C_2H_2} \cdot H_2O$，方框内有 $n_C = n_H$。

设混合物为 100 克，则 $m_C = 100 \times 84\% = 84$（g）

$$1n_H = n_C = 84/12 = 7 \text{（mol）}$$

因此方框内质量为：84+7 = 91（g）

则混合物中有"H_2O"的质量为：100−91 = 9（g）

氧元素的质量 = 16/18×9 = 8（g）

氧元素的质量分数 = 8/100×100% = 8%。

对于采用符号表示的化学式，仅依据元素在化合物中所占质量分数，可通过共同组成元素而建立计算基础。当然，合理的逻辑推理，能够实现快速选项的确定。

例如，A、B 两化合物由 X、M 元素组成，A 中 M 占 44%，B 中 M 占 34.5%（质量分数），如果 A 的分子式为 MX_2，则 B 的分子式可能为下列中的（　　）。

（A）MX；（B）M_2X_3；（C）MX_3；（D）MX_4。

该选择题可以通过设定 X 及 M 的原子质量（假设分别为 a 和 b）、B 的分子式（M_nX_m）而列出如下计算等式：$b/(b+2a) = 44\%$，$nb/(nb+ma) = 34.5\%$

$7b = 11a$，$m/n \approx 3.0$

因此，选项 C 正确。

本选择题，可通过合理分析而确定选项 C。因为 A 的分子式为 MX_2，M 的质量分数为 44%，所以选项 A 和 B 可以排除（高于 44%）。选项 D 中，M 的占比低于 30%，所以只有选项 C 正确。

必须指出，化学式代表原子或原子摩尔数的比例，而不是质量的比例。由于化合物的分析测定通常不会直接给出化学式，给出的是化合物中每种元素的相对质量。因此根据实验测定数据能够确定一个化学式，但这是经验式而非分子式。如果还知道化合物的摩尔质量，就可根据经验式确定化合物的分子式。

例如，萘是一种含碳和氢的化合物，其经验式为 C_5H_4，摩尔质量为 128.16g/mol。它的分子式是什么？

解：由于萘的经验式摩尔质量 = 5×12.01+4×1.01 = 64.09（g/mol）

萘的摩尔质量 = 128.16g/mol

根据：摩尔质量 = 经验式摩尔质量×n

得　n = 128.16/64.09 = 2

所以，萘的分子式为 $C_{10}H_8$。

结晶水含量的相关计算

有相当数量的无机化合物,常常以含有一定量结晶水的形式存在,且有部分化合物所含结晶水的量与制备方法或保存方法密切相关。例如，结晶亚硫酸钠的分子式为 $Na_2SO_3 \cdot 7H_2O$，结晶硫酸铜的分子式是 $CuSO_4 \cdot 5H_2O$，结晶碳酸钠的分子式是 $Na_2CO_3 \cdot 10H_2O$（风化可转变为 $Na_2CO_3 \cdot H_2O$）。$NiCl_2 \cdot xH_2O$（x = 0, 1, 2, 3, 4, 5, 6, 7）；还有部分化合物所含结晶水的量是不确定的，如 $H_3PW_{12}O_{40} \cdot nH_2O$。

问题：为什么一些无机盐自水溶液中析出可形成无水化合物，而另有大量的无机盐则形成含有一定量结晶水的化合物？结晶水数量受何种因素制约？

经过对大量晶体化合物的研究表明，晶体中结晶水的结合情况通常分为以下几类：

① 靠配位键直接与金属阳离子键合的**配位水**，如 $NiSO_4 \cdot 6H_2O$ 就是由$[Ni(H_2O)_6]^{2+}$和SO_4^{2-}作为结构单元形成的。

② 靠氢键或静电引力与阴离子结合的结构水，或称**阴离子水**，如 $CuSO_4 \cdot 5H_2O$ 中有 4 个水分子与 Cu^{2+}配位形成$[Cu(H_2O)_4]^{2+}$，第 5 个水分子以氢键与 SO_4^{2-}相结合，可称为阴离子水。

③ 在晶体中占有固定的晶格位置，既不与阴离子也不与阳离子直接连接的**晶格水**，如 $MgSO_4 \cdot 7H_2O$ 是由$[Mg(H_2O)_6]^{2+}$和$[SO_4]^{2-}$及 1 个

H_2O 所形成的晶体，有 1 个 H_2O 既不是配位水，也不是阴离子水，但却是构成晶格所必需的水，故称之为晶格水。

④ 在气体水合物晶体中，水分子借氢键聚合成具有空穴的三维骨架体系，形状很像笼子的**笼形水**。

⑤ 有一种结晶水在晶体中部分或全部失去时，并不破坏晶格性质，此类结晶水称为非定比结晶水或非定比水，如属于黏土矿物的蒙脱石是层状缩合铝硅酸盐，水合质子处于阴离子层和阴离子层之间以保持电中性，也称为**层间水**。

⑥ **沸石水**，如丝光沸石 $Na(AlSi_5O_{12}) \cdot 6H_2O$ 中，水分子在晶格中占有相对无规律的位置，当干燥或加热脱去这种水时，物质的晶格不会受到破坏。

⑦ **羟基水**，如 $Mg(OH)_2$ 等许多氢氧化物，可看作是 $MgO \cdot H_2O$。一些水合氧化物中水分子数是可变的，它随着制备条件不同而变化。如五氧化二铌和五氧化二钽的水合物，其组成为 $M_2O_5 \cdot xH_2O$ 或 $(M_2O_5 \cdot xH_2O)_n$，这种白色凝胶状的氢氧化物是亲水胶体，是两性化合物。

由于结晶水结合的形式有上述 7 类，因此在形成结晶水化合物时，有的盐仅含有配位水，有的盐则含有两种或两种以上类型的结晶水，况且中心金属阳离子不同、均衡阴离子不同及生成条件的差异等，都有可能影响到无机盐的结构类型及结晶水的量。

结晶水化合物的计算，首先是要明确化合物的具体组成，尤其是结晶水数目是否具有确切的数值；其次是要正确计算分子式量，防止因粗心大意而将式量算错；最后是列出关系式，进行相关计算。

例 1 向饱和硫酸铜溶液中加入 3.2g 无水硫酸铜，保持条件不变（该条件下硫酸铜的溶解度为 20g），放置一段时间后固体的质量是多少？

解：由于结晶硫酸铜的分子式为 $CuSO_4 \cdot 5H_2O$，

式量 $= 64+32+16 \times 4+5 \times (1 \times 2+16) = 250$

$CuSO_4$ 与 $5H_2O$ 的质量比为：$\dfrac{64+96}{5\times18}=\dfrac{16}{9}$

根据硫酸铜的溶解度为 20g（参见第 6 章相关内容）知，溶液中析出的硫酸铜与从溶液中带出的水的质量比为：20/100 = 1/5

因此加入 3.2g 无水硫酸铜，析出结晶硫酸铜的质量为：3.2g÷(16/9-1/5)×250/90 = 5.6g

答：析出结晶水合物的量为 5.6g。

例 2 加热 1g 某含结晶水的化合物，当完全失去结晶水后，残留物的质量为 0.64g，试确定该结晶水合物的分子量。

解：设结晶水合物的分子式为 $R\cdot xH_2O$，由于 1g 结晶水合物中含结晶水的量为：1g−0.64g = 0.36g

因此，结晶水所占比例为：$\dfrac{xH_2O}{R\cdot xH_2O}=\dfrac{0.36}{1}=\dfrac{9}{25}$

则该结晶水合物的式量为：$R\cdot xH_2O = 50x$。

化合价

化合价：又称"原子价"。它是 1 个原子（或原子团）与其他原子或原子团化合时的成键能力，数值上等于该原子（或原子团）可能结合的氢原子或氯原子的数目。

化合价的概念是英国化学家弗兰克兰（Edward Frankland）提出的，用于表示某种元素与其他元素结合的能力，或者说化合价用于表示一种元素在化学反应形成化合物时化合能力的大小，也就是在化合物里能与多少种元素或原子结合。原子可以看作是在不断地忙于寻求最佳伴侣，据此它们通过共用或交换电子并成键，从而构成稳定的实体。化合价与化学键密切联系，它表示各原子间化学键的数量关系。

随着人们对原子结构化学键本质的逐步认识，化合价的概念有所发展。①共价，在共价化合物中把化学键数和化合价联系起来，碳共价数为 4，化合价为 4，氮成三键即 3 价，氧成双键即 2 价，氢成单键即 1 价。②离子价，离子化合物中离子的电荷数可看成离子的化合价，称为离子价或电价。如 NaCl 中 Na^+ 为 +1 价，Cl^- 为 −1 价。化合价与氧化数之间既有区别又有联系。化合价是元素在形成化合物时表现出的一种性质，是物质中的原子得失的电子数或共用电子对偏移的数目。氧化数在一定程度上标志着元素在化合物中的化合状态。化合价有正、负之分，一些元素在不同的物质中可显示不同的化合价。单质分子里，元素的化合价均为零。

具有不同电子分布的不同类别的原子，要取得其稳定性所需的"伴侣"数目是不同的，而其结合方式也是不同的。如 H 只需要一个"伴侣"，因此形成 HCl 或 NaH 等；而 C 需要四个"伴侣"，形成 CH_4、CH_3OH 等。

化合价的表示通常采用在元素符号或原子团的正上方用"$n+$"或"$n-$"标出（n 为自然数）。对于共价化合物，通常可采用元素符号加短横线"−"的形式来表明原子之间按"化合价"相互结合的结构式。如水的结构式为 H—O—H；二氧化碳的结构式为 O=C=O，"="表示相互用了"2 价"；氰氢酸的结构式为 H—C≡N，"≡"表示相互用了"3 价"。

化合价是原子形成分子时所表现出来的化学属性：化合价表示原子得失电子或参与形成共用电子对的电子的多少，只有在成键的时候才能表现具体的化合价。对于金属元素与非金属元素化合时，金属元素给出电子，显正价；非金属元素接受电子，显负价。化合物中各组成元素的正、负化合价代数和为零，就是说，化合物整体表现为电中性的。元素的化合价是元素的原子在形成化合物时表现出来的一种性质，因此对于单质（金属或非金属），不考虑原子间结合的方式（非极性共价键或金属键），元素的化合价为零。

化合价表示原子间的化合能力、化学键类型和成键数，是原子固有的属性，其数值是形成化学键时获得的有效电子数，所以化合价只能是不为零的整数。元素的化合价相当于能与该元素的 1 个原子相化合的氢原子数。

氢元素参与形成的化合物一般显正价，除非与活泼的碱金属元素及一些碱土金属元素形成金属氢化物（负价）；氧元素参与形成的氧化物多呈负价，除了与活性极高的氟元素形成 OF_2 等化合物。

原子团常常带有一定数量的电荷，它是各组成元素的正、负化合价代数和，可正可负。例如，铵根离子 NH_4^+，硫酸根离子 SO_4^{2-}，碳酸根离子 CO_3^{2-}，等。碳酸钠的化学式为 Na_2CO_3，写成 $NaCO_3$ 就不对，没有达到电中性要求；氢氧化铜的化学式若写成 $CuOH$ 也是不对的，该式子表示的是氢氧化亚铜，+2 价的氢氧化铜的化学式是 $Cu(OH)_2$；用式子 $ZnCl$ 表示氯化锌也是错误的，因为锌离子为+2 价，化学式应为 $ZnCl_2$。

由于有些元素在与不同活性其他元素结合时，相对活性高低的变化、反应进行条件的不同等原因可导致该元素呈现出不同的化合价，如 $FeCl_2$，$FeCl_3$，FeO，Fe_2O_3，Fe_3O_4，K_2FeO_4 等。

化合价体现的是一个原子在分子中可以形成的化学键数目。氢和氯的化合价为1，而氧的化合价是2，碳的化合价一般是4。

电负性较小的原子，由于其价电子被原子核束缚的力较小而易与其他原子所共用，所以在它周围排列的原子数一般比电负性较大元素周围的原子数多。换句话说，在分子结构中，电负性较大的原子一般排列在分子的终端位置而尽可能少地与其他原子共享其价层电子；电负性较小的原子由于更易与其他原子分享其价层电子而往往处于分子的中心。例如，在 N_2O 分子结构中，由于电负性 O > N，所以中心原子应为 N 而非 O，即 N≡N—O。

对于共价化合物，每个原子上的形式电荷小或无是较稳定的，形式电荷高或相邻 2 个原子之间的形式电荷为同号的不稳定。能够服从 Pauling "电中性原理"的分子结构是较为稳定的结构，这可用于说明氢氰酸分子中原子的连接为什么是 HCN 而非 HNC，氰酸（HCNO）分子结构为 H—N≡C≡O 而非 H—O—CN。N_2O_3 中原子的连接次序为 O≡N—NO_2 而非 O≡N—O—N≡O 等。

关于元素化合价计算的原则是：中性化合物中各组成元素正负化合价的代数和为零。因此化合价的计算步骤可分为写、标、设、求四步。下面以求算为例，做一简要介绍。

首先写出完整的化学式；其次标出化合物中已知元素的化合价；再次设出未知元素的化合价；最后根据化合物中各元素正负化合价代数和为零，列出等式，求解，得到结果。

例 3 氧化铝（Al_2O_3）可作耐火材料，其中 Al 的化合价是（　　）。

（A）+7；（B）+5；（C）+3；（D）+1。

分析：由于氧的化合价为-2，氧化铝是由两个 Al 与三个 O 组成的中性化合物，因此，$2x+3×(-2) = 0$，解之，得，$x = 3$，所以 Al 的化合价为+3。选项 C 正确。

例 4 若短周期的两元素可形成原子个数比为 2∶3 的化合物，则这两种元素的序数之差不可能是（　　）。

（A）1；（B）3；（C）5；（D）6。

分析：短周期两种元素形成的化合物设为 A_2B_3 或 A_3B_2，根据化合价规则可知，A 元素在周期表中所处的主族序数一定是奇数，原子序数也为奇数，而 B 元素所处的主族为偶数，原子序数也为偶数，奇数与偶数的差值一定为奇数，不可能为偶数，故选项 D 正确。

也可依据原子个数比 2：3，联想到具体化合物实例：Al_2O_3、N_2O_3 等，推断答案 D。

例 5　X、Y、Z、W 四种短周期元素，若 X 的阳离子与 Y 的阴离子具有相同的电子层结构，W 的阳离子氧化性强于等电荷的 X 阳离子的氧化性，Z 的阴离子半径大于等电荷的 Y 的阴离子半径，且 Z 离子所带电荷数的绝对值是 W 离子的两倍，W 离子与 Z 离子的电子层相差两层。试推断这四种元素的符号。

分析：这类推断题，题中条件渗透交叉，相互干扰，很难从抽象的描述中直接找到具体的元素，这时我们可以根据题意进行位置图示分析。

首先，根据 X 与 Y 的关系确定 X 与 Y 在周期表中的相对位置 ，然后再根据 W 与 X，Z 与 Y 的关系确定 W 与 Z 的相对位置，最后根据 W 与 Z 的电荷关系确定 W 与 X 为 I A 族元素，Z 与 Y 为 VI A 族元素，且由于 Z 离子与 W 离子电子层相差两层，确定它们分别为第 3 周期和第 2 周期元素，则 X 为钠、Y 为氧、Z 为硫、W 为锂。

化学键

　　化学键：分子中原子之间存在的一种把原子结合成分子的相互作用。

　　氢键：就是键合于一个分子或分子碎片 X—H 上的氢原子与另外一个原子或原子团上的 Y 接近，在 X 与 Y 之间以氢为媒介，生成 X—H…Y 形式的一种特殊的分子间或分子内相互作用。

组成物质的分子是由原子构成的，而原子之所以能结合成分子，说明原子之间存在着相互作用力，这种分子中的两个或多个原子之间较强的相互作用，被称为**化学键**。

对于初学化学的人，可能会对"键"是什么感到某种困惑，《现代汉语词典》给出的解释有："使轴与齿轮、皮带轮等连接并固定在一起的零件""插门的金属棍子（古称销钉）"。从中窥知："键"的作用是连接物体，使之合而为一。化学学科借用了"键"的这种作用，来形象描述原子形成分子时的相邻原子之间强烈的相互作用（引力和斥力）。

化学键的概念有如下几层意思：①是一种相互作用；②是存在于"直接相邻"的原子之间的相互作用；③与非直接相邻的原子之间的相互作用（即范德华力，它不属于化学键）、氢键相比，要强烈得多；④离子键、共价键、金属键皆为"直接相邻"的原子间的强烈相互作用，故属化学键；⑤一个化学反应的过程，本质上就是旧化学键断裂和新化学键形成的过程；⑥化学键是原子能够形成分子的内在主要因素和基础，但"强烈的相互作用"不可简单理解为结合力。

化学键主要包括离子键、共价键和金属键三种强的典型键型。此外，分子间还存在氢键、疏水相互作用、分子间力（或称范德华力，包括取向力、诱导力和色散力）、堆积作用等较弱的相互作用力，一般称为次级键。

【知识拓展】原子之间是通过轨道和电子来建立关系的，原子结合形成分子需要满足三个条件：原子轨道的对称性匹配，能量近似，轨道有最大重叠。原子轨道线性组合形成分子轨道是指原子的"前线轨道"（或称价轨道），日本化学家福井谦一于 1952 年提出分子前线轨道理论，分子进行化学反应时的反应条件和方式取决于前线轨道的对称性。也就是说，已占有电子的能级最高的分子轨道（HOMO）与未占有电子的能级最低的分子轨道（LUMO）是决定分子进行化学反应的关键因素。同样的原理，原子结合形成分子时，HOAO 和 LUAO 决定了元素的原子组装方式及化学键基本类型。

离子键

德国科学家柯塞尔（W. Kossel）于 1916 年提出了离子键理论：当活泼金属原子和活泼非金属原子在一定条件下相遇时，发生了两种原子间的电子转移而产生正、负离子，使得其价层满足 8 电子稳定结构的要求。正、负离子在静电相互吸引的作用下而形成稳定的体系。

通过转移外层电子形成满足 8 电子稳定结构的阳离子或阴离子，阴、阳离子之间因异性相吸而发生较强的静电作用。离子键理论能够对众多的离子型化合物的形成及性质进行合理的阐释，如 NaCl、$CaCl_2$ 的形成等。需要指出的是，生成离子键的条件是元素的电负性相差较大，一般要大于 2.0。由于纯粹的离子键是不存在，电子必定要受到原子核所带强大的正电荷吸引，故可以把离子键看作是极性共价键的极限情况。对气态 NaCl 分子的偶极矩测定表明，钠和氯的有效电荷分别为+0.8e 和–0.8e，说明形成离子键的离子性为 80%。

离子键既无方向性又无饱和性，不过由于受到离子半径比的限制与制约，每种离子周围能够容纳的异性离子数一般是确定的。离子化合物往往具有较高的熔点和沸点，硬度大，易脆，在熔融状态或溶解于水后，均能导电。

共价键

1923 年，美国化学家路易斯（G. N. Lewis）为解释电负性相近元素间能够形成稳定化合物这一事实，提出了共价键理论。即两种元素的原子之间通过共用一对或多对电子，以促成各原子满足稀有气体原子的电子结构，这种化学键叫作**共价键**。共价化合物 HCl 分子中的键也具有一定的离子性，分子中氢和氯的有效电荷分别为+0.17e 和 $-0.17e$，即 H—Cl 键的离子性为 17%。

共价键理论成功地解释了由相同原子组成的分子，如 H_2、O_2、N_2 等。

共价键的形成，首先需要有自旋方向相反的未成对的价电子可以进行配对；其次是两原子在形成共价键时，成键电子的原子轨道要发生重叠；关键是为了使体系能量最低，参与重叠的原子轨道必须满足成键三原则：能量相近、对称性匹配、原子轨道最大重叠。因此，共价键的特征是有饱和性和方向性。

共价键的类型：根据共用电子对情况划分，有极性共价键（例如 HCl）、非极性共价键（例如 $N\equiv N$）和配位键（例如$[Cu(NH_3)_4]SO_4$ 中 Cu^{2+} 与 NH_3 间的作用）。若依据成键电子对的对称性划分，有 σ 键和 π 键。

【知识拓展】多原子分子中，如有相互平行的 p 轨道，且 p 轨道上的电子总数小于 p 轨道数的 2 倍，则可形成离域 Π_n^m 键（n 为形成离域 Π 键涉及的原子数，m 为形成离域 Π 键的电子数，$n \geqslant 3$，$m < 2n$）。

当共价键中的共用电子对不是由成键的两个原子分别提供，而是由成键原子中一方单方面提供的，而另一方仅提供空轨道，这种共价键称为配位共价键，简称配位键。常用箭头（→）表示由提供电子对的原子指向接受电子对的原子。

金属键

不同于离子化合物、非金属单质或化合物，金属单质中同样存在着较强的相互作用力，这种作用被称为金属键。金属键没有饱和性和方向性，它是"失去电子的金属离子浸泡在自由电子的海洋中"，因此有人采用改性共价键对金属的大部分性质进行解释。

金属能带理论是阐释金属键形成的较为成熟的理论，该理论能够很好地说明金属的一些典型物理性质，也能够较好地解释金属键的本质。

氢键

氢键是一个分子或分子片段 X—H 的一个氢原子和同一或不同分子的一个原子或原子团之间形成的静电吸引，其中 X 较 H 更具负电性，孤对电子的存在是关键。氢键的键能与分子间作用力相近，比化学键的键能小得多，氢键的键能一般在 10～65kJ/mol，但在某些蛋白质分子中，某些超级氢键键能可达到约 100kJ/mol。

氢键具有方向性和饱和性，其存在十分普遍，对物质的部分性质影响较为突出，可进一步细分为分子内氢键和分子间氢键等。氢键的形成对物质的熔点、沸点、溶解度、黏度、密度及生物体的结构稳定性等都有一定的影响[1]，尤其熔点、沸点及溶解度受氢键的影响最为明显。例如，邻硝基苯酚的熔点为 45℃（分子内氢键），间硝基苯酚的熔点为 96℃（分子间氢键），而对硝基苯酚的熔点为 114℃（分子间氢键）。乙二醇分子形成分子内氢键和分子间氢键，是较为特殊的一种化合物。

X：H—O 类氢键作为分子内或分子间的一种弱相互作用，在超分子化学、分子识别、晶体工程、材料化学和催化等现代化学领域中，起着非常重要的作用。X：H—O 类氢键相互作用具有非对称、短程性、关联耦合性。

---

[1] Leung Y, Morris M O. Dent Mater, 1995, 1(3): 191-195.

【**知识拓展**】分子与分子之间存在着不同于化学键的分子间力，这种作用力的结合能比化学键能约小 1~2 个数量级，但能够对物质的熔点、沸点、汽化热、黏度等产生重要影响。根据不同的氢给体和受体，将氢键分为正常氢键、芳香氢键和 π 型氢键、双氢键❶（带电正性的 H 原子与带电负性的 H 原子之间弱相互作用，其作用形式可以表示为 X—H⋯H—M）、单电子氢键、C—H⋯Cl⁻氢键、过渡金属氢键（X—H⋯M，3c-4e）和离子氢键、反氢键和抓氢键（C—H—M，3c-2e）。氢键常常引发振动频率红移，反常蓝移氢键及双氢键的发现，则体现了分子间相互作用的复杂性。含金化合物的分子晶体中，存在 R—Au⋯Au—R 作用，键能在 20~40kJ/mol 间，相当于氢键键能，称为"金键"等。

分子的稳定性是指其受热时分解的难易，与分子中所含化学键的键能大小密切相关。而分子的活泼性是指其参与化学反应时得失电子（转移或偏移）的难易程度，除和物质自身结构有关外，还与反应条件等因素有关。化学活泼性大的物质，分子的稳定性不一定小；化学活泼性小的物质，分子的稳定性也不一定大。不能生硬地将稳定性与活泼性联系在一起。

分子构造

分子中原子相互联结的方式和次序称为分子构造，分子结构则包括分子构造和分子构型等。如果组成化合物的原子种类和数目相同，但是原子排列方式不同，则其性质不同，这种现象被称为**同分异构**。

异氰酸（HNCO）和雷酸（HONC），酒石酸和葡萄酸，环己烷

---

❶ Popelier P L A. J Phys Chem A, 1998, 102: 3-1878; Chem Commun, 1996, 14: 1633.

（C_6H_{12}）与己烯（$CH_3CH_2CH_2CH_2CH=CH_2$），乙醇（CH_3CH_2OH）与甲醚（CH_3OCH_3），等等。大量这类化学组成完全相同，但因组成化合物的原子空间排布方式不同或原子间联结方式不同导致化合物的结构和性质不同。如雷酸银是一种猛烈的炸药，异氰酸银却不是；酒石酸具有旋光性，而葡萄酸没有旋光性。

同分异构现象在有机化合物中普遍存在，无机化合物中的异构现象也十分常见，尤其是配合物的异构最为丰富多彩，据维尔纳统计有11种类型的异构体。下面对构造异构和立体异构进行简介。

构造异构是指化学式相同，但由于成键原子连接方式不同而引起的一类异构现象。这类异构现象的表现形式通常包括电离异构、水合异构、配位异构和键合异构。

电离异构是指配合物在溶液中电离时，由于内界和外界配体发生交换而生成不同配离子的现象。例如，化学式为 $CoBrSO_4 \cdot 5NH_3$ 的物质，颜色呈暗紫色的可与 $BaCl_2$ 作用，生成白色沉淀，室温下与 $AgNO_3$ 作用无明显现象，故推断其组成为 $[Co(NH_3)_5Br]SO_4$；外观颜色粉红色的与 $AgNO_3$ 作用生成淡黄色沉淀，室温下与 $BaCl_2$ 作用无明显现象，其组成为 $[Co(NH_3)_5SO_4]Br$。

水合异构是指配合物的化学组成相同，但因水分子处于内、外界的数量不同而引起的一种异构现象。例如，化学式为 $CrCl_3 \cdot 6H_2O$ 的物质，外观颜色可呈现为紫色、亮绿色和灰绿色三种，不同颜色的化合物与 $AgNO_3$ 反应时，生成 $AgCl$ 沉淀的量差异甚大。实验结果经过分析后，确定这三种颜色分别对应的组成分别为：$[Cr(H_2O)_6]Cl_3$，$[Cr(H_2O)_5Cl]Cl_2 \cdot H_2O$，$[Cr(H_2O)_4Cl_2]Cl \cdot 2H_2O$。

配合物的组成相同，仅仅由于配体在配阴离子和配阳离子之间的分配不同而引起的一个现象，称为**配位异构**。例如，$[Cu(NH_3)_4][PtCl_4]$ 为紫色的，而 $[Pt(NH_3)_4][CuCl_4]$ 为绿色的。

含有多个配位原子的配体与中心离子配位时，由键合原子的不同而造成的异构现象，称为**键合异构**。例如，$[Co(NH_3)_5(NO_2)]Cl_2$ 中硝基 NO_2^- 是以 N 原子与中心离子 Co^{3+} 成键的，为黄褐色；在 $[Co(NH_3)_5(ONO)]Cl_2$ 中亚硝基 ONO^- 是以 O 原子与中心离子 Co^{3+} 成键的，为砖红色。此外，配体异构、聚合异构等也常常存在。

化学式及成键原子的连接方式均相同，仅仅由于原子在中心离子周围排列方式不同而呈现出性质不同的异构现象，称为**立体异构**。立体异构可进一步分为**几何异构**和**对映异构**。

配位数为 4 的平面四边形及配位数为 6 的八面体配合物中，若配体种类有两种，且形成 MA_2B_2 和 MA_2B_4 型配合物，则可形成**顺反异构**（见图 2-9）。当一个化合物有顺式和反式两种异构体存在时，往往一个比较活泼，而另一个比较稳定。一般说来，顺式较活泼，反式较稳定。

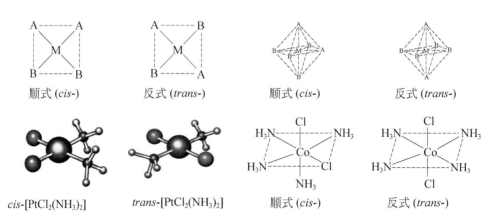

图 2-9　MA_2B_2 和 MA_2B_4 型配合物的顺反异构体

例如，顺式 $[Pt(NH_3)_2Cl_2]$ 的颜色呈橙黄色，溶解度为 0.25g，有较大的偶极矩，具有抗癌活性，水解后能与草酸反应。反式 $[Pt(NH_3)_2Cl_2]$ 的颜色为亮黄色，溶解度为 0.0366g，偶极矩为零，无抗癌活性，水解后不能与草酸反应。顺式 $[Co(NH_3)_4Cl_2]Cl$ 为紫色的，反式 $[Co(NH_3)_4Cl_2]Cl$

为绿色的。顺式 K[IrPy₂Cl₄] 是黄色的，反式 K[IrPy₂Cl₄] 是橙色的。

SF_6 是一种无色气体，具有很强的稳定性，可用于灭火。SF_6 的分子结构呈正八面体型。如果 F 元素有 2 种稳定的同位素，则 SF_6 的不同分子种数为（C）。

（A）6 种；（B）7 种；（C）10 种；（D）12 种。

若一个分子不能与其镜像重叠，则该分子与其镜像分子互为**对映异构体**。具有对映异构的分子为手性分子，其物理性质均相同，化学性质相似，但使平面偏振光旋转的方向不同，故对映异构体又称旋光异构体。例如，右旋乳酸与左旋乳酸，中心碳原子连接的四个不同原子或基团在空间中的分布形成镜像关系（图 2-10）。

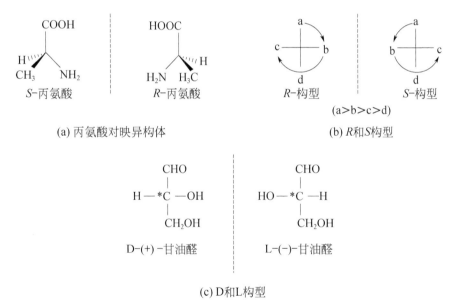

(a) 丙氨酸对映异构体　　　　　(b) R和S构型

(c) D和L构型

图 2-10　对映异构体的镜像关系示例

自然界中分子的手性是很普遍的现象，许多天然产物和人体内的活性分子都是手性的。法国路易斯·巴斯德（Louis Pasteur）发现酒石酸晶体制成的溶液可使偏振光右旋，而具有相同分子组成的葡萄酸（实为消旋酒石酸）却无旋光现象。1848 年，借助显微镜观测，巴斯德将葡萄酸铵钠中的两种不同方向的晶体用镊子分别挑选出来并配成溶液，用偏光镜检测发现，凡是半面晶面向右的，都呈现右旋光；半面晶面向左的，都呈现左旋光。旋光异构的发现，对立体化学的发展产生了极为深远的影响。

人体内的 20 种氨基酸有 19 种是 L 构型的，糖为 D 构型的，为什么会出现这种现象？地球上所有的生命都依赖右旋的 DNA 和 RNA，对称破缺的深层原因是什么？为什么大多数人都是右撇子？为什么生命需要手性？物质如何被编码而成为生命材料？

1957 年 10 月，一种名为沙利度胺（中文名称"反应停"）的药品正式投放欧洲市场，这种被认为"没有任何副作用的抗妊娠反应药物"，却导致许多人产下的婴儿患有一种罕见的畸形症状——"海豹肢症"。随后的研究发现，反应停是一种手性分子，R-异构体起镇静作用，S-异构体则具有致畸作用，可怕的是这两个对映体在体内可发生相互转化，因此毒害极大。

【知识拓展】左手性 L 取自 "Learus 或 Livo" 词的首字母，右手性 D 取自 "Dexter 或 Dextro" 词的首字母。指定甘油醛分子中，—OH 在手性碳右边的右旋构型为 D 型，—OH 在手性碳左边的左旋构型为 L 型。因此，D、L 构型被称为相对构型。R 是拉丁文 "Rectus" 的字首，是右的意思；S 是拉丁文 "Sinister" 的字首，是左的意思。构型的确定原则是：手性碳上 4 个取代基 a>b>c>d，远离 d 观察，若 a、b、c 顺时针方向旋转，为 R 型；逆时针旋转，为 S 型。旋光物质的溶液使偏振面顺时针旋转的称为右旋，记作（＋）；逆时针旋转的称为左旋，记作（－）；对映异构体 R 型与 S 型等量混合，不产生旋光性，称为外消旋，记作（±）。

除了上述所介绍的各种异构现象外，某些分子还存在构象异构。如环己烷分子形成船式和椅式构象，不同构象的能量高低不同，环己烷分子大部分以椅式存在，小部分以船式存在，相互间可以翻转。乙烷分子形成重叠式、交叉式及其他构象等，交叉式应是能量最低的构象。二茂铁分子同样有重叠式、交错式及两者间任意交错角构象，且在二茂铁中配体旋转取向的能垒只有 8～20kJ/mol。

十氢合萘分别由两个椅式环己烷和两个船式环己烷稠合而成，因受限而产生顺式十氢萘和反式十氢萘，它们的性质不同（表 2-1）。

表 2-1　顺式十氢萘和反式十氢萘部分性质

名称	熔点/(°)	沸点/(°)	相对密度	摩尔燃烧热/kcal
顺式十氢萘	−43.3	194	0.895	1502.4
反式十氢萘	−31.5	185	0.870	1500.3

注：1cal = 4.1868J。

对于某些既可以生成平面四边形结构又可以生成四面体结构的配合物，由于两种结构的稳定性相近，因而在同一结晶状物质中，可以同时发现四面体配合物和四边形配合物共晶在一起的现象（溶液中则存在四面体和平面四边形两种变体的平衡分布），如 $Ni[(C_6H_5CH_2)(C_6H_5)_2P]_2Br_2$ 就属于这种情形，一种是黄至红色反磁性变体，另一种是绿色或蓝色的顺磁性变体。

互变异构是两种异构体之间发生的可逆性异构化反应，它是一种可逆的动态平衡，互变异构体之间的化学组成并没有变化，只是结构不同而已。互变异构应包括构造互变异构、构型互变异构和构象互变异构。

旋转异构体是指低温条件下，单键旋转有一定的能垒而产生的一种构型异构现象。例如，化合物$(o\text{-Me})C_6H_5As—AsC_6H_5(o\text{-Me})$的 As—As 单键旋转异构体的能垒约为 113kJ/mol。许多有机磷化合物都存在若干不同的旋转异构体，如 $[(C_2H_5O)_2P(S)(SH)]$ 分子存在四种不同的旋转异构体。

键拉伸异构体是指某些化合物中因部分键键长不同而形成的一种异构现象。例如，$[Mo(O)Cl_2(PMe_2Ph)_3]$ 分子中 Mo=O 键的键长 180.1pm 时显绿色，而当 Mo=O 键的键长 167.6pm 时显蓝色。

趣味实验

趣味实验应在化学实验室中由老师指导完成，同学们在实验过程中要严格遵守实验操作规范，做好防护措施，保证人身安全。

实验1 "蓝瓶子实验"

"蓝瓶子实验"和"碘时钟实验"同为历史悠久的趣味表演实验，两个实验的现象都是在无色和蓝色之间变换，因此这两个实验极易被混淆。

"蓝瓶子实验"的反应本质是氧化还原反应，然而净反应的显色物质却不出现在净反应中。

一、实验仪器与试剂

250mL锥形瓶、磁力搅拌器、磁子等。

蒸馏水、分析纯NaOH（或KOH）、葡萄糖、亚甲基蓝（0.1%）。

二、实验装置

磁子
（用于搅拌）

2.0 g葡萄糖
100 mL蒸馏水
一定质量的NaOH固体
8滴0.1%亚甲基蓝溶液

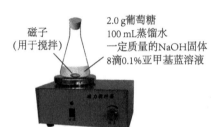

图2-11　实验装置

三、实验操作

在 250mL 锥形瓶中加入 100mL 蒸馏水,将一定量的 NaOH 溶解于水中,冷却后再将 2.0g 葡萄糖溶解于上述碱液中,加入 8 滴亚甲基蓝指示剂。

打开磁力搅拌器,搅拌,观察溶液颜色有无变化。

停止搅拌,静置,观察溶液颜色有无变化,同时记录变化的时间间隔。

重复以上操作。

四、实验现象

搅拌条件下,溶液为蓝色;停止搅拌,静置一定时间后,溶液褪为无色。该过程可反复呈现,改变条件,按上述装置及操作进行对比实验,第一次褪色时间记录如表 2-2。

表 2-2　不同实验条件下的褪色时间

实验编号	NaOH 质量/g	温度/℃	搅拌时间/s	搅拌转速/(r/min)	褪色时间/s
①	1.0	25	60	2500	90
②	2.0	25	60	2500	68
③	3.0	25	60	2500	40
④	2.0	35	60	2500	45
⑤	2.0	45	60	2500	23
⑥	2.0	25	20	2500	39
⑦	2.0	25	100	2500	118

为了探究其他条件相同时,NaOH 溶液的浓度对溶液褪色快慢的影响,设计了对比实验①②③。

对比实验②④⑤,可以得出"其他条件相同时,温度升高,能使溶液褪色更快"的结论。

通过表 2-2 的实验数据，可以得出实验的结论是：影响溶液褪色快慢的因素有 NaOH 溶液的浓度、反应温度、搅拌时间等。大约 1 小时，溶液开始变黄，几小时之后，溶液变为深红棕色。

实验发现随着变色次数的增加，褪色时间越来越长，可能的原因是溶液中的葡萄糖因反应不断消耗而逐渐减少。实验结束后，应对废液中的氢氧化钠进行处理，可加入的试剂为盐酸或硫酸等。

五、实验原理

在碱性条件下存在如下转化关系：

$$\text{亚甲基蓝溶液} \underset{O_2}{\overset{\text{葡萄糖}}{\rightleftharpoons}} \text{亚甲基白溶液}$$
$$\text{（蓝色）} \qquad\qquad\qquad \text{（无色）}$$

为了使溶液与氧气充分接触，所以反应在搅拌条件下进行。

反应机理公认为：①葡萄糖与 OH⁻ 作用，形成葡萄糖的烯醇化，这是蓝瓶子实验的关键一步；②空气中的氧气溶入溶液中；③溶解氧与还原态的亚甲基蓝（又称亚甲基白，无色）作用；④生成蓝色的氧化态亚甲基蓝（蓝色）。前三步（①②③）均为快反应，第④步为慢反应，且第③步的实验现象是溶液由无色变为蓝色，静置此溶液，有一部分溶解的氧气逸出，氧化态的亚甲基蓝（蓝色）被葡萄糖还原为还原态的亚甲基蓝（无色），溶液无色。

实验 2　碱式碳酸铜的制备

碱式碳酸铜为天然孔雀石的主要成分，纯的碱式碳酸铜为草绿色或暗绿色结晶物，实际生产中由于工艺条件不同，产物中可能存在一定量的蓝色铜的化合物，使得碱式碳酸铜呈现绿色、暗绿色或淡蓝绿色等。碱式碳酸铜在水中的溶解度很小，可通过抽滤、洗涤、控温干燥，得到最终产品。

一、试剂和仪器

试剂：$CuSO_4 \cdot 5H_2O$ 晶体，无水 Na_2CO_3 晶体，蒸馏水。

仪器：电子分析天平，磁力搅拌器，水浴锅，电热恒温鼓风干燥箱等。布氏漏斗，抽滤瓶，量筒，玻璃棒，50mL 烧杯，100mL 烧杯 250mL 容量瓶，磁子。

二、实验操作

1. 配制 0.5mol/L 的 $CuSO_4$ 和 0.5mol/L 的 Na_2CO_3 溶液各 250mL。

2. 取 20mL 硫酸铜溶液，分别加入 16～30mL 碳酸钠溶液，混合、搅拌均匀后，在不同温度的水浴锅中搅拌反应 15min，目测沉淀的生成速度及颜色。

3. 静置使产物沉淀完全后，抽滤、烘干、称重。

4. 将 20mL $CuSO_4$ 溶液与 24mL Na_2CO_3 溶液混合均匀后在不同温度的水浴锅中反应 15min，观察产物的颜色。

5. 抽滤，80℃烘干，称重。

6. $CuSO_4$ 溶液与 Na_2CO_3 溶液的物质的量比为 1：1.2，反应温度 70℃，将 Na_2CO_3 溶液加入 $CuSO_4$ 溶液（正滴法）及将 $CuSO_4$ 溶液加入 Na_2CO_3 溶液（反滴法），观察产物的颜色及变化。

三、实验现象与结果

不同配比的反应体系，生成绿色、浅蓝绿色或蓝色碱式碳酸铜沉淀，图 2-12 给出相关结果。

实验中,沉淀的生成速度很快,不同配比之间的差异甚微(表 2-3),生成沉淀的量也相差不多。

$CuSO_4$ 与 Na_2CO_3 的摩尔比小于 1：1 时，产物以蓝色的 $Cu_4(SO_4)(OH)_6 \cdot 2H_2O$ 为主，$Cu_2(OH)_2CO_3$ 随着摩尔比的增加而增加；摩尔比大于 1：1.1 时，产物均为绿色的 $Cu_2(OH)_2CO_3$。当摩尔比小于 1：1

时，硫酸铜溶液过剩，氢氧化铜易与硫酸根和水配位生成蓝色的$Cu_4(SO_4)(OH)_6 \cdot 2H_2O$；当摩尔比大于 1 : 1.1 时碳酸钠溶液过剩，有利 $Cu_2(OH)_2CO_3$ 通过共沉淀形成碱式碳酸铜。

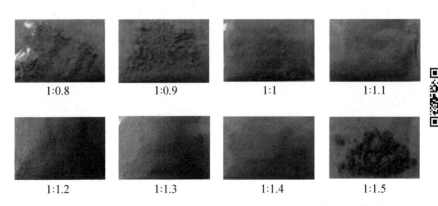

图 2-12　不同配比［$n(CuSO_4) : n(Na_2CO_3)$］反应物制备的产物

表 2-3　反应物配比对产物的影响

$n(CuSO_4):$ $n(Na_2CO_3)$	1 : 0.8	1 : 0.9	1 : 1	1 : 1.1	1 : 1.2	1 : 1.3	1 : 1.4	1 : 1.5
沉淀颜色	深绿色	蓝绿色	蓝绿色	浅蓝绿	绿色	绿色	绿色	绿色
沉淀量/g	1.126	1.131	1.095	1.057	1.067	1.042	1.112	1.035

温度对产物的影响结果见表 2-4 和图 2-13。室温反应产物始终为蓝色沉淀；在 60～90℃制备的产物均为草绿色或浅蓝绿色。

表 2-4　温度对产物的影响

温度/℃	45	55	65	70	75	80
沉淀颜色	蓝色	蓝绿色	绿色	绿色	绿色	绿色
沉淀量/g	1.149	1.093	1.015	1.046	1.041	1.041

正滴法制备时由于硫酸铜过量，生成的碱式碳酸铜不能溶解其中，因此反应一开始就有碱式碳酸铜从母液中析出，加上硫酸铜颗粒较大，不可避免会被包裹在产物中，反应结束后被包裹的硫酸铜慢慢

从颗粒中释放出来，析出 $Cu_4(SO_4)(OH)_6 \cdot 2H_2O$ 使沉淀呈蓝色。正滴法制备反应结束时产物是墨绿色，随着沉淀时间的延长慢慢转变为蓝绿色，2 天后全都转变为蓝绿色。

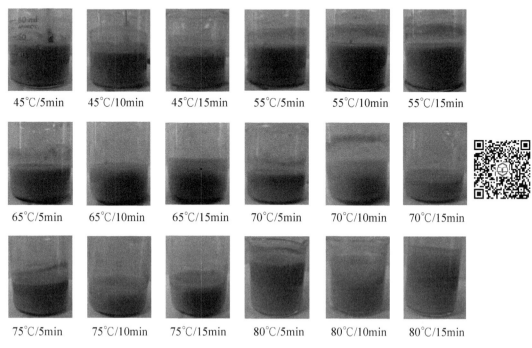

图 2-13　不同温度不同时间的反应物照片

反滴法制备由于碱式碳酸铜能溶于 Na_2CO_3 溶液形成铜络合物，反应初期只要有碱式碳酸铜生成就立刻溶于碳酸钠溶液形成铜的络合物，不会形成包裹物，只有当碳酸钠溶液对生成的碱式碳酸铜溶解达到饱和时，再滴入硫酸铜溶液时才有碱式碳酸铜颗粒开始析出。因此用反滴法制备的产物呈深蓝色，放置逐步形成翠绿色沉淀，2 天后，沉淀颜色为草绿色，沉淀量较正滴法要少（正滴法生成 2.202g，反滴法为 1.684g）。

$$7CuSO_4 + 12Na_2CO_3 + 10H_2O =\!=\!=$$

$$2CuCO_3 \cdot 5Cu(OH)_2 \downarrow + 7Na_2SO_4 + 10NaHCO_3$$

加料方式对制备产物的影响如图 2-14 和表 2-5 所示。

反应后	反应1h后	反应2天后	反应后	反应1h后	反应2天后
	(a) 正滴法			(b) 反滴法	

图 2-14　不同加料方式制备的产物

表 2-5　混合方式等对产物的生成量和颜色的影响

项目	室温混合反应（15min）	先加热（70℃）再混合	先混合再加热（70℃）
反应液的颜色	深蓝色	翠绿色	蓝绿色
沉淀的颜色	深蓝色	翠绿色	绿色
沉淀的量/g	0.5945	0.5145	0.5401

四、实验原理

由于 CO_3^{2-} 水解而使得 Na_2CO_3 溶液呈现碱性，当 Cu^{2+} 溶液中加入强碱时，形成淡蓝色的 $Cu(OH)_2$ 沉淀，$Cu(OH)_2$ 的 $K_{sp}^{\ominus} = 2.2 \times 10^{-20}$。由于 $CuCO_3$ 的 $K_{sp}^{\ominus} = 1.4 \times 10^{-10}$，因此，$Na_2CO_3$ 溶液与 $CuSO_4$ 溶液反应生成碱式碳酸铜沉淀：

$$2CuSO_4 + 2Na_2CO_3 + H_2O \xrightarrow{\quad\quad} Cu_2(OH)_2CO_3 \downarrow + 2Na_2SO_4 + CO_2 \uparrow$$

$Cu_2(OH)_2CO_3$ 呈暗绿色，其溶解度较小，与 $Cu(OH)_2$ 的溶解度相近，铜的碳酸盐的溶解度与氢氧化物的溶解度若十分相近，则生成沉淀的组成可能会不同。考虑到 $2CuCO_3 \cdot Cu(OH)_2$、$2CuCO_3 \cdot 3Cu(OH)_2$、$2CuCO_3 \cdot 5Cu(OH)_2$ 等均呈现孔雀蓝色，因此，实验条件的控制很重要。

参考陈静等人[1]文献，碱式碳酸铜制备反应的最佳条件为：温度70℃，配比 $V(CuSO_4) : V(Na_2CO_3) = 1 : 1.2$。

五、注意事项

反应温度要控制在 100℃ 以下，最好在恒温条件下进行。加料的顺序采用将 $CuSO_4$ 溶液滴加于 Na_2CO_3 溶液中，不能颠倒。

[1] 陈静，等. 大学化学，2012, 27(5): 78-82.

第3章

化学俗名

人类已知的化合物已有数千万种，对其系统命名及归类是十分必要的。然而，在人类探索自然世界组成的本质进程中，对于一些物质的归类及命名却有着较大的差异，尤其是在历史发展过程中，许多物质在不同时期及不同领域被赋予了不同的名称。这一方面源于不同语言的差异，另一方面则是由于早期发现者爱好的差异而使最早提出、已被广泛接受的命名不统一，后虽经命名系统不断更新与完善，但仍有相当部分的历史命名被保留，且仍然在使用，它们被称为化学俗名。

每一个化学俗名都是特定时期、特定性质、特定功能的标志。了解化学俗名背后的故事，有助于培养学生探究真相、提升科学素养。对于初学化学的学生或爱好者，了解一些常见物质的俗名及组成，不但有利于日后的深入学习，而且可以在积累生活常识的过程中，熟知部分常见化合物在日常生活中的应用，增强学习化学的动力等。例如，发酵粉的成分主要是碳酸氢钠和酒石酸，其作用主要是和面粉发酵中产生的乳酸和醋酸反应，避免发面过程中产生过多的酸，使得面食酸味过于明显，影响口感；另外，碱性的碳酸氢钠能够促进蛋白质分解为氨基酸，增进面食的鲜味等。

无机物俗名简介

　　无机物的命名与元素的命名是不可分割的。若有两个元素结合在一起形成一个更复杂的化合物，那么化合物的名字应该能够反映出构成它的元素，且能部分体现出该化合物的组成或特性等。

　　中文元素和无机物的命名在近代化学传入中国之初即已开始。1932年拟定的《化学命名原则》规定：以一汉字命名一元素且取字以谐声为主，会意次之，不重象形；化合物则以采用介字（如化、代、合、聚、缩等）连接为原则；简基二元化合物，仅以一种化合价结合者，称为某化某或某化亚某，阴性之名居前，阳性之名居后，不记分子数；其余复杂无机物也分阴根和阳根两部分，采用"若干某化若干某"式命名，如有不同根价则用正、高、亚、次等字形容，如有根形变化则用重、过、连、硫代等为词头。"某化某式"系统命名法逐渐成为无机物中文命名的主流。化合物的系统名称是由其基本构成部分名称连缀而成的。

　　无机物质俗名数目繁多（数千种），浩如烟海，一物数名，屡见不鲜；一名数物也不少见。无机物的俗名一般包括重名、别名、原名、旧名、简名、古名、处方名、商品名、外国名、译名等，由化学试剂、矿物、中药、合金、化肥、农药等的俗名所组成。无机物的俗名不同于学名（即系统命名）。在俗名中有不少误称或不够科学的，若能够予以更正，可以正视听；然而部分俗名已经约定俗成，只能尽量了解。

　　所谓主名，是指在若干俗名中经常应用、公认的俗名。如单质硫的俗名有硫黄、石硫黄、真珠黄、昆仑黄等，其中硫黄为主名，而石硫黄、真珠黄等为硫的别名。简名即简称，如石硫合剂为石灰硫黄合剂的简名。普鲁士蓝这一俗名为亚铁氰化铁的原名或旧名，现称铁蓝。

所谓古名即指古籍别名。如白倾、姚女、灵液、活宝等均为汞的古籍别名，红丹、镜丹、国丹、东丹等为四氧化三铅的古籍别名，水玉则为水晶的古称。

处方名指中药处方应用的俗名。如散灰、矿灰、希灰、奎灰等为石灰的处方名，红信石、白信石、红砒、白砒均为三氧化二砷的药用处方名。表 3-1 列出了部分单质的俗名，供大家查阅参考。

表 3-1　单质的俗名

俗名	化学名	化学式	说明
硫黄	硫	S	黄色的硫，正交硫又称α-硫；单斜硫又称β-硫，一般认为由 S_8 组成等
白锡	β-锡	Sn	金属锡一般呈白色，古代多用于制作锡器等
黄砷	α-砷	As	砷俗称砒，单质有灰、黑、黄三种同素异形体，黄砷以四面体结构形式存在
红磷	磷	P_8	磷单质有白磷、红磷、黑磷等，红磷外观呈红色，无毒，燃点高于白磷
白金	铂	Pt	铂是贵金属之一，色泽银白，俗称白金，主要用于金属工艺品及催化剂等
铂黑	铂	Pt	极细的粉体铂呈黑色，主要用于制备负载型催化剂等
金刚石	碳	C	金刚石硬度高，用于制作切割工具等，宝石级金刚石又称钻石，多加工为饰品
黑金	铅	Pb	"黑金"是铅的误称，因其断面灰黑且具金属光泽所致，并不是金
钢精	铝	Al	日用铝制品的别称，如钢精锅
水银	汞	Hg	金属汞常温为液态，呈银白色，故得名"水银"
银粉	铝	Al	金属铝制成的一种粉体材料，外观具有银的颜色

俗名	化学名	化学式	说明
福氧	臭氧	O_3	或称超氧、活氧，可分解产生氧气，少量对人体有益，过量有害
巴基球	足球烯	C_{60}	碳同素异形体中的一种，60 个 C 原子构成的球形分子，拓展了碳的研究范围等

俗名的命名有可能是根据物质的物理性质（颜色、形态、味觉、硬度、相对密度等）给出的，不能顾名思义。比如表 3-1 所列俗名，白金并非金，而是铂；黑金实为铅；等等。

对于俗名中出现"青铜"二字时，要注意其主要成分为铜锡合金，如铝青铜（含铜 88%～96%，含铝 2.3%~10.5%，少量的铁、锡），铅青铜（含铜 78%，铅 14%，锡 8%），硬青铜（含铜 88%，锡 7%，锌 3%，铅 2%）等。不过，钨青铜、钼青铜却是一类组成为 M_xWO_3 或 M_xMoO_3（M 为碱金属，$x<1$）的非整比化合物，颜色随组成的不同而有很大变化。另外，炮铜也是一种铜锡合金，含锡 10%，铜 90%，主要用于制造一些金属部件等。黄铜为铜锌合金，含 33%的锌，用于乐器制作等。白铜为铜镍合金，以镍为主要添加元素（10%~30%）的铜基合金，呈银白色，有金属光泽。

俗名也有根据物质的化学性质或效应命名的，或者根据产地、人名、制备方法等命名的。表 3-2 给出了部分无机酸及其盐的俗名，盐酸盐的俗名中多以"盐"字为词尾，硝酸盐俗名中多有"硝石"二字，硫酸盐俗名中多以"矾"字为词尾，少数有"石膏"二字。

表 3-2　部分无机酸及其盐的俗名

俗名	化学名	化学式	说明
盐酸	氢氯酸	HCl	气体 HCl 的水溶液，化工生产中常见的无机酸之一
食盐	氯化钠	NaCl	岩盐，井盐，海盐，湖盐，主要成分均为氯化钠

俗名	化学名	化学式	说明
钾石盐	氯化钾	KCl	钾石盐绝大部分用于制造钾肥,中国青海察尔汗盐湖是中国储量最大的钾石盐产地
光卤石	六水氯化镁钾	$KCl \cdot MgCl_2 \cdot 6H_2O$	钾、镁的卤化物,用于制造钾肥和提取金属镁的矿物原料
卤粉	六水氯化镁	$MgCl_2 \cdot 6H_2O$	或称卤盐,由海水提纯得到的氯化镁,可用于工业生产镁相关化合物等
甘汞	氯化亚汞	Hg_2Cl_2	白色有甜味的一种化合物,含有 Hg—Hg 金属键
升汞	氯化汞	$HgCl_2$	白色粉末,有剧毒,加热可直接升华为气态分子,所以得名升汞
硝镪水	硝酸	HNO_3	由硝石制备得到的酸,是重要的无机强酸之一
智利硝石	硝酸钠	$NaNO_3$	又称钠硝石、盐硝、发蓝粉,南美智利出产的、富含硝酸钠的矿产物
硝石	硝酸钾	KNO_3	又称钾硝石、火硝、土硝等,是黑火药的主要组分之一
铵硝石	硝酸铵	NH_4NO_3	又称铵硝,用硫酸铵与智利硝石通过复分解反应制得,可作为氮肥使用
苦土硝石	六水硝酸镁	$Mg(NO_3)_2 \cdot 6H_2O$	苦土为 MgO,因此硝酸镁又被称为苦土硝石
钙硝石	四水硝酸钙	$Ca(NO_3)_2 \cdot 4H_2O$	钙的硝酸盐,可用于农业生产等
矾油	硫酸	H_2SO_4	或称硫镪水、磺镪水,重要的无机强酸之一,用于化工生产等
胆矾	五水硫酸铜	$CuSO_5 \cdot 5H_2O$	又称蓝矾,蓝色结晶盐,可用于杀虫剂、媒染剂等
皓矾	七水硫酸锌	$ZnSO_4 \cdot 7H_2O$	或称锌矾,工业生产原料,可作为锌微肥用于农业生产
绿矾	七水硫酸亚铁	$FeSO_4 \cdot 7H_2O$	又称黑矾、青矾、铁矾、皂矾等,用作净水剂、煤气净化剂、媒染剂、除草剂等

俗名	化学名	化学式	说明
硫镁矾	一水硫酸镁	$MgSO_4 \cdot H_2O$	或称水镁矾，为盐湖沉积物，可用于提取镁等
黄矾	十二水硫酸铁	$Fe_2(SO_4)_3 \cdot 12H_2O$	主要成分硫酸铁，具有解毒、杀虫功效等
锰矾	七水硫酸锰	$MnSO_4 \cdot 7H_2O$	可用于提取锰等
明矾	十二水硫酸铝钾	$KAl(SO_4)_2 \cdot 12H_2O$	又称白矾，用于面食、糕点等，也可用于治病
铁钾矾	十二水硫酸铁钾	$KFe(SO_4)_2 \cdot 12H_2O$	无色或淡紫色晶体，主要用作媒染剂
铬矾	十二水硫酸铬钾	$KCr(SO_4)_2 \cdot 12H_2O$	又称紫矾、铬明矾，紫色或紫红色，用作鞣剂、媒染剂及照相定影剂等
生石膏	二水硫酸钙	$CaSO_4 \cdot 2H_2O$	具有清热泻火作用，中药的一种
熟石膏	半水硫酸钙	$CaSO_4 \cdot 0.5H_2O$	生石膏加热至 150~170℃时失去大部分结晶水的产物，作石膏绷带等
硬石膏	无水硫酸钙	$CaSO_4$	一种硫酸盐矿物，用于制造农肥及建材等
元明粉	无水硫酸钠	Na_2SO_4	一种化工生产的无机原料
硫氧粉	无水亚硫酸钠	Na_2SO_3	可用作还原剂、防腐剂、去氯剂等
芒硝	十水硫酸钠	$Na_2SO_4 \cdot 10H_2O$	也称格劳伯盐或朴硝、玄明粉等，可入药
重晶石	硫酸钡	$BaSO_4$	或称钡白，用于生产白色颜料、化工生产等
天青石	硫酸锶	$SrSO_4$	用于提取锶或生产锶化物的原料
摩尔盐	六水硫酸亚铁铵	$(NH_4)_2SO_4 \cdot FeSO_4 \cdot 6H_2O$	浅蓝绿色结晶或粉末，是一种重要的化工原料
泻盐	七水硫酸镁	$MgSO_4 \cdot 7H_2O$	又称苦盐、"埃普索姆泻盐"等，工业、农业、食品等领域均有应用
肥田粉	硫酸铵	$(NH_4)_2SO_4$	或称硫铵，农用氮肥的一种

一些以"土"相称的物质，多为金属氧化物。在双音俗名中，词头为元素名称，词尾为"氧"字时，多为该元素的氧化物。如锂氧（Li_2O）、铈氧（CeO_2）等。表 3-3 列出了一些氧化物的俗名。

表 3-3　部分氧化物的俗名

俗名	化学名	化学式	说明
苦土	氧化镁	MgO	有苦味，用作陶瓷生产的原料等，医药上作为抗酸剂及轻泻剂使用
重土	氧化钡	BaO	用于玻璃、陶瓷生产，也用于钡化合物的制备等
矾土	氧化铝	Al_2O_3	冶炼金属铝的原料，也用于耐火材料的生产等
生石灰	氧化钙	CaO	又称石灰，一种重要的建筑材料，可用于工业及医药生产等
金红石	二氧化钛	TiO_2	冶炼制取金属钛的重要原料，也是生成白色颜料的一种原料
灯粉	重质氧化镁	MgO	主要用于化工生产，可作为抗酸药使用
锡石	二氧化锡	SnO_2	用作搪瓷和电磁材料
砒霜	三氧化二砷	As_2O_3	白砒、砷华、鹤顶红、信石（古代信州出产而得名）等，最古老的毒物之一
铋华	三氧化二铋	Bi_2O_3	用于制备铋盐及电子科技元器件生产的原料之一
刚玉	三氧化二铝	$\alpha\text{-}Al_2O_3$	用于耐火材料的制造，是红宝石的主要组分
石英砂	二氧化硅	SiO_2	是制备光导纤维的主要原料，纯净的石英可制备石英器皿等
水晶	二氧化硅	SiO_2	为透明的石英晶体，应用于电子仪器制造领域
白炭黑	轻质二氧化硅	$SiO_2 \cdot nH_2O$	多孔性物质，橡胶、造纸或日化用品的添加剂等
三仙丹	氧化汞	HgO	又称水银灰，亮红色或橙红色化合物，可用于制备其他汞的化合物等
密陀僧	氧化铅	PbO	黄丹、铅黄等，是制备其他铅盐的原料
铅丹	四氧化三铅	Pb_3O_4	红铅或红丹，主要用作防锈颜料等

俗名	化学名	化学式	说明
赤铁矿	三氧化二铁	Fe_2O_3	赭石，磁性材料，可用于制备多种颜色的颜料等
磁铁矿	四氧化三铁	Fe_3O_4	或称红土，磁性材料，通常用作颜料和抛光剂等
软锰矿	二氧化锰	MnO_2	或称锰粉，用于其他锰化合物的制备等
黑锰矿	四氧化三锰	Mn_3O_4	或称辉锰矿，用于电子工业或玻璃制造等
赤铜矿	氧化亚铜	Cu_2O	用于金属铜的冶炼生产等
锌白	氧化锌	ZnO	俗称锌氧粉、中华白，用于涂料、油墨、橡胶及医药等行业
钛白	二氧化钛	TiO_2	使用最为广泛的白色颜料
铬绿	三氧化二铬	Cr_2O_3	涂料工业主要的着色颜料，亦用于化妆品的着色等
铁红	三氧化二铁	Fe_2O_3	磁性材料、抛光研磨材料、涂料和油墨工业等
铁黑	四氧化三铁	Fe_3O_4	黑色颜料，磁铁矿主要用于冶铁
钴黑	氧化钴	CoO	主要用于陶瓷釉料方面
铬酸酐	三氧化铬	CrO_3	用于生产铬的化合物等
笑气	一氧化二氮	N_2O	吸入能使人发笑的一种气体，医学上曾作为麻醉剂使用
双氧水	过氧化氢	H_2O_2	消毒杀菌化合物之一，工业生产使用的友好氧化剂
干冰	固体二氧化碳	CO_2	灭火、人工降雨等
重水	氘代水	D_2O	核反应的减速剂，NMR 测试的参比试剂等

碱金属及碱土金属氢氧化物是生产生活中最为重要的碱性物质，习惯上用俗名称呼它们。俗名中有"苛性"二字的是强碱，如苛性钠、苛性钾等。表 3-4 列出了部分氢氧化物的俗名。

表 3-4　部分氢氧化物的俗名

俗名	化学名	化学式	说明
火碱	氢氧化钠	NaOH	又称烧碱或苛性钠,有强的腐蚀性,易溶于水,并放出大量的热;易吸水潮解
苛性钾	氢氧化钾	KOH	白色固体,重要的化工生产用强碱之一,性质与 NaOH 相近
镁乳	氢氧化镁	$Mg(OH)_2$	作为抗酸剂,有助于中和胃酸,被广泛用于制作泻药和治疗消化不良等
消石灰	氢氧化钙	$Ca(OH)_2$	又称熟石灰,白色固体,微溶于水,有较强的腐蚀性
水滑石	层状双金属氢氧化物	$Mg_6Al_2(CO_3)(OH)_{16} \cdot 4H_2O$	抗酸药,一类重要的无机功能材料,广泛应用于离子交换等领域

硫化物种类较多,一些硫化物矿多有俗名相伴,以"辉"字为词头的多为硫化物的矿物(辉锰矿除外),如辉铜矿(CuS_2)、辉铋铅矿($Pb_6Bi_2S_9$)等。表 3-5 列出少数时常出现的例子。

表 3-5　部分硫化物的俗名

俗名	化学名	化学式	说明
臭碱	硫化钠	Na_2S	又称硫化碱、硫化石,因易生成 H_2S 而有臭味
雄黄	硫化砷	As_4S_4	又称雄精、鸡冠石。雄黄酒具有解毒杀虫,燥湿祛痰,截疟之功效
雌黄	三硫化二砷	As_2S_3	雌黄有剧毒,颜色呈柠檬黄色,古人用于修改错字等
愚人金	二硫化铁	FeS_2	呈浅黄铜色的黄铁矿有可能被误认为是黄金,主要用于制造硫酸
黄铜矿	硫化铁铜	$CuFeS_2$	炼铜的主要原料
镉黄	硫化镉	CdS	黄色粉末,用于瓷釉、玻璃釉或绘画颜料等
辰砂	硫化汞	HgS	又称银朱、朱砂、丹砂等。古辰州盛产而得名,或因色泽而命名

俗名	化学名	化学式	说明
方铅矿	硫化铅	PbS	提炼铅较为重要的矿物原料
闪锌矿	硫化锌	ZnS	提炼锌的主要矿物原料
青砂	硫砷化铁	$FeAsS$	也称砷黄铁矿，可制取砒霜
辉铜矿	硫化亚铜	Cu_2S	用于提炼铜，制备铜化合物
辉钼矿	二硫化钼	MoS_2	用于提取钼，制备钼化合物，或用作染料、润滑剂、制造钼钢等
辉锑矿	三硫化二锑	Sb_2S_3	用于提炼锑和制备锑化合物
辉铋矿	三硫化二铋	Bi_2S_3	用于提炼铋，制备铋盐
辉银矿	α-硫化银	Ag_2S	用于提炼银和制备银化合物
辉镍矿	四硫化三镍	Ni_3S_4	用于提炼镍
辉砷钴矿	硫砷化钴	$CoAsS$	也称辉钴矿，用于提炼钴，在陶瓷、玻璃工业中用作蓝色或绿色颜料
辉砷镍矿	硫砷化镍	$NiAsS$	用于提炼镍

俗名字头为"菱"的，其矿物的主要化学成分为碳酸盐。表 3-6 给出了日常生活中时常出现的一些无机化合物的俗名，简单了解这些称谓，有助于进一步学习。

表 3-6　其他一些无机化合物的俗名

俗名	化学名	化学式	说明
苏打	碳酸钠	Na_2CO_3	又称纯碱、碱面、面碱、洗涤碱等，具除油污功效
小苏打	碳酸氢钠	$NaHCO_3$	或称重碱、起子、洁碱，一种工业原料，也可民用
大苏打	硫代硫酸钠	$Na_2S_2O_3$	又称海波，其晶粒较大，结晶硫代硫酸钠 $Na_2S_2O_3 \cdot 5H_2O$
钾草碱	碳酸钾	K_2CO_3	又称草木灰，可从草木灰中制取
保险粉	低亚硫酸钠	$Na_2S_2O_4 \cdot 2H_2O$	用于印染工业，也可用于保存食物等
白药粉	氯酸钾	$KClO_3$	国防工业用于制造炸药和雷管，医药工业用作收敛剂和消毒剂

俗名	化学名	化学式	说明
铅粉	碱式碳酸铅	$Pb_2(OH)_2CO_3$	又称胡粉、铅白等，白色粉末，古代妇人作美白化妆品，如用来搽脸
铅糖	醋酸铅	$Pb(Ac)_2 \cdot 3H_2O$	或称铅霜、玄白，具有一定甜味的化合物，曾作为甜味品使用
蓝铜矿	碱式碳酸铜	$2CuCO_3 \cdot Cu(OH)_2$	石青、大青、扁青，是天然的蓝色颜料
萤石	氟化钙	CaF_2	或称蛇眼石、夜明珠，能发出蓝绿色荧光
方解石	碳酸钙	$CaCO_3$	石灰石、大理石（云南大理出产）、方解石等，白垩是富含碳酸钙的黏土
冰晶石	六氟铝酸钠	Na_3AlF_6	电解铝工业作为助熔剂使用，制造乳白色玻璃和搪瓷的遮光剂
毒晶石	碳酸钡	$BaCO_3$	有毒，用途广泛，如白色颜料
电石	碳化钙	CaC_2	焦炭与生石灰在电炉中反应而制得，可导电
石灰氮	氰氨基钙	$CaCN_2$	电石与氮气反应的产物，遇水放出氨
氯化铬酰	二氯二氧化铬	CrO_2Cl_2	深红色液体，外观与液态 Br_2 相似
泡花碱	硅酸钠	Na_2SiO_3	透明的浆状硅酸钠溶液称为水玻璃
雷爆银	氮化银	Ag_3N	干燥的氮化银是能够存在的最敏感的化合物之一，极易爆炸
金刚砂	碳化硅	SiC	结构和金刚石相似，硬度高，可代替细粒金刚石制作磨具等
硼砂	四硼酸钠晶体	$Na_2B_4O_5(OH)_4 \cdot 8H_2O$	硼砂的化学式或写作 $Na_2B_4O_7 \cdot 10H_2O$，是制取含硼化合物的基本原料
山柰	氰化钠	$NaCN$	白色粉末，剧毒，同时也是一种重要的化工原料
铅白	碱式碳酸铅	$2PbCO_3 \cdot Pb(OH)_2$	又称白铅粉，低温色釉中不可或缺的助熔剂

俗名	化学名	化学式	说明
灰锰氧	高锰酸钾	$KMnO_4$	又称 PP 粉，黑紫色结晶，常见无机强氧化剂之一，化工生产中最为常见的氧化剂
铬黄	铬酸铅	$PbCrO_4$	主要用于涂料、油墨、塑料、橡胶等行业
锌铬黄	铬酸锌	$ZnCrO_4$	呈柠檬黄色，溶解度很大，必须制成碱式盐或同铬酸钾生成复盐，才具有颜料性质
铜绿	碱式碳酸铜	$Cu_2(OH)_2CO_3$	又称孔雀石、铜锈等，用于制作杀菌剂，也可用作颜料等
红矾钠	重铬酸钠	$Na_2Cr_2O_7 \cdot 2H_2O$	皮革工业和电镀工业应用广泛，是一种氧化剂
红矾钾	重铬酸钾	$K_2Cr_2O_7$	性质与红矾钠极为相似
菱铁矿	碳酸亚铁	$FeCO_3$	冶炼钢铁的矿石原料，亦可用于磁性日用陶瓷的生产等
菱镁矿	碳酸镁	$MgCO_3$	可用于提炼金属镁，或制备耐火材料等
钛铁矿	钛酸亚铁	$FeTiO_3$	用于制备钛白粉、金属钛、硫酸亚铁等的矿石原料
钙钛矿	钛酸钙	$CaTiO_3$	是制备钙钛矿太阳能电池最佳的原料
黄血盐钠	亚铁氰化钠	$Na_4[Fe(CN)_6] \cdot 10H_2O$	淡黄色结晶，可制作蓝色颜料等
黄血盐钾	亚铁氰化钾	$K_4[Fe(CN)_6] \cdot 3H_2O$	用于制造颜料、印染氧化助剂等
赤血盐钠	六氰合铁酸钠	$Na_3[Fe(CN)_6] \cdot H_2O$	用于制备颜料，并用于印刷、染色等方面
赤血盐钾	铁氰化钾	$K_3[Fe(CN)_6]$	红色晶体，主要用于颜料、电镀、分析等
普鲁士蓝	亚铁氰化钾	$KFe^{III}[Fe^{II}(CN)_6]$	普鲁士如狄斯巴赫制得蓝色染料，用于涂料、油墨、蜡笔，涂饰漆纸等着色
滕氏蓝	铁氰化钾	$KFe^{II}[Fe^{III}(CN)_6]$	与普鲁士蓝实为同一结构化合物

俗名	化学名	化学式	说明
蔡斯盐	三氯乙烯合铂酸钾	$K[PtCl_3(C_2H_4)] \cdot H_2O$	1825 年由蔡斯发现的一种新异的黄色化合物，故命名为蔡斯盐
格雷姆盐	六偏磷酸钠	$(NaPO_3)_6$	用作软水剂和锅炉、管道的去垢剂
仲钼酸铵	四水合七钼酸铵	$(NH_4)_6[Mo_7O_{24}] \cdot 4H_2O$	可用于检验 PO_4^{3-}，也是一种微肥
白石墨	六方氮化硼	$(BN)_n$	主要用于耐火材料、高温润滑剂等
无机苯	硼氮苯	$B_3N_3H_6$	环硼氮六烷，结构及性质与苯十分相似，可用于制造具有耐油、耐高温性能的材料

表 3-7 给出了一些混合物相关俗名的内容，实际生活中可能会遇到更多的混合物"俗名"。

表 3-7　部分混合物的俗名

俗名	主要组成成分	说明
正长石	$K_2O \cdot Al_2O_3 \cdot 6SiO_2$	风干后变为高岭土，是陶瓷业和玻璃业的主要原料，也可用于制取钾肥
白云母	$K_2O \cdot 3Al_2O_3 \cdot 6SiO_2 \cdot 2H_2O$	良好的电绝缘体和热绝缘体
石棉	$CaO \cdot 3MgO \cdot 4SiO_2$	化学式或写作 $Mg_3Ca(SiO_3)_4$，天然的纤维状的硅酸盐类矿物质的总称
高岭土	$Al_2O_3 \cdot 2SiO_2 \cdot 2H_2O$	产自江西景德镇附近的高岭村的一种瓷土，是制作瓷器所需重要的原料
滑石	$3MgO \cdot 4SiO_2 \cdot H_2O$	化学式或写作 $Mg_3[Si_4O_{10}](OH)_2$，已知最软的矿物，指甲可留痕，可作润滑剂使用
明矾石	$KAl_3(SO_4)_2(OH)_6$	可用于制备明矾或钾肥等
泡沸石	$Na_2O \cdot Al_2O_3 \cdot 2SiO_2 \cdot nH_2O$	具有特殊结构的"分子筛"，石油化学工业等均有重要应用
水凝石膏	$xCaSO_4 \cdot yCaO$	见水凝固，是一种凝胶材料
碱石灰	$NaOH$，$Ca(OH)_2$	$NaOH$ 与 $Ca(OH)_2$ 的混合物，可以作为干燥剂使用，实验室用于制备甲烷

俗名	主要组成成分	说明
口碱	$Na_2CO_3 \cdot 10H_2O$	含有不定比例的碳酸钠、碳酸氢钠等的盐,以张家口为主要集散地的一种碱
立德粉	$ZnS \cdot BaSO_4$	又称锌钡白,是硫酸钡与硫化锌和氧化锌的混合物
雕白粉	$HOCH_2SO_2Na$	或称吊白块,是连二亚硫酸钠与甲醛的加成化合物,工业漂白用
漂白粉	$Ca(ClO)_2 \cdot CaCl_2 \cdot H_2O$	有效成分为次氯酸钙,主要用于工业漂白等
波尔多液	$CuSO_4$,$Ca(OH)_2$	用于葡萄等农作物病虫害的防治等
王水	HCl,HNO_3	3:1 的浓盐酸与浓硝酸组成的混酸,具有极强的溶解能力
奈氏试剂	$[HgI_4]^{2-}$,KOH	由外国俗名人名音译而得名,用于检验氨或 NH_4^+
巴黎绿	$Cu_3(AsO_3)_2 \cdot Cu(Ac)_2$	有剧毒,可作为杀虫剂和杀菌剂
黑火药	S,C,KNO_3	中国古代四大发明之一,后用于战争,是现代火药研制的基础
石灰氮	$CaCN_2$,CaO 等	由氰氨化钙、氧化钙和其他不溶性杂质构成的混合物,是一种碱性肥料
金粉	Cu,Zn	铜、锌合金制成的黄澄澄、亮闪闪的一种似金子的细粉材料

有机化合物的俗名

　　有机化合物种类繁多,结构千变万化,这就决定了有机化合物命名的发展趋势是系统化、规范化、简单化和一致化。虽然化合物的系统命名法具有系统严谨、能够清楚地表示出化合物的分子结构的优点,但系统命名名称一般较长、符号较多，尤其是对于分子结构较为复杂的天然有机化合物，更有结构不明晰者，无法给出准确的名称，只能给出一种替代名称。

系统名称之外的名称，常称为俗名。比如杂环化合物的命名就较为复杂，国际上多用习惯名称。中文的化学俗名多由西文俗名翻译而成，而翻译缺乏统一性，故译名可衍生出数个俗名来。中文俗名具有言简意赅、清晰自然的特点，因此有些俗名或半俗名至今仍为化学工作者采用。尤其是从天然来源分离到一个化合物，结构未知或甚至结构确定后，通常都会给它定一个俗名。例如，青蒿素、常山碱乙等。

在有机化合物命名还未能实现一物一名的情况下，从结构的观点出发，多数有机化合物可以有几个名称。因为除了普通命名法、衍生命名法和 IUPAC 命名（"系统名"）外，部分化合物还有商品名、学名、简称、缩写、特定名、俗名等，某些特定名、缩写等被认为是一种"特殊"的俗名。虽然一般化合物的名称采用 IUPAC 系统命名（"系统名"），但仍有少数化合物按照习惯采用俗名、半俗名或半系统名，而命名原则要求选用较简便明确的名称（包括习惯使用的俗名）。

有机化合物的数目庞大、种类繁多，且有些化合物的结构比较复杂。表 3-8 给出了部分烷烃类化合物及其卤代产物的俗名。

表 3-8　部分烷烃类化合物及其卤代产物的俗名

俗名	化学名	化学式	说明
立方烷	五环辛烷	C_8H_8	对称性很好的一种人工合成的烷烃，可用于化学研究等
金刚烷	三环[3.3.1.1]癸烷	$C_{10}H_{16}$	主要用于抗癌、抗肿瘤等特效药物的合成等
氯仿	三氯甲烷	$CHCl_3$	有机合成原料，较为常见的有机溶剂之一。医学上，常用作麻醉剂
碘仿	三碘甲烷	CHI_3	用作防腐剂和消毒剂，也用作化工中间体等

俗名	化学名	化学式	说明
氟利昂 12	二氟二氯甲烷	CCl_2F_2	用作低温溶剂和冷冻剂,在电冰箱及冷冻器里大量使用
氟利昂 113	1,1,2-三氯-1,2,2-三氟乙烷	CCl_2F—$CClF_2$	用作干洗剂、灭火剂、冷冻剂、起泡剂和用于制造三氟氯乙烯等
六六六	1,2,3,4,5,6-六氯环己烷	$C_6H_6Cl_6$	主要用作杀虫剂,因环境污染而被废除使用
DDT	双对氯苯基三氯乙烷	$C_{14}H_9Cl_5$	一种广泛用于杀虫剂中的化学物质,对环境影响较大

有的复杂天然产物,含有多个共轭双键,一般用俗名。目前经鉴定的类胡萝卜素种类已超过 700 种,相当一部分有中文习惯用名或俗名。部分烯烃及其衍生物的俗名见表 3-9。

表 3-9 部分烯烃及其衍生物的俗名

俗名	化学名	化学式	说明
刺桐烯	1,3-丁二烯	C_4H_6	一种重要的化工工业原料或合成中间体,用于合成橡胶和制造 ABS 树脂
异戊二烯	2-甲基-1,3-丁二烯	C_5H_8	主要用于合成异戊橡胶,还用于制造农药、医药、香料及黏结剂等
芪	1,2-二苯乙烯	$C_6H_5CHCHC_6H_5$	其衍生物是染料和荧光增白剂的中间体
罗勒烯	3,7-甲基-1,3,6-辛三烯	$C_{10}H_{16}$	可作为生物材料或有机化合物用于生命科学相关研究
角鲨烯	三十碳六烯	$C_{30}H_{50}$	在食品及化妆品等领域具有广泛的应用

続表

俗名	化学名	化学式	説明
β-胡萝卜素	全反式 1,1'-(3,7,12,16-四甲基-1,3,5,7,9,11,13,15,17-十八碳九烯-1,18-二基)双-(2,6,6-三甲基环己烯)	$C_{40}H_{56}$	一种天然色素及抗癌药物，广泛用于普通食品和医疗保健品等
番茄红素	2,6,10,14,19,23,27,31-八甲基-三十二碳-2,6,8,10,12,14,16,18,20,22,24,26,30-十三烯	$C_{40}H_{56}$	一种天然类胡萝卜素，用于食品、药品、化妆品着色等
辣椒红素	3,3'-二羟基-β,κ-胡萝卜素-6'-单酮	$C_{40}H_{56}O_3$	应用于食品着色，还可以应用于饲料、化妆品等
虾青素	3,3'-二羟基-4,4'-二酮基-β,β'-胡萝卜素	$C_{40}H_{52}O_4$	广泛用于化妆品、医药、保健品及水产养殖等领域

一些醇类化合物基于其来源、用途等派生出俗名，这些名称简单易记。例如，紫杉醇或红豆杉醇的名称就源自紫杉树皮的提取物，但在名称和结构之间很难建立联系。一些酚类化合物的名称，也是由化合物的性质、来源等给出的俗名。例如，苯酚俗称石炭酸，甲基取代苯酚通常称为甲酚，邻苯二酚又叫儿茶酚。

一些醚类化合物的俗名也经常被使用，如苯甲醚俗称茴香醚，这源于其大茴香籽的气味。穴醚可以用系统命名法按照桥环化合物来命名，但是应用这种命名法命名的穴醚的名称很长，使用不方便，因此习惯上对穴醚也常使用它们的俗名。表 3-10 列出了部分醇、酚和醚类化合物的俗名。

许多天然醛、酮都有俗名。表 3-11 给出部分醛、酮化合物的俗名。

表 3-10　部分醇、酚和醚类化合物的俗名

俗名	化学名	化学式	说明
木精	甲醇	CH_3OH	木材干馏制得，有毒，是假酒中最为危险的成分
酒精	乙醇	CH_3CH_2OH	溶剂、燃料、制酒、化工生产原料等
甜醇	乙二醇	$HOCH_2CH_2OH$	甘醇，有甜味的液体，用作溶剂、防冻剂以及合成涤纶的原料等
甘油	丙三醇	$HOCH(CH_2OH)_2$	重要的化工原料，硝化甘油是一种猛烈的炸药
木糖醇	戊五醇	$C_5H_{12}O_5$	一种天然的甜味剂，用于口香糖、牙膏、巧克力、糖果等食品中
木密醇	己六醇	$C_6H_{14}O_6$	又名甘露糖醇、山梨醇等，甜味剂、营养增补剂、品质改良剂、防黏剂等
叶醇	顺式-3-己烯醇	$C_6H_{12}O$	主要用作各种花香型香精的前味剂
胆固醇	5-胆甾烯-3β-醇	$C_{27}H_{46}O$	是制造激素的重要原料，并可用作乳化剂
频哪醇	2,3-二甲基-2,3-丁二醇	$C_6H_{14}O_2$	用作医药中间体等
冰片	2-莰醇	$C_{10}H_{18}O$	食用香料，医药工业，香精，化妆品原料
硬脂醇	十八醇	$CH_3(CH_2)_{16}CH_2OH$	用作彩色胶片的成色剂及制平平加、树脂和合成橡胶的原料，也用于医药等
儿茶酚	邻苯二酚	$C_6H_4(OH)_2$	用于制染料、药物和供防腐、照相等用
根皮酚	1,3,5-苯三酚	$C_6H_3(OH)_3$	用于制染料、药物、树脂，并用于分析化学作检验戊糖类试剂和作晒图纸显色剂等
大茴香醚	苯甲醚	$C_6H_5OCH_3$	用作溶剂，用于配制香料和有机合成

表 3-11　部分醛、酮化合物的俗名

俗名	化学名	化学式	说明
福尔马林	甲醛水溶液	$HCHO \cdot H_2O$	35%～40%的甲醛水溶液用于防腐,甲醛是重要的化工原料
蒙汗药	水合三氯乙醛	$CCl_3CHO \cdot H_2O$	有机合成原料,医药上用于生产氯霉素、合霉素等
茴香醛	对甲氧基苯甲醛	$(p\text{-}CH_3O)C_6H_4CHO$	醛类合成香料。主要用作山楂、葵花、紫丁香等香精的香基
水杨醛	邻羟基苯甲醛	$(o\text{-}OH)C_6H_4CHO$	主要用于生产香豆素,配制紫罗兰香料,还可用作杀菌剂等
月桂醛	十二醛	$C_{12}H_{24}O$	可用于铃兰、橙花、紫罗兰等花香型日用香精中
薄荷酮	5-甲基-2-异丙基环己酮	$C_{10}H_{18}O$	配制香叶油的香料,也是医药原料、香料中间体
麝香酮	3-甲基环十五烷酮	$C_{16}H_{30}O$	用于药物、麝香香料、定香剂等,对心绞痛有一定疗效
K 粉	氯胺酮	$C_{13}H_{16}ClNO$	静脉全麻药品,白色粉末,属于管控品,具有一定的精神依赖性
樟脑	2-莰酮	$C_{10}H_{16}O$	具有特别的香味,用于医药及预防毛线制品的虫蛀等

除了使用命名原则对有机酸进行命名外，一些羧酸的俗名仍予保留。例如，蚁酸（甲酸）、草酸（乙二酸）、琥珀酸（丁二酸）等。早期分离和提纯得到的有机化合物中有许多是羧酸，都有源自其来源的俗名，如来自植物的柠檬酸、酒石酸、肉桂酸等。由油脂水解得到的一些酸按其性状命名，如硬脂酸、棕榈酸、油酸、亚油酸等。名称冗长的酸类可采用俗名。需要指出的是，某些有机化合物的俗名虽然称为某酸，但组成中却并不含有羧基。如石炭酸、尿酸、磺胺酸等。

自然界中有许多羟基酸的存在,有些羟基酸还是生命活动的产物,部分羟基酸传统上使用的俗名仍然保留了下来，从俗名可以了解它们的最初来源。表 3-12 列出了一些常见羧酸及其衍生物和羟基酸的俗名。

表 3-12　一些常见羧酸及其衍生物和羟基酸的俗名

俗名	化学名	化学式	说明
蚁酸	甲酸	HCO_2H	人被蚂蚁、蜜蜂等叮蜇后会疼痛红肿，主要是蚁酸所起作用，可用香皂水涂覆
醋酸	乙酸	CH_3COOH	食醋的主要成分，可用于生产大量的化工产品等
乳酸	2-羟基丙酸	$CH_3CH(OH)CO_2H$	广泛用于食品行业、医药方面、化妆品业等
酪酸	正丁酸	C_3H_7COOH	用于制药物和果子香精，并用于皮革的鞣制等
肉桂酸	β-苯丙烯酸	$C_6H_5CHCHCOOH$	主要用于香精香料、食品添加剂、医药工业、美容、农药、有机合成等方面
柠檬酸	2-羟基丙烷-1,2,3-三羧酸	$C_6H_8O_7$	主要用作食品的酸味剂，也用于制备医药清凉剂、洗涤剂用添加剂等
软脂酸	十六烷酸	$C_{16}H_{32}O_2$	又称棕榈酸，用于制取蜡烛、肥皂、润滑剂、合成洗涤剂、软化剂等
硬脂酸	十八烷酸	$C_{18}H_{36}O_2$	主要用于生产硬脂酸盐、助剂的原料及日用化工产品的原料
油酸	顺式 9-十八碳一烯酸	$C_{18}H_{34}O_2$	用于制备塑料增塑剂、农药乳化剂、润滑剂、油膏、矿石浮选剂等
反油酸	反式 9-十八碳一烯酸	$C_{17}H_{31}CH_2COOH$	用于医药研究和用作色层分析的参比标准
亚油酸	全顺式 9,12-十八碳二烯酸	$C_{18}H_{32}O_2$	主要用作生产油漆和油墨的原料，也可用于生产聚酰胺、聚酯和聚脲等产品
α-亚麻酸	全顺式 9,12,15-十八碳三烯酸	$C_{18}H_{30}O_2$	一种 ω-3 必需脂肪酸，可作为营养增补剂等

俗名	化学名	化学式	说明
草酸	乙二酸	HOOCCOOH	医药、冶金、印染、电子及轻工业不可缺少的原料，有机合成作还原剂
琥珀酸	丁二酸	$(CH_2COOH)_2$	用作涂料、染料、黏合剂、药物等的原料
酒石酸	2,3-二羟基丁二酸	$[CH(OH)COOH]_2$	最大的用途是饮料添加剂，也是药物工业原料
安息香酸	苯甲酸	C_6H_5COOH	食品防腐添加剂，香料、医药、增塑剂、媒染剂、防腐剂等均有应用
马尿酸	苯甲酰甘氨酸	$C_6H_5CONHCH_2CO_2H$	该品为医药、染料的中间体，用于生产荧光黄 H8GL、分散荧光 FFL 等
马来酸	顺丁烯二酸	$C_4H_4O_4$	主要用于制药、树脂合成，也用作油和油脂的防腐剂
富马酸	反丁烯二酸	$C_4H_4O_4$	食品生产中的调味剂等，用于生产不饱和聚酯树脂
五倍子酸	3,4,5-三羟基苯甲酸	$(HO)_3C_6H_2COOH$	是蓝黑墨水的原料，工业上也用于制革，还可作照相显影剂等
水杨酸	邻羟基苯甲酸	HOC_6H_4COOH	制备阿司匹林的原料，可作为化妆品的防腐剂使用
阿司匹林	乙酰水杨酸	$C_9H_8O_4$	具有解热镇痛、预防心脏病发作等的一种药品
苦味酸	2,4,6-三硝基苯酚	$C_6H_2(NO_2)_3OH$	是炸药的一种，爆炸威力强于黑火药
尿酸	2,6,8-三羟基嘌呤	$C_5H_4N_4O_3$	是嘌呤代谢的最终产物，尿酸异常是产生痛风的主要病因
磺胺酸	对氨基苯磺酸	$NH_2C_6H_4SO_3H$	用于制偶氮染料等，也可用作防治麦锈病的农药
胆酸	3,7,12-三羟基甾代异戊酸	$C_{24}H_{40}O_5$	用于生化研究，医药中间体，乳化剂等

自然界中已发现的氨基酸有数百种，这些氨基酸的系统命名是将氨基作为羧酸的取代基命名的，但由蛋白质水解得到的氨基酸（主要有 20 种）都有俗名，它们是根据其来源或某些特性而命名的。表 3-13 给出部分氨基酸及其衍生物的俗名。

表 3-13　部分氨基酸及衍生物的俗名

俗名	化学名	化学式	说明
丙氨酸	2-氨基丙酸	$C_3H_7NO_2$	用于合成新型甜味剂及某些手性药物中间体的原料
赖氨酸	2,6-二氨基己酸	$C_6H_{14}N_2O_2$	用作食品强化剂和饲料添加剂，也用于医药
谷氨酸	2-氨基戊二酸	$C_5H_9NO_4$	应用于食品工业、医药工业、日用化妆品等
蛋氨酸	甲硫基丁氨酸	$C_5H_{11}O_2NS$	用于生化研究和营养增补剂，医药工业、动物饲料添加剂中有应用
甘氨酸	氨基乙酸	$H_2NCH_2CO_2H$	广泛用于医药、饲料和食品添加剂等，也是农药生产的中间体
精氨酸	2-氨基-5-胍基戊酸	$C_6H_{14}N_4O_2$	用于各类肝昏迷忌用谷氨酸钠者和病毒性肝类谷丙转氨酶异常者
苏氨酸	α-氨基-β-羟基丁酸	$C_4H_9NO_3$	广泛应用于医药、食品、动物饲料等方面
缬氨酸	2-氨基-3-甲基丁酸	$C_5H_{11}NO_2$	人体八种必需氨基酸之一，可用异丁醛作原料合成
亮氨酸	2-氨基-4-甲基戊酸	$C_6H_{13}NO_2$	可作为营养增补剂、调味增香剂使用
味精	谷氨酸钠	$C_5H_8O_4NNa$	白色结晶或粉末，主要用于增加食品的鲜味

对于一些结构比较复杂的胺，常采用俗名来命名，其衍生物则采用半系统命名法命名。如老亚胺就是一类热塑性树脂（由苯均四酸二酐与芳香二胺聚合的聚合物或共聚物）的俗名。表 3-14 列出部分胺类化合物的俗名。

表 3-14　部分胺类化合物的俗名

俗名	化学名	化学式	说明
尿素	碳酰胺	$CO(NH_2)_2$	应用效果最好的氮肥
醋酰胺	乙酰胺	CH_3CONH_2	用作各种无机物和有机物的溶剂，也用于吸湿剂、渗透剂等
阿尼林油	苯胺	$C_6H_5NH_2$	主要用于制造染料、药物、树脂，还可以用作橡胶硫化促进剂等
退热冰	N-乙酰苯胺	$C_6H_5NHCOCH_3$	用于制造药物、染料、橡胶硫化促进剂、纤维漆、合成樟脑等的原料和中间体
乌洛托品	环六亚甲基四胺	$C_6H_{12}N_4$	有机合成原料，在多个领域有应用
密胺	三聚氰胺	$C_3H_6N_6$	可用于塑料及涂料工业，也可作纺织物防皱、防缩处理剂等
糖精	邻苯甲酰磺酰亚胺	$C_7H_5O_3NS$	白色粉末，有甜味，主要用于食品加工的添加剂等

有机化合物的类别与数量都是无机化合物所无法比拟的，结构复杂的有机化合物常常会有一个或多个俗名，表 3-15 给出了表 3-8 至表 3-14 没有涵盖的其他一些有机化合物的俗名。

表 3-15　其他一些有机化合物的俗名

俗名	化学名	化学式	说明
樟脑丸	萘	$C_{10}H_8$	或称卫生球，不是采用樟脑制成的驱虫日用品
异杜烯	1,2,3,5-四甲苯	$C_{10}H_{14}$	可作溶剂或化学合成中间体
二茂铁	二聚环戊二烯铁	$Fe(C_5H_5)_2$	二茂铁自身的应用并不多，但种类繁多的衍生物在医药、材料等领域有潜在价值
噻吩	1-硫杂-2,4-环戊二烯	C_4H_4S	硫茂，用于有机合成，制造树脂、染料和药品，也用作有机溶剂等
苯酐	邻苯二甲酸酐	$C_8H_4O_3$	主要用于生产塑料增塑剂、醇酸树脂、染料、不饱和树脂以及某些医药和农药

俗名	化学名	化学式	说明
梯恩梯	三硝基甲苯	$CH_3C_6H_2(NO_2)_3$	或称 TNT，是 21 世纪应用最为广泛的烈性炸药之一
硝化甘油	甘油三硝酸酯	$C_3H_5N_3O_9$	用于制造开山筑路的炸药及其他炸药和药品，可用作心绞痛的缓解药物
芥子气	二氯乙硫醚	$C_4H_8Cl_2S$	主要用于有机合成、药物(可用于治疗某些过度增殖性疾病)及制造军用毒剂
氯化苦	三氯代硝基甲烷	Cl_3CNO_2	一种有警戒性的熏蒸剂，也是一种战争毒剂，用于有机合成
有机玻璃	聚甲基丙烯酸甲酯	PMMA	一种透明的、热塑性塑料，广泛应用于生产生活的各个方面
呋喃	1-氧杂-2,4-环戊二烯	C_4H_4O	氧杂茂，有机合成或用作溶剂
光气	碳酰氯	$COCl_2$	一种重要的有机中间体，是剧烈窒息性毒气，可用于生产尿素等
电石气	乙炔	C_2H_2	乙炔压缩会发生爆炸，钢瓶中的乙炔是溶解于丙酮中的
喹啉	苯并吡啶	C_9H_7N	用作有机合成试剂、碱性缩合剂和溶剂等
尿烷	氨基甲酸乙酯	$H_2NCOOCH_2CH_3$	医药上用作安眠剂和镇静剂及马钱子碱、间苯二酚等的解毒剂，也可用作杀菌剂等
ONC	八硝基立方烷	$C_8(NO_2)_8$	一种新型高能无烟炸药

第 4 章

化学反应

分子是参与化学反应的基本单元，当两种或多种物质发生化学反应时，实际上是这些物质的原子和分子在交换和共享它们的电子。或者说，化学反应是由部分元素试图填满（或清空）最外电子层的力量所驱动，形成具有类似稀有气体元素的外层电子构型。反应过程中，金属通常会给出电子，非金属会从其他原子那里获取电子。

化合物往往是不同元素通过电子结构的改变而组合形成的，活性最强的元素就是那些最容易给出或者获得电子的元素。原子的电子结构因失去或得到电子以及共用电子而改变原子间的相互作用及原子间距，即产生键合作用。根据键合方式的不同，人们将其分为离子键合和共价键合，也就是通常所谓的离子键和共价键。

化学是基于热力学和动力学定义上键的形成和断裂的一门科学，因此化学反应就是反应物转变成新物质（叫作产物）的过程，是从一种或多种分子转变成另一种或几种分子的过程——大多数时候反应物和产物将是不同的分子。反应物可以是一种或多种单质或化合物，在化学反应中总是涉及化学键断裂和新化学键的形成，得到的产物比反应物更稳定。

化学反应类型

化学反应：即不同分子或化合物中的原子在某种条件下重新排列组合生成新物质的过程。反应物可以是一种或多种单质或化合物。化学反应通常和化学键的断裂与形成有关，这是原子之间电子云交互作用的结果。

化合反应：由两种或两种以上的物质反应生成另一种新物质的反应。

分解反应：是一种反应物生成两种或两种以上其他物质的反应。

置换反应：一种单质与一种化合物反应，生成另一种单质和另一种化合物的反应。

复分解反应：一般是指两种化合物互换成分从而形成另外两种新化合物的反应。

氧化反应：物质（分子、原子或离子）失去电子（或电子偏移）的反应，或者说是有元素化合价升高的反应。初学者直观地将物质与氧发生的反应称为氧化反应。

还原反应：物质所含元素化合价降低的反应。初学者常将物质与氢气发生的反应称为还原反应。

氧化还原反应：物质发生电子转移（或电子对偏移）的反应。或者说反应前后元素的化合价发生改变（有电子得失或偏移）的反应。氧化反应与还原反应共存于同一体系，即有失必有得，不能分离。

化学反应是十分复杂的，日常物质相互作用形成新物质的化学反应可分为化合反应、分解反应、置换反应和复分解反应四大类型，或者是分为氧化还原反应和非氧化还原反应两大类。对于有机化合物的反应，常见的还有：加成反应、取代反应、消去和重排反应、聚合反应、自由基反应等。

化学反应产生新的物质，尽管反应的现象各不相同，但对初次接触化学的人而言，可以通过以下一个或几个现象来判断是否有新物质生成。现象一，有沉淀生成：如果两种透明溶液混合，生成沉淀，说明化学反应已发生了。现象二，有气体产生：固液反应有气泡产生或固体受热放出气体，必然发生了化学反应。现象三，体系的颜色发生了变化，表明可能生成了新物质。现象四，体系的温度发生改变（通常是升高），如燃烧产生热量等。现象五，物质的性质发生了变化，如变质等，微观结构可能已变，但变化不易被察觉。

根据反应过程中发生的化学变化或现象的类型，化学反应可分为沉淀反应、酸碱中和反应、析气反应（许多析气反应也是中和反应）、氧化还原反应、燃烧反应等。

进行化学反应相关实验操作时，必须时时将安全牢记于心，严格按照相关实验的规范要求进行实验操作。为使实验平稳安全进行，加料顺序严格执行，防止爆沸等事故发生。实验过程要防火、防爆、防毒气、防毒液及防止污染环境等，并要有安全措施。

化合反应

这是一类指两种反应物结合生成一种单一产物的反应。一般式可以 $A + B \rightleftharpoons AB$ 表示，主要反应类型有：金属和非金属反应，金属和氢气反应，氢气和非金属反应，非金属和非金属反应，低价金属卤化物或非金属卤化物和卤素反应，低价非金属氧化物和氧气反应，金属氧化物和水反应，非金属氧化物和水反应，金属氧化物和非金属氧化物反应，氨和酸反应。

例如，碳与氧气完全燃烧，生成二氧化碳的反应，采用化学工作者十分熟悉的符号系统，可写作：

$$C + O_2 \longrightarrow CO_2 \quad 或者 \quad C + O_2 = CO_2$$

箭头符号"$\longrightarrow$"表示经过一段时间的转变过程，在这段时间里发生了化学相互作用而产生出了新的物质。这种连接化学方程式两边的符号，突出的是"化学变化"，方程式两边有着不同的化学物质，它们有不同的性质，所以方程的两边并非完完全全是相等的。

等号符号"$=$"表示"产生"或"生成"之意。说明反应方程式左边的物质经过化学反应生成了式子右边的物质，犹如一架天平的两臂，"$=$"的作用如同支点，暗示着物质反应遵循质量守恒定律（原子个数守恒，不会凭空产生或消失）。对于那些反应生成物稳定性高、转化率也高的反应，人们已习惯采用"$=$"将表示化学反应方程式两端的反应物与产物相联系，隐喻着反应进行得较为顺利、彻底。中学阶段的教师会强调用"$=$"连接化学反应方程式的两边，大学及专家学者更习惯使用"$\longrightarrow$"连接化学反应方程式的两边。细微区别并非都要了解，中学阶段两种连接符号一般可以通用。

由于许多化学反应是可逆的，因此也常常采用符号"$\rightleftharpoons$"将反应物与产物相联系，表示一定条件下参与化学反应体系，随着时间的变化，最终达到一种动态平衡。符号"$\longleftrightarrow$"和通常表示可逆化学反应的符号"$\rightleftharpoons$"不同，它通常用于表示分子或离子具有两种或多种结构的共振杂化，并无动态平衡的含义。

分解反应

这是一种反应物分解生成两种或两种以上其他物质的反应。以 AB $\Longrightarrow$ A + B 表示，主要类型有：氧化物分解，过氧化物分解，高价卤化物分解，叠氮化物分解，歧化反应，含氧酸盐分解，含氧酸分解，金属氢氧化物分解等。

例如，碳酸受热可以分解为水和二氧化碳，$H_2CO_3 \Longrightarrow CO_2\uparrow + H_2O$。上述反应方程式不但隐含有反应可逆，且 CO_2 在 H_2O 中有一定的溶解量（或者说，存在有一定量的水合 CO_2 分子）。

小苏打在加热时反应为 $2NaHCO_3 \xrightarrow{\triangle} Na_2CO_3 + H_2O + CO_2\uparrow$，该反应属于分解反应，而不是其他反应类型。

高锰酸钾受热分解生成锰酸钾、二氧化锰和氧气：$2KMnO_4 \xrightarrow{\triangle} K_2MnO_4 + MnO_2 + O_2\uparrow$。

置换反应

置换反应是一种单质和一种化合物反应，生成另一种单质和另一种化合物的反应。或者说，一种较为活泼的元素代替了化合物中结合作用没有那么强元素在化合物里的位置，形成一种新单质和新的化合物。置换反应一般可采用 A + BC $\Longrightarrow$ AC + B 表示，主要类型有：活泼金属和水反应，非金属和水反应，活泼金属和非氧化性酸反应，活泼性大的金属置换活泼性小或不活泼的金属，活泼金属置换非金属，活泼性强的非金属置换活泼性弱的非金属，氢气置换金属，碳置换金属等。

例如，铁与稀硫酸反应，产生氢气气泡：$Fe + H_2SO_4 \Longrightarrow H_2\uparrow + FeSO_4$。

氯气通入 NaBr 溶液中，溶液颜色由无色变紫红色：$2NaBr + Cl_2 \rlap{=}{=} Br_2 + 2NaCl$。

如图 4-1 所示，锌与硝酸银（或硝酸铅）反应，形成白色（或黑色）的似银（或铅）树的产物。

锌+硝酸银→银+硝酸锌   锌+硝酸铅→铅+硝酸锌

$Zn + 2AgNO_3 \rlap{=}{=} 2Ag\downarrow + Zn(NO_3)_2$ $Zn + Pb(NO_3)_2 \rlap{=}{=} Pb\downarrow + Zn(NO_3)_2$

图 4-1 　锌与硝酸银（或硝酸铅）的反应结果

元素金属性的强弱与其单质的化学活泼性密切相关，而活泼性可以从元素的单质与冷水或酸或氧发生反应的相对剧烈程度或快慢进行判断；元素非金属性的强弱与其单质的化学活泼性相关，可以从其单质与氢气反应生成气态氢化物的难易程度以及氢化物的稳定性来判断，也可以从元素的最高价氧化物的水化物的酸性强弱来判断。

有机置换反应是一个原子或官能团被另一个原子或官能团置换，如甲烷与氯气在紫外线照射下，发生一系列反应，生成 CH_3Cl、CH_2Cl_2、$CHCl_3$ 及 CCl_4：

$$CH_4 + Cl_2 \longrightarrow HCl + CH_3Cl$$

$$CH_3Cl + Cl_2 \longrightarrow HCl + CH_2Cl_2$$

$$CH_2Cl_2 + Cl_2 \longrightarrow HCl + CHCl_3$$

$$CHCl_3 + Cl_2 \longrightarrow HCl + CCl_4$$

氯甲烷和氯仿过去被用作麻醉剂，氯代甲烷也常被用作溶剂。

⚘ 复分解反应

一般是指两种化合物互换成分从而形成另外两种新化合物的一类反应。复分解反应一般用式 AB + CD ══ AD + CB 表示，主要类型有：酸和碱反应，酸和碱性氧化物或两性氧化物反应，强酸和弱酸盐反应，碱和盐反应，盐和盐反应等。由于复分解反应的实质是离子间的反应，因此能够生成难溶性沉淀化合物、难电离化合物或挥发性气体化合物的反应，易于发生。

例如，石灰水中加入碳酸钠溶液变浑浊，是因为生成了一定量的碳酸钙沉淀：

$$Na_2CO_3 + Ca(OH)_2 ══ 2NaOH + CaCO_3 \downarrow$$

氢氧化钠与盐酸反应，生成食盐和水，NaOH + HCl ══ NaCl + H_2O。该反应属于酸与碱作用，生成盐和水的反应，常称为中和反应。酸碱中和反应的实质是酸电离产生的 H^+ 与碱电离产生的 OH^- 结合，生成极为稳定的 H_2O，即 $H^+ + OH^-$ ══ H_2O。

硝酸银与铬酸钾反应，生成黄色的铬酸银沉淀：

$$硝酸银 + 铬酸钾 \longrightarrow 铬酸银 + 硝酸钾$$

$$2AgNO_3 + K_2CrO_4 \longrightarrow Ag_2CrO_4 \downarrow + 2KNO_3$$

对于上述四种基本化学反应类型，还可根据参与化学反应的化合物中有关元素的化合价有无变化分为氧化还原反应和非氧化还原反应。氧化是失去电子的过程，还原是获得电子的过程。氧化还原反应过程中还原剂获得的电子数必须和氧化剂失去的电子数相等，即还原获得电子的数目全部来源于氧化失去电子的数目，不能无中生有。

歧化反应是一种特殊的氧化还原反应，它是指一种单质或化合物的同一元素中部分元素的化合价升高，同时有另外的部分元素化合价降低的一种反应现象。如：

$$3\overset{0}{Br_2} + 6\,NaOH \Longrightarrow Na\overset{+5}{Br}O_3 + 5\,Na\overset{-1}{Br} + 3\,H_2O$$

$$\overset{+1}{Cu_2}SO_4 \Longrightarrow \overset{0}{Cu} + \overset{+2}{Cu}SO_4$$

$$3\overset{+6}{Mn}O_4{}^{2-} + 4\,H^+ \Longrightarrow 2\overset{+7}{Mn}O_4{}^- + \overset{+4}{Mn}O_2 \downarrow + 2\,H_2O$$

在氧化还原反应中，得到电子的物质是**氧化剂**，反应时本身被还原，有关元素的化合价降低；失去电子的物质是**还原剂**，反应时本身被氧化，元素的化合价升高。常用作氧化剂的物质有：O_2，$KMnO_4$，浓 H_2SO_4，Cl_2，$FeCl_3$，PbO_2，$NaBiO_3$ 等。常用作还原剂的物质有：H_2，C，CO，Zn，Fe，Mg，Na 等。

【**知识拓展**】**络合反应**：分子或者离子与金属离子结合，形成很稳定的新的离子的过程就叫络合反应，也称配位反应。例如：

$$Cu^{2+} + 4\,NH_3 \longrightarrow [Cu(NH_3)_4]^{2+}$$

不同于无机化学反应类型，有机化学反应类型可分为：加成反应、取代反应、氧化反应、还原反应、消除反应、烷基化反应、酯化反应、水解反应、成盐反应、聚合反应（加聚反应、缩聚反应）、裂化反应等。

加成反应是含有不饱和键的有机化合物参与的重要有机反应类型之一。例如，苯催化加氢形成环己烷易于进行，但控制条件形成环己烯就有一定的难度，但环己烯是化工生产所需的一种重要原料之一，附加值较高。

$$C_2H_4 + Cl_2 \longrightarrow CH_2ClCH_2Cl \qquad C_6H_6 + 2\,H_2 \longrightarrow C_6H_{10}$$

聚合反应：将一种或几种具有简单小分子的物质合并成具有大分子量物质的过程。通常属于高分子化学研究范畴，大的方面讲可分为加聚反应和缩聚反应两大类。例如，由苯乙烯制备聚苯乙烯的反应为加聚反应：$n\,CH_2{=}CHC_6H_5 \longrightarrow [-CH_2-CHC_6H_5-]_n$；苯乙烯聚合主要是头尾相接，因为头尾相接结构稳定，其能级较低。头头相接或尾尾相接，能级较高，其结构相对不稳定。

间苯二甲酸与乙二醇在催化剂作用下，生成水和聚合产物的反应属于缩聚反应：

$$n(\text{HOOCC}_6\text{H}_4\text{COOH}) + n\text{HOCH}_2\text{CH}_2\text{OH} \longrightarrow$$

$$[\text{HO}-\text{OCC}_6\text{H}_4\text{COOCH}_2\text{CH}_2\text{O}-\text{H}]_n + n\text{H}_2\text{O}$$

氧化数

氧化数：氧化数（氧化态）是物质中原子氧化程度的量度。某元素1个原子的电荷数，这种电荷数由假设把每个键中的电子指定给电负性更大的原子而求得。

化学方程式：采用反应物和产物的元素符号和化学式来简洁地表示化学反应。它表明了反应物与生成物之间量的关系，能将宏观的化学变化与微观的分子、原子、离子等微粒的运动变化情况很好地表现出来。化学反应式左边是反应物，右边是产物，中间用等号或箭头等相连。

氧化还原反应的特征是反应前后元素化合价有变化，其实质是反应物之间发生了电子转移。化合价是元素在形成化合物时所表现出来的一种性质，它反映了一种元素的原子结合其他元素原子的能力与性质，只能为整数。电子转移可以是得到电子与失去电子，也可以是电子对的偏移。

由于利用化合价处理氧化和还原时，对于一些结构不清晰或不易确定，组成复杂、特殊的化合物，其组成元素的化合价确定有一定的困难，故引入氧化数（也称氧化值或氧化态）的概念。

氧化数是由假设把每个键中的电子指定给电负性较大的原子而求得的，是物种中某一原子所带的指定电荷数，它是按照一定规则和经验人为指定的一个数值，仅用来表征元素在化合物或离子中的形式电荷，并不表示存在这种氧化态的真实离子。要知道，同种元素原子之间成键对氧化数没有贡献。

氧化数与化合价的概念不同，化合价只能是整数，而氧化数可以是正数、负数、分数、零；氧化数不区分同一化学式中同种元素不同原子的状态，而化合价需要考虑原子间的结合方式（分子或离子的结构）。例如，$S_2O_3^{2-}$ 中所含的两个硫原子，处于中心位置的 S 的化合价为 +6，另一个是配位 S 化合价为 -2，而 $S_2O_3^{2-}$ 中每个硫原子的平均氧化数为 +2，平均氧化数并不表明 $S_2O_3^{2-}$ 中 2 个 S 完全相同；CrO_5 中，Cr 的氧化数为 +10，而化合价为 +6。采用氧化数的概念，定义氧化剂、还原剂及氧化还原反应，配平氧化还原反应方程式，计算氧化还原当量等，都比较简明。

当分子中原子之间的共享电子对被指定为属于电负性较大的原子后，各原子所带的形式电荷分别成为它们的氧化态。

例如，单质中元素的氧化数为零（如 O_2）；氧化物中氧的氧化数一般为 -2（如 CuO）；过氧化物中氧原子的氧化数为 -1（如 Na_2O_2）；超氧化物中氧原子的氧化数为 -1/2（如 KO_2），当然，也有将 O_2^- 作为一个整体考虑的建议，避免使用分数表示氧化数；臭氧化物中为 -1/3（如 KO_3）；OF_2 中为 +2。

氢在化合物中的氧化数一般为 +1，但在活泼金属的离子型氢化物中氢的氧化数为 -1（如 NaH）。

Fe_3O_4 中 Fe 的平均氧化数为 +8/3；$Na_2S_4O_6$ 中 S 的平均氧化数为 +2.5。

FeS_2 被氧化生成 Fe_2O_3 和 SO_2 的反应，运用氧化数，配平方程式就较为简单：

$$4FeS_2 + 11O_2 = 2Fe_2O_3 + 8SO_2$$

对于分子或离子中含有多个同种原子的物种，可以采用平均氧化数，处理电子的得失或偏移，而不必纠结于哪个具体原子发生相关行为。如超氧负离子（O_2^-）结合 1mol 电子形成 1mol 过氧离子（O_2^{2-}），不必考虑是哪个 O 原子获得了电子？也无法确切知道。但根据氧化数知道 O_2^- 中每个 O 为 -0.5。

$S_2O_3^{2-}$ 中，处于中心位置的 S 化合价为 +6，与中心 S 配位的 S 化合价为 -2，发生化学反应生成 $S_4O_6^{2-}$，配位 S（-2）变为产物离子中的中间 S（-1），失 1mol 电子，要清楚离子中原子的连接及价态。而采用平均氧化数讨论就简单多了，$S_2O_3^{2-}$ 中每个 S 的氧化数为 +2，$S_4O_6^{2-}$ 中每个 S 的氧化数为 +2.5，所以 1mol 的 $S_2O_3^{2-}$ 被氧化成 0.5mol 的 $S_4O_6^{2-}$ 时，失 1mol 的电子。

$$I_2 + 2S_2O_3^{2-} = 2I^- + S_4O_6^{2-}$$

质量守恒定律

质量守恒定律：参加化学反应的各物质的质量总和等于反应后生成的各物质的质量总和。

参加化学反应的各物质的质量总和等于反应后生成的各物质的质量总和，这是俄国罗蒙诺索夫于 1756 年提出的一条质量守恒定律。质量守恒定律的实质是在化学反应中，反应前后原子种类没有改变，原子数目没有增减，原子质量也没有改变，就是说原子即不能无中生有，也不可能自行消失。

发生化学反应的实质是原子价层电子数目的改变（主族元素一般为最外层电子，过渡元素参与的反应通常还涉及次外层电子的参与，f 区元素则可能涉及 f 轨道中电子的参与）或离子间相互作用的变化，因此化学反应必然导致物质种类的改变，即有新化合物生成。发生化学反应一定改变的是分子的种类，可能发生改变的是分子数目和元素的化合价。

⚛ 质量守恒定律的应用

依据化学反应前后元素种类不变，可以推断物质的组成；依据化学反应前后原子种类、数目不变，能够确定物质的化学式；依据化学反应前后原子的数目不变，可以推断反应中的化学计量数，配平反应方程式；依据化学反应中，反应物和生成物的总质量不变，原子质量不变，能够对相关实验现象做出合理的解释。

化学反应能够进行到何种程度，除了取决于参与反应各成分的禀性外，还与进行化学反应的条件密切相关。一定条件下的化学反应，必定会达到一种动态平衡状态。对处于动态平衡状态的体系，若改变影响平衡的某个外界条件（如浓度、温度、压强），平衡就向能够减弱这种改变的方向移动。

正确书写化学反应方程式

化学反应方程式是一种描述化学反应最为简洁的语言，能够将参与反应的各种物质及反应条件清晰地呈现出来，不但能体现物质间的宏观变化，也能体现出反应物和生成物微观角度的关系。

化学反应方程式的书写通常是将最初参与反应的物质写在方程式的左边，反应产物写在方程式的右边，中间画上一个箭头或"双横线"，且在线上标注一定的反应条件等，如温度、压强等。最后根据物质守恒定律，配平参与反应各物质的系数。化学反应方程式的配平应根据质量守恒定律及化学反应基本规律进行。

对于某些特定反应，可能需要对反应物的物态加以注明，如固态（s）、液体（l）、气体（g），甚至晶态，比如 C（金刚石）或 C（石墨）。需要更细致时，还需要标注生成产物的状态，气体分子用符号"↑"，沉淀采用符号"↓"，水合标注（aq）等。

正确书写化学反应方程式，必须明确加料顺序、各物质相对量的关系、反应进行介质（酸性、碱性或中性）条件，因为这些因素直接决定了反应生成产物的种类等。例如，NH_4HSO_4 溶液与 NaOH 溶液反应，若 NaOH 和 NH_4HSO_4 的摩尔比为 1∶1，产物为 Na_2SO_4、H_2O 和 $(NH_4)_2SO_4$；若 NH_4HSO_4 和 NaOH 的摩尔比为 1∶2，则产物为 Na_2SO_4、$NH_3 \cdot H_2O$。

$$2NH_4HSO_4 + 2NaOH = Na_2SO_4 + 2H_2O + (NH_4)_2SO_4$$

$$NH_4HSO_4 + 2NaOH = Na_2SO_4 + NH_3 \cdot H_2O$$

向 $AlCl_3$ 溶液中加入 NaOH 溶液直至过量，最终产物为 $NaAlO_2$；而向 NaOH 溶液中加入 $AlCl_3$ 溶液直至过量，最终产物为 $Al(OH)_3$ 沉淀。

$KMnO_4$ 参与的氧化还原反应在不同介质条件下进行，还原产物不同，酸性条件下生成 Mn^{2+}；碱性条件下还原产物为 MnO_4^{2-}；中性条件还原产物为 MnO_2。

正确书写化学反应方程式，必须以客观事实为基础，遵守质量守恒定律。不能无中生有，更不能出现想当然的生成物。

例如，镁与稀硫酸的反应：$Mg + H_2SO_4 \Longrightarrow MgSO_4 + H_2 \uparrow$。不能发生下面错误的化学方程式：$Mg + H_2SO_4 \Longrightarrow MgSO_4 + H_2O$ [产物应是 H_2，而非 H_2O，且原子不守恒]。

铁与氧气的反应：

$3Fe + 2O_2 \xrightarrow{\text{点燃}} Fe_3O_4$。不应主观认为是 $4Fe + 3O_2 \xrightarrow{\text{点燃}} 2Fe_2O_3$。

二氧化碳与 NaOH 的反应方程式应为：$CO_2 + 2NaOH \Longrightarrow Na_2CO_3 + H_2O$。而不是没有进行配平的方程式：$CO_2 + NaOH \Longrightarrow Na_2CO_3 + H_2O$。

正确书写化学反应方程式，要高度重视反应条件的限制。在酸性介质中进行的反应，离子方程式中不应出现 OH^-；在碱性介质中进行的反应，不应出现 H^+。

书写化学反应方程式的步骤一般分为写、配、标、查 4 步。其中，"写"指的是写出参与反应的各种反应物、生成物的化学式；"配"指的是配平化学反应方程式；"标"是指标明发生该化学反应的条件，必要时标出产物的状态，甚至要标出参与反应各物种的状态等，中学一般要求将反应物与生成物间的符号"$\longrightarrow$"改换成"$\Longrightarrow$"或"$\rightleftharpoons$"；"查"主要是检查一下各种化学式的书写是否准确，方程式是否已配平，反应条件及生成物状态等的标注是否正确、恰当。

需要说明的是，化学反应方程式仅仅体现了参与反应各物种间的一种关联，一般不涉及反应进行的快慢、反应的热效应、反应进行的机理等。

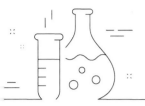

化学反应方程式的配平

化学反应方程式不仅是物质间发生化学反应的化学符号表达关系式，而且也表明了反应物和生成物之间的量的关系，同时化学反应方程式也必须体现出质量守恒定律，这就要求方程式必须"配平"。

化学反应方程式的配平方法有观察法、最小公倍数法、奇数配偶法、化合价法、离子-电子法、解代数方程式法等。选择何种方法进行配平，应根据具体的反应而定。配平方程式的捷径只能是多练，熟能生巧。

🔬 观察法

对于简单的化学反应方程式的配平，可以采用观察方法进行。首先找出方程式两边只出现一次，且个数不相等的原子入手配平（有原子团在反应前后若无变化，亦可看作为"原子"），最后配平其他元素的原子。

例如，氢气与氧气的燃烧反应。首先写出反应物、产物的元素符号表示的化学反应简式：$H_2 + O_2 \longrightarrow H_2O$。其次，通过观察，水分子前需加系数 2：$H_2 + O_2 \longrightarrow 2H_2O$。最后根据质量守恒定律，得到配平后的化学方程式：$2H_2 + O_2 \Longrightarrow 2H_2O$。

又如，丁烷（C_4H_{10}）燃烧的反应简式：$C_4H_{10} + O_2 \longrightarrow CO_2 + H_2O$。观察化学反应简式，发现反应式左边的氧为偶数，右边的氧为奇数，所以先在 H_2O 前加上系数 2：

$$C_4H_{10} + O_2 \longrightarrow CO_2 + 2H_2O$$

考虑反应式左、右两边氢原子的数量相等，需要找到有关分子的最小公倍数：

$$2C_4H_{10} + O_2 \longrightarrow CO_2 + 10H_2O$$

氢原子数量已配平，氧原子均为偶数，配平碳原子：

$$2C_4H_{10} + O_2 \longrightarrow 8CO_2 + 10H_2O$$

最后，配平氧原子：$2C_4H_{10} + 13O_2 = 8CO_2 + 10H_2O$。

需要强调的是，上述氧化还原反应方程式的配平一定要满足得失电子数相等这条基本规则，否则将会出现 $PbS + 2O_3 = PbSO_4\downarrow + O_2\uparrow$ 这种有问题的"配平"方程式。

正确的方程式为：$PbS + 4O_3 = PbSO_4\downarrow + 4O_2\uparrow$。

最小公倍数法

首先找出方程式两端不平衡的元素，并以两端各出现一次的元素首先进行配平。若都是出现一次，则从原子个数较多或反应前后原子个数相差较多的元素着手配平。其次求出它们的最小公倍数后，以两个分子式中所含该元素原子的个数分别去除最小公倍数，所得的商就是该分子式的系数。最后，根据已求得的分子式的系数推算出其他分子式的系数。

例如，氯酸钾加热分解的反应方程式：$KClO_3 \xrightarrow{\triangle,\ 催化剂} KCl + O_2\uparrow$。

可以看出，氧原子的个数不等，最小公倍数是 6，所以方程式可以写成：$2KClO_3 \xrightarrow{\triangle,\ 催化剂} KCl + 3O_2\uparrow$。

根据 $KClO_3$ 分子式的系数 2 就决定了 KCl 分子式前的系数也是 2，

这样配平的方程式就是：

$$2KClO_3 \xrightarrow{\triangle,催化剂} 2KCl + 3O_2 \uparrow$$

奇数配偶法

首先根据实验结果写出相应的化学反应方程式；然后找出以不同物质形式出现较多的某一元素，且该元素原子在方程式两端的总数为一奇一偶；将含有奇数原子的物质分子式前首先配一系数 2，然后推求与之有关的其他分子式的系数。最后确定一下是否已配平了化学反应方程式。

例如，金属钠与水的化学反应：$Na + H_2O \longrightarrow NaOH + H_2 \uparrow$。

能够看出来，方程式左端氢原子总数是 2，是偶数，而方程式右端氢原子总数是 3，是奇数。先将 NaOH 分子式前配一系数 2，则得：$Na + H_2O \longrightarrow 2NaOH + H_2 \uparrow$。

很明显，方程式左端的 Na 和 H_2O 亦需要各配一系数 2，则整个方程式就配平了，即：

$$2Na + 2H_2O = 2NaOH + H_2 \uparrow$$

化合价法（电子转移法）

对于较复杂的氧化还原反应，最常见的方程式配平方法有**化合价法**和**离子-电子法**两种方法。

由于发生氧化还原反应时，化合物中某些元素的化合价升高的总值和另一些元素的化合价降低的总值相等，即有得必有失，得失总相等。采用化合价法配平氧化还原反应，需要确定参与反应各物种中具体元素的结合方式，对于部分结构并不十分清晰的化合物，应用上有些许困难。采用氧化值变化法替代化合价法进行氧化还原反应方程式的配平，具有明显的优势，因此两者可通用。

采用化合价法配平方程式时，首先需要确定氧化剂和还原剂（具体到何种元素化合价发生了升或降）；其次，算出得、失电子的数值，求出得失电子数的最小公倍数；根据最小公倍数，确定氧化剂和还原剂以及有关生成物的系数；最后，推求出其他分子式的系数，配平整个方程式。

化合价法配平的要点：**先清化合价，再看谁变化，升降要相等，数值两交叉。**

例如，铜与稀硝酸的反应：$Cu + HNO_3(稀) \longrightarrow Cu(NO_3)_2 + NO \uparrow + H_2O$。

该反应中，稀硝酸是氧化剂，铜是还原剂。HNO_3 中的 N 由+5 价变为 NO 中 N 的+2 价，得 3 个电子，而 Cu 则失去 2 个电子变为 $Cu(NO_3)_2$ 中的+2 价，因此最小公倍数是 6，这样先配系数如下：

$$3Cu + 2HNO_3(稀) \longrightarrow 3Cu(NO_3)_2 + 2NO \uparrow + H_2O$$

根据氮原子守恒，稀硝酸分子的系数应改为 8，产物 H_2O 的系数为 4，配平的方程式是：

$$3Cu + 8HNO_3(稀) \longrightarrow 3Cu(NO_3)_2 + 2NO \uparrow + 4H_2O$$

化合价法的目的使氧化剂中元素化合价降低的值与还原剂中元素化合价升高的值相等。对于变价元素原子数较多的方程式配平，可选择变价元素原子数较多的一侧首先加系数，例如：

$$P + CuSO_4 + H_2O \longrightarrow Cu_3P + H_3PO_4 + H_2SO_4$$

采用逆向配平，右侧 Cu_3P 失 6 个电子，H_3PO_4 得 5 个电子，所以

$$P + CuSO_4 + H_2O \longrightarrow 5Cu_3P + 6H_3PO_4 + H_2SO_4$$

采用观察法配平其余化合物的系数：

$$11P + 15CuSO_4 + 24H_2O \Longrightarrow 5Cu_3P + 6H_3PO_4 + 15H_2SO_4$$

例 1　配平方程式：$As_2S_3 + HNO_3 \longrightarrow H_3AsO_4 + H_2SO_4 + NO$。

每个 As 的氧化数改变值是 2，每个 S 的氧化数改变值是 8，As_2S_3 氧化数的改变值为 $(2×2)+(3×8) = 28$，所以它的系数是 1/28；HNO_3 的系数为 1/3，因此反应方程左端乘以 84，根据反应物与产物原子守恒确定产物的系数：

$$3As_2S_3 + 28HNO_3 \longrightarrow 6H_3AsO_4 + 9H_2SO_4 + 28NO$$

观察反应方程式左右端 H 与 O 守恒，右边多 4 个氧原子，左边需加上 4 个 H_2O 分子，对应的配平方程式为：

$$3As_2S_3 + 28HNO_3 + 4H_2O \Longrightarrow 6H_3AsO_4 + 9H_2SO_4 + 28NO$$

例 2　配平 CrO_5 与双氧水在稀硫酸介质中的反应：$CrO_5 + H_2O_2 + H_2SO_4 \longrightarrow Cr_2(SO_4)_3 + O_2 \uparrow + H_2O$。

该反应方程式的配平，需要知道 CrO_5 的分子结构中含有两个过氧键，Cr 的化合价为+6，故配平后的方程式为：

$$2CrO_5 + 3H_2O_2 + 3H_2SO_4 \Longrightarrow Cr_2(SO_4)_3 + 5O_2 \uparrow + 6H_2O$$

若采用 Cr 的氧化数是+10，则得到下面不正确的配平系数：

$$2CrO_5 + 7H_2O_2 + 3H_2SO_4 \Longrightarrow Cr_2(SO_4)_3 + 7O_2 \uparrow + 10H_2O$$

例 3　配平方程式：$As_2S_3 + HNO_3(浓) \longrightarrow H_3AsO_4 + H_2SO_4 + NO_2 + H_2O$。

由于 As_2S_3 中氧化数上升的元素有两个：As 从 +3→+5，S 从 −2→+6。氧化数升高总数是：$(5-3)×2+[6-(-2)]×3 = 28$。氧化数降低的元素有：HNO_3 中的 N，从 +5→+4。氧化数降低的总数为 1，所以最小公倍数为 28，得：

$$As_2S_3 + 28HNO_3(浓) \longrightarrow H_3AsO_4 + H_2SO_4 + NO_2 + H_2O$$

依次配平有关化合物前的系数，得：$As_2S_3 + 28HNO_3(浓) =\!=\!=$ $2H_3AsO_4 + 3H_2SO_4 + 28NO_2 + 8H_2O$

若反应产物不同，方程式的配平亦不同。如 $As_2S_3 + HNO_3(浓) \longrightarrow$ $H_3AsO_4 + H_2SO_4 + NO$，则最小公倍数为 84，配平的方程式为：$3As_2S_3 +$ $28HNO_3(浓) + 4H_2O =\!=\!= 6H_3AsO_4 + 9H_2SO_4 + 28NO$。

离子-电子法

离子-电子法是配平氧化还原反应的重要方法之一，其步骤可分为：①将氧化还原反应分解为两个半反应，化合价升高的一对物种组成氧化反应式，化合价降低的为还原反应式；②平衡两个半反应式，依据氧化还原反应进行酸碱性的不同，通过添加 H_2O、H^+ 或 OH^- 使得参与半反应的 O 或 H 原子满足守恒要求；③平衡电子；④依据电子守恒对两个半反应式乘以系数；⑤将两个半反应方程式合在一起，删去式子两边的电子等，使得整个反应方程式完整、清晰。

例如，在酸性介质中，硫酸亚铁与高锰酸钾进行反应的离子方程式配平：

$$Fe^{2+} + MnO_4^- + H^+ \longrightarrow Mn^{2+} + Fe^{3+} + H_2O$$

① 将氧化还原反应方程式分解为两个半反应式：

$$Fe^{2+} \longrightarrow Fe^{3+} \qquad MnO_4^- \longrightarrow Mn^{2+}$$

② 酸性介质中，有氧原子参与的反应，多氧一侧加 H^+，少氧一侧加 H_2O，且采用观察法配平：

$$8H^+ + MnO_4^- \longrightarrow Mn^{2+} + 4H_2O$$

③ 配平电子，得到：

$$Fe^{2+} \longrightarrow Fe^{3+} + e^- \qquad 5e^- + 8H^+ + MnO_4^- \longrightarrow Mn^{2+} + 4H_2O$$

④ 得失电子数相等（最小公倍数，乘半反应式两侧），得到：

$$5Fe^{2+} \longrightarrow 5Fe^{3+} + 5e^- \qquad 5e^- + 8H^+ + MnO_4^- \longrightarrow Mn^{2+} + 4H_2O$$

⑤ 合并两个半反应式，将"$\longrightarrow$"换为"$==$"，得到平衡方程式：

$$5Fe^{2+} + 8H^+ + MnO_4^- == Mn^{2+} + 4H_2O + 5Fe^{3+}$$

解代数方程式法

对于氧化数的变化值不明晰的方程式的配平，需要采取代数求解的方法进行（原子数守恒）。例如

$$P_2I_4 + P_4 + H_2O \longrightarrow PH_4I + H_3PO_4$$

设该反应方程式中各物质前的系数分别为 a、b、c、d、e，即 $aP_2I_4 + bP_4 + cH_2O \longrightarrow dPH_4I + eH_3PO_4$，则可列出如下方程组：

$2a + 4b = d + e$，$4a = d$，$2c = 4d + 3e$，$c = 4e$，

解之，得 $13a = 10b$

假如设 $a = 10$，则 $b = 13$，$d = 40$，$c = 128$，$e = 128$

故配平的方程式为：$10P_2I_4 + 13P_4 + 128H_2O == 40PH_4I + 32H_3PO_4$。

上述方法虽然可行，但较为繁杂。可以运用原子守恒，仅需设 1 个或 2 个未知数就能实现配平。

设 H_2O 的系数为 x，由 O、H、I、P 守恒依次可推知 H_3PO_4、PH_4I、P_2I_4、P_4 的系数分别为 $x/4$、$5x/16$、$5x/64$、$13x/128$，由于化学方程式的系数应为最小整数且不可约，所以需令 $x = 128$，代入方程，得到配平的方程式为：$10P_2I_4 + 13P_4 + 128H_2O == 40PH_4I + 32H_3PO_4$。

又如，配平 $KMnO_4 + H_2O_2 + H_2SO_4 \longrightarrow K_2SO_4 + MnSO_4 + O_2 + H_2O$。

设 $KMnO_4$ 的系数为 x，依据 K、Mn、S 守恒可推知 K_2SO_4、$MnSO_4$、

H_2SO_4 的系数分别为 $x/2$、x、$3x/2$；设 H_2O_2 的系数为 y，则 O_2 和 H_2O 的系数分别为 y 和 $(3x+2y)/2$，因此反应方程为：

$$xKMnO_4 + yH_2O_2 + \frac{3x}{2}H_2SO_4 \longrightarrow$$

$$\frac{x}{2}K_2SO_4 + xMnSO_4 + yO_2 + \frac{3x+2y}{2}H_2O$$

上式中，$KMnO_4$ 和 H_2O 中的氧原子数相等，即 $4x = (3x+2y)/2$

整理，得 $x : y = 2 : 5$

该方程的最小整数解为：$x = 2$，$y = 5$。

代入反应方程式中，得到配平的方程式为：

$$2KMnO_4 + 5H_2O_2 + 3H_2SO_4 \Longrightarrow K_2SO_4 + 2MnSO_4 + 5O_2 + 8H_2O$$

要预防少数人采用观察法配平得到下面这一错误的配平方程式：$2KMnO_4 + H_2O_2 + 3H_2SO_4 \Longrightarrow K_2SO_4 + 2MnSO_4 + 3O_2 + 4H_2O$，虽然该方程式两边各元素的原子数目都相等，电荷也是平衡的，但在酸性溶液中，该反应生成的 O_2 应全部来自 H_2O_2，$KMnO_4$ 不提供 O_2。

【知识拓展】一个氧化还原反应式，通常只能有一套配平系数，例如：

$$13H_2SO_4 + 10KSCN + 12KMnO_4 \Longrightarrow$$

$$12MnSO_4 + 11K_2SO_4 + 10HCN + 8H_2O$$

然而，在某些无机化学反应中，还会出现有多套配平系数的氧化还原反应，例如 $KClO_3$ 与 HCl 的反应，可举出下列三种配平系数：

$$2KClO_3 + 4HCl \Longrightarrow 2KCl + 2H_2O + Cl_2 + 2ClO_2$$

$$11KClO_3 + 18HCl \Longrightarrow 11KCl + 9H_2O + 3Cl_2 + 12ClO_2$$

$$8KClO_3 + 24HCl \Longrightarrow 8KCl + 12H_2O + 9Cl_2 + 6ClO_2$$

出现配平系数多重性的原因之一是这些反应实际上是由两个独立反应组成的总氧化还原方程式，上述化学反应方程式实际是由以下两个配平了的独立反应式组成：

$$KClO_3 + 6HCl \Longrightarrow KCl + 3H_2O + 3Cl_2$$

$$5KClO_3 + 6HCl \Longrightarrow 5KCl + 3H_2O + 6ClO_2$$

这两个独立的反应式可按任一比例混合而形成总的反应方程式：

$$(x+5y)KClO_3 + 6(x+y)HCl \Longrightarrow$$

$$(x+5y)KCl + 3(x+y)H_2O + 3xCl_2 + 6yClO_2$$

类似的化学反应方程式还有：

$$2xKMnO_4 + (5x+2y)H_2O_2 + 3xH_2SO_4 \Longrightarrow$$

$$xMnSO_4 + (5x+y)O_2 + xK_2SO_4 + (8x+2y)H_2O$$

$$[x = 1, \ y = 0; \ x = 1, \ y = 1; \ x = 2, \ y = 1 \ 等]$$

$$(3+n)XeF_4 + (6+2n)H_2O \Longrightarrow 2XeO_3 + (1+n)Xe + (12+4n)HF + nO_2$$

$$n = 1, \ 4XeF_4 + 8H_2O \Longrightarrow 2XeO_3 + 2Xe + 16HF + O_2$$

$$n = 2, \ 5XeF_4 + 10H_2O \Longrightarrow 2XeO_3 + 3Xe + 20HF + 2O_2$$

$$n = 3, \ 6XeF_4 + 12H_2O \Longrightarrow 2XeO_3 + 4Xe + 24HF + 3O_2$$

在无机化学中，许多氧化还原反应的产物往往比较复杂。例如 HNO_3、浓 H_2SO_4 等作氧化剂时的还原产物，H_2S、Na_2S、KI 等和较强氧化剂反应时，氧化产物常常不是单一的，即产物之间没有严格确定的比例关系，反而是随着反应温度、浓度、反应物的相对量等变化的，且产物的相对量还与反应速度密切有关。例如 $KMnO_4$ 在稀酸介质中与 H_2S 的反应，H_2S 被氧化的产物可以同时生成 S、SO_2、SO_4^{2-}，这三种氧化产物之间并没有严格的比例关系（平行反应）。有关化学反应方程式分别为：

$$2KMnO_4 + 2H_2S + 2H_2SO_4(稀) \Longrightarrow$$

$$K_2SO_4 + 2MnSO_4 + S\downarrow + 4H_2O$$

$$2KMnO_4 + 5H_2S + 3H_2SO_4(稀) \Longrightarrow$$

$$K_2SO_4 + 2MnSO_4 + 5S\downarrow + 8H_2O$$

$$8KMnO_4 + 5H_2S + 7H_2SO_4(稀) == 4K_2SO_4 + 8MnSO_4 + 12H_2O$$

$$6KMnO_4 + 5H_2S + 9H_2SO_4(稀) ==$$

$$3K_2SO_4 + 6MnSO_4 + 5SO_2\uparrow + 14H_2O$$

化学反应方程式的计算

　　化学反应千变万化，有关化学反应的计算问题也有多种类型。对同一道计算题，运用不同的化学思想，从不同的角度去思考即可产生不同的解题思路。因此，"思维求异""解法求优"是提高学习效果的核心。培养发散性思维，不忘"质量守恒"是进行化学计算的基本原则。

　　对于任何一个化学反应而言，反应涉及的各物质的数量之间都有一定的对应关系。因此，解决化学计算题的过程，可由以下四个阶段构成：审题、析题、计算、回答。

　　"审题"即认知题目结构，判断问题的定义是完善的还是不良的，从而在头脑中确立问题表征的过程。

　　在审题过程中，一定要认真读题，识别条件和目标，判断条件与目标、条件与条件之间有无质与量上的联系。对于综合性或题目容量较大的计算题，可借助符号标记，把题目中的重点内容（如条件、目标、关键词等）以表格式或网络式或矩阵式将其按一定的逻辑顺序排列纸上，或还可作图示意。

　　"析题"是在审题基础上对题目的初始表征进行一系列复杂的认知信息加工过程，完成由定性到定量分析，明确各种数量关系，从而确定具体解题方法和步骤。如根据题意，设定不带单位的未知数（一般是求什么就设什么）；正确书写有关反应的化学方程式，且配平化学反应方程式，这是进行化学计算的基石。

"计算"是表达解题的过程，是由解题的内部思维活动的结果向外部表达活动转变的过程。具体来讲，首先要找出已知量和待求量之间的质量关系，并将已知量和未知量的有关物质的相对质量（分子量×化学计量数）写在相应物质化学式的下方，把设定的未知数写在相对质量的下方；其次是列出正确的比例式子，求解，得出未知量（所得数值必须带单位）；然后检查解题过程中，是否犯有低级错误（如单位是否一致，式量是否正确，数字是否准确）等；最后，简要写出答案。

"培本固基"的重点是真正理解基本概念的内涵与外延，"熟能生巧"的核心是自觉、灵活地运用观察、验证、归纳、猜测、筛选、推理等思想方法和手段，提高分析、判断和解决问题的能力。

中学化学计算的基本思想主要有：转化的思想、守恒的思想、数学知识与化学原理相结合的思想、假设与验证相结合的思想。由此引出的解题基本方法有：关系式法、守恒法、差量法、平均值推理法、极值法、不等式法、讨论法等。

关系式法例题

根据化学反应直接计算是最为简单的一种计算题型，但在部分考试或能力检测试题中，常常将化学反应设计为"无数据"的计算选择题，该类型的题一般都会给出不同质量的变化，如等量变化。

例 4　氢化钙（CaH_2）可用作干燥剂，与水反应的化学方程式为：$CaH_2 + 2H_2O \xlongequal{\quad} Ca(OH)_2 + 2H_2\uparrow$。现有 2.1 克氢化钙，理论上可吸收水的质量是多少？（写出计算过程及结果）

解：设给定量氢化钙理论上可吸收水的质量为 x 克。

根据反应方程式，可知：

$$CaH_2 + 2H_2O == Ca(OH)_2 + 2H_2 \uparrow$$

$$42 \qquad 2 \times 18$$

$$2.1 \qquad x$$

$$42/(2 \times 18) = 2.1/x$$

$$x = 1.8$$

答：2.1g 氢化钙理论上吸收水的质量为 1.8 克。

例 5　将一定质量的碳酸钙和铜粉置于同一敞口容器中，加热煅烧使其完全反应，反应前后容器内固体的质量不变，则容器中的 Cu 和碳酸钙的质量比是（　　）。

（A）11∶4；（B）20∶14；（C）44∶25；（D）16∶25。

[分析] 本题涉及两个化学反应：铜和氧气的化合反应和碳酸钙的分解反应。而反应前后固体总质量不变，其原因是：跟铜反应的氧气的质量与碳酸钙分解放出二氧化碳的质量相等，抓住这一关键即可列式求解。

解：设混合物中铜为 x 克，碳酸钙为 y 克，则

$$2Cu + O_2 \xrightarrow{\triangle} 2CuO$$

$$2 \times 64 \qquad 32$$

$$x \qquad \frac{32x}{128}$$

$$CaCO_3 \xrightarrow{\triangle} CaO + CO_2 \uparrow$$

$$100 \qquad\qquad\qquad 44$$

$$y \qquad\qquad\qquad \frac{44y}{100}$$

由题意可得：$\dfrac{32x}{128} = \dfrac{44y}{100}$

解之，得 $x:y = 44:25$

故选项 C 正确。

例 6　在托盘天平两端各放一只烧杯，调节至平衡。向烧杯里分别注入等质量、等浓度的稀硫酸，然后向一只烧杯里加入一定质量的镁条，向另一只烧杯里加入等质量的铜铝合金粉，两烧杯中的反应恰好完全，且天平仍保持平衡。则铜铝合金粉中铜与铝的质量比为（　　）。

（A）1:2；（B）1:3；（C）2:3；（D）3:4。

解：由题意可知，铜铝合金的质量等于镁的质量。镁、铝可分别与稀 H_2SO_4 反应，而铜则不反应。反应恰好完全后天平仍保持平衡，则说明镁、铝分别与稀 H_2SO_4 反应后产生氢气的质量必须相等，抓住这一关键即可列式求解。

设镁的质量为 m 克，铜铝合金中铝的质量为 m_1 克，镁与稀 H_2SO_4 反应产生氢气的质量为 w 克。

$$Mg + H_2SO_4 \Longrightarrow MgSO_4 + H_2 \uparrow$$

$$24 \qquad\qquad\qquad\qquad\qquad 2$$

$$m \qquad\qquad\qquad\qquad\qquad w$$

$$w = \frac{2m}{24} = \frac{1}{12}m$$

$$2Al + 3H_2SO_4 \Longrightarrow Al_2(SO_4)_3 + 3H_2 \uparrow$$

$$2\times27 \qquad\qquad\qquad\qquad\qquad 3\times2$$

$$m_1 \qquad\qquad\qquad\qquad\qquad w$$

$$m_1 = \frac{2\times27}{3\times2}w = 9w$$

将 $w = m/12$ 代入 $m_1 = 9w$，则 $m_1 = \frac{19}{12}m = \frac{3}{4}m$。

因此，铜铝合金粉中铜的质量为：$m-m_1=\dfrac{1}{4}m$。

故铜铝合金粉中铜与铝的质量比为：$\dfrac{1}{4}m:\dfrac{3}{4}m=1:3$。即选项 B 正确。

利用变化率处理这类问题，会简便许多。由于 Mg、Al、Cu 的变化率分别为：

Mg，22/24；Al，24/27；Cu，64/64＝1（Cu 不与稀 H_2SO_4 反应）；

令 Mg 为 1 克，1 克合金中 Cu 为 x 克，则 Al 为 $(1-x)$ 克，欲天平持平，两杯溶液实际增加质量相等，而实际增加质量 ＝（加入金属质量）×（金属的变化率）。

$$\therefore \quad 1\times\dfrac{22}{24}=x\times 1+(1-x)\times\dfrac{24}{27}$$

故 $x=\dfrac{3}{4}$，这样 $(1-x):x=1:3$，即铜铝合金粉中铜与铝的质量比为 $1:3$，选项 B 正确。

例 7　将 29g Fe 和 S 的混合物在密闭条件下加热反应，冷却至室温，再加入足量稀 H_2SO_4 后，放出的气体在标准条件下为 8.4L，则混合物中 S 和 Fe 的摩尔比为_____。

[分析] 如果采用一般的根据化学方程式计算的方法，由于 29g 混合物中 Fe 和 S 的量哪一种过量还不能确定，则解题过程将会十分复杂。但假如认真分析反应知：$Fe + S \xrightarrow{\quad\quad} FeS$，$FeS + H_2SO_4 \xrightarrow{\quad\quad} FeSO_4 + H_2S\uparrow$。Fe 过量时：$Fe + H_2SO_4 \xrightarrow{\quad\quad} H_2\uparrow + FeSO_4$。说明产生气体体积只与 Fe 的量有关，而与 S 的量无关。

考虑到 $Fe\sim FeS\sim H_2S$，$Fe\sim H_2$，就是说，1mol 的 Fe 对应于 1mol 的气体，因此混合物中 Fe 的质量为：$\dfrac{8.4}{22.4}\times 56=11$（g）。硫的质量为：$29-11=18$（g）。

则 $n_S:n_{Fe}=\dfrac{18}{32}:\dfrac{11}{56}=3:2$。

守恒法例题

守恒法包括质量守恒法、电子得失或化合价升降守恒法、元素或原子物质的量守恒法、浓度守恒法、体积守恒法、压强守恒法、离子电荷或电中性守恒法等。选择题或填空题，无计算过程要求，更应发挥巧算技能，简化过程，排除干扰因素，准确获取正确答案。

对于化学方程式类型的计算题，要根据守恒原则，充分分析题中各种物质间的各种关系，先设定求解的未知数，随之确定解题方法，找出内在关联、列出比例式，最后通过运算求解，简要回答。

例 8　根据质量守恒定律，在化学反应 A＋B ══ C＋D 中，若 20 克 A 物质和 10 克 B 物质恰好完全反应，生成 5 克 C 物质，则 5 克 A 跟 5 克 B 反应能生成 D 为（　　）。

（A）5 克；（B）2.5 克；（C）10 克；（D）6.25 克。

[分析] 由于 20 克 A 和 10 克 B 恰好完全反应，生成 25 克 D（质量守恒）；5 克 A 与 5 克 B 反应，B 过量。A 的量变为 1/4，生成 D 的量同样变为 1/4（按比例进行），即 $\frac{1}{4} \times 25 = 6.25$，故选项 D 正确。

例 9　红磷放在氯气中燃烧，若 P 与 Cl_2 按摩尔比为 1∶1.8 混合，待充分反应后，生成物中 PCl_3 与 PCl_5 的摩尔比为＿＿＿＿＿＿＿。

[分析] 设 PCl_3 物质的量为 x，PCl_5 的物质的量为 y，由原子守恒知 P 的物质的量为 $(x+y)$，Cl_2 的物质的量为 $(3x+5y)/2$，依题意 $(x+y)$∶$(3x+5y)/2 = 1∶1.8$，解得 $x∶y = 7∶3$。

例 10　在一定条件下，将等体积的 NO 和 O_2 的混合气体置于试管中，并将试管倒立在水槽中，充分反应后，剩余气体的体积约为原总体积的（　　）。

（A）1/4；（B）3/4；（C）1/8；（D）3/8。[利用电子守恒进行求解]

[分析] NO 和 O_2 的物质的量相等，每摩尔 NO 可失去 3mol 电子，

而每摩尔 O_2 可得 4mol 电子，因此 O_2 过量。

设 NO 和 O_2 的体积都为 1，剩余 O_2 为 x，则有

$$1×3 = (1-x)×4$$

解之，得 $x = 0.25$

$0.25/(1+1) = 1/8$，故选项 C 正确。

例 11 将若干克 Cu 粉和 Fe 粉的混合物与足量盐酸充分反应后，过滤，将滤渣在空气中充分加热，加热后产物的质量恰好等于原混合物的质量，则原混合物中铁的百分含量为（　　）。

（A）20%；（B）40%；（C）50.4%；（D）80%。

[分析] 这是一道无数据的选择题，初次接触可能会感到十分棘手，不知道如何去确定哪个选项正确。实际上，如果对题中的叙述进行认真梳理，就能发现，经过一系列反应之后，所得产物 CuO 中的氧元素与原混合物中的铁在质量上发生了等量代换，故求铁在原混合物中的百分含量问题，转换成了求 O 在化学式 CuO 中的百分含量。

解：由于 O 在 CuO 中的百分含量为

$$\frac{O}{CuO}×100\% = \frac{16}{16+64}×100\% = 20\%$$

原混合物中铁的百分含量也为 20%，故选项 A 正确。

与上述例题相类似，若将过量的 Fe 屑加入 $FeCl_3$、$CuCl_2$ 的混合溶液中，反应结束后称得固体质量与反应前所加固体质量相等，则原溶液中 $FeCl_3$、$CuCl_2$ 的摩尔比为_____。

解题的关键是金属阳离子的质量守恒，令 $FeCl_3$ 的量为 $x$mol，$CuCl_2$ 的量为 $y$mol，则总的 Cl^- 含量为 $(3x + 2y)$mol，反应后 Fe^{2+} 为 $(3x/2+y)$mol。根据 $m(Fe^{3+})+m(Cu^{2+}) = m(Fe^{2+})$，得到：

$$56x+64y = 3x/2×56+56y$$

因此，$x/y = 2/7$。

差量法例题

"差量计算"的思路是"寻求差异"的一种表现形式，对该种类型计算题要紧紧抓牢"既然反应前后的质量差是由化学反应引起的，那么'差量'的大小跟每一种物质的质量都有对应关系。"

例如，在确定的反应中，任取两种物质的数量，分别记为 x 和 y，则当 x 值增大时，y 值也成比例地增大；x 值减小时，y 值也成比例地减小，即 $y \propto x$。此时，x 与 y 的差值 $|x-y|$ 是有意义的。

因此在处理实际问题时，一定要清晰各种数量间的关系，列出正确的比例等式。

例 12 把盛有等质量盐酸的两个等质量的烧杯，分别置于托盘天平两端，将一定量的铁粉和碳酸钙粉末都溶解后，天平仍保持平衡，则加入的铁粉和碳酸钙粉末的质量比是多少？

解：由题意知，Fe 和 $CaCO_3$ 分别与盐酸反应，放出气体后，天平仍保持平衡，说明两烧杯溶液中净增加的质量相等。

设加入的 Fe 和 $CaCO_3$ 的质量分别为 x 克和 y 克，溶解后天平两端的烧杯中质量净增加都为 m 克，则

$$Fe + 2HCl == FeCl_2 + H_2\uparrow \qquad 溶液质量净增加$$

$$56 \qquad\qquad\qquad 2 \qquad\qquad 56-2$$

$$x \qquad\qquad\qquad\qquad\qquad\qquad m$$

$$x = \frac{56}{54}m$$

$$CaCO_3 + 2HCl == CaCl_2 + CO_2\uparrow + H_2O \qquad 溶液质量净增加$$

$$100 \qquad\qquad\qquad 44 \qquad\qquad\qquad 100-44$$

$$y \qquad\qquad\qquad\qquad\qquad\qquad\qquad m$$

$$y = \frac{100}{56}m$$

$$x : y = \frac{56}{54}m : \frac{100}{56}m = 392 : 675$$

答：加入的铁粉和碳酸钙粉末的质量比是 392∶675。

若利用变化率方法，可设 Fe 粉 x 克，其变化率（使溶液增重）为 $\frac{54}{56}$；碳酸钙粉 y 克，其变化率（使溶液增重）为 $\frac{56}{100}$。天平保持平衡，增重相等，所以 $x \times \frac{54}{56} = y \times \frac{56}{100}$，得到 $x : y = 392 : 675$。

例 13 天平两盘上各放一个盛有足量的等体积等摩尔浓度的稀 H_2SO_4 的烧杯，调节平衡后，往两烧杯中分别加入 Mg 粉和 Al 粉，要使天平仍然保持平衡，则 Mg 粉与 Al 粉质量比为（　　　）。

（A）33∶32；（B）32∶33；（C）12∶9；（D）9∶8。

解：设反应后两烧杯中净增质量为 w 克，则根据反应方程及差量，可列出下面有关等式。

$$Mg + H_2SO_4 \rlap{=\!=} MgSO_4 + H_2 \uparrow \qquad 溶液质量净增$$

$$24 \qquad\qquad\qquad\qquad\qquad 2 \qquad\qquad\qquad 22$$

$$\frac{24}{22} \times w \qquad\qquad\qquad\qquad\qquad\qquad\qquad w$$

$$2Al + 3H_2SO_4 \rlap{=\!=} Al_2(SO_4)_3 + 3H_2 \uparrow \qquad 溶液质量净增$$

$$2 \times 27 \qquad\qquad\qquad\qquad 3 \times 2 \qquad\qquad\qquad 48$$

$$\frac{54}{48} \times w \qquad\qquad\qquad\qquad\qquad\qquad\qquad w$$

Mg 粉与 Al 粉质量比为：

$$\frac{24}{22} \times w : \frac{54}{48} \times w = 32 : 33$$

例 14 把 10 毫升一氧化氮和二氧化氮的混合气体通入倒立在水槽中盛满水的量筒里，片刻以后，量筒里留下了 5 毫升气体。计算通入的混合气体里，一氧化氮和二氧化氮各几毫升？

[分析] NO 未起反应，反应前后体积未变。NO_2 发生了化学反应，反应式为：$3NO_2 + H_2O \xlongequal{} 2HNO_3 + NO$。由反应式可知，反应前 NO_2 的体积变到反应后生成的 NO 气体体积仅为它体积的 1/3。又由反应式可知，3 体积 NO_2 反应后减小 2 体积；或反应后生成 1 体积 NO，总体积减小 2 体积。因此

反应前气体体积组成 ＝NO 的体积 ＋NO_2 的体积

反应后的气体体积组成 ＝NO 的体积 ＋NO_2 跟水反应后

生成的 NO 的体积（1/3NO_2 的体积）

据上述分析,可得出反应前后的五个定量关系式作为解题的钥匙：

（1）反应前体积定量关系式：反应前混合气体体积（10 毫升）＝NO 的体积 ＋NO_2 的体积。

（2）反应后体积定量关系式：反应后气体体积（5 毫升）＝NO 的体积 ＋NO_2 跟水反应后生成 NO 的体积（＝1/3NO_2 体积）。

（3）反应前后的定量关系式：NO 的体积 ＋NO_2 的体积 ＝NO 的体积 ＋3 倍 NO_2 跟水反应后生成的 NO 的体积,因反应前 NO 的体积 ＝反应后原 NO 的体积（NO 体积未变）。上述定量关系式即成下述定量决系式：

NO_2 的体积 ＝3×NO_2 跟水反应后生成气体（NO）的体积。

（4）NO_2 的体积与反应后减小体积的定量关系式：NO_2 的体积 ＝3/2×减小的体积。

（5）NO_2 跟水反应生成 NO 的体积与减小体积的关系式：NO_2 跟水反应生成 NO 的体积 ＝1/2 减小的体积。

[解法 1] 设反应前混合气体中 NO 是 x 毫升，则 NO_2 为（10-x）

毫升，根据几个定量关系式可得下列三式：

$x+3(5-x) = 10$，$x+1/3(10-x) = 5$，$(10-x) = 3(5-x)$。

分别解出上列三式，均得出同样结果：$x = 2.5$。

即混合气体里 NO 的体积为 2.5 毫升；混合气体里 NO_2 的体积为 $10-2.5 = 7.5$（毫升）。

［解法 2］设反应前混合气体中 NO_2 的体积为 x 毫升，则 NO 的体积为（$10-x$）毫升，根据几个定量关系式可得下列三式：

$(5-1/3x)+x = 10$，$(10-x)+x/3 = 5$，$x = 3[5-(10-x)]$。

分别解出上列三式，均得出同样结果：$x = 7.5$。

即混合气体里 NO_2 的体积为 7.5 毫升；混合气体里 NO 的体积为 $10-7.5 = 2.5$（毫升）。

［解法 3］设 NO_2 跟水反应后生成气体（NO）的体积为 x 毫升，则反应前 NO_2 的体积为 $3x$ 毫升，NO 的体积为（$10-3x$）毫升，根据三个定量关系式可得下列三式：

$(5-x)+3x = 10$，$(10-3x)+x = 5$，$10-3x = 5-x$。

用上列三式的任何一式求解，均得同一结果 $x = 2.5$。

即混合气体里 NO_2 的体积为 $3×2.5 = 7.5$（毫升）；混合气体里 NO 的体积为 $10-3×2.5 = 2.5$（毫升）。

［解法 4］设混合气体里 NO 为 x 毫升，NO_2 为 y 毫升，根据关系式可得出方程组：

$$x+y = 10，x+y/3 = 5$$

解之，得 $x = 2.5$，$y = 7.5$

即混合气体里 NO 体积为 2.5 毫升，混合气体里 NO_2 体积为 7.5 毫升。

［解法 5］设混合气体里 NO 为 x 毫升，NO_2 与水反应后生成 NO 为 y 毫升，根据关系式可得方程组：

$$x+3y = 10，x+y =5$$

解之，得 $x = 2.5$，$y = 2.5$

即混合气体里 NO 的体积为 2.5 毫升，混合气体里 NO_2 体积为 $3×2.5 = 7.5$（毫升）。

例 15 1.92 克铜和一定量的浓 HNO_3 反应，随着铜的不断减少，反应生成的气体颜色也逐渐变浅。当铜反应完毕时，共收集到气体的体积为 1.12 升（标准状况）。求反应中消耗的硝酸的物质的量是多少？

［解法 1］由题义知，Cu 与硝酸先后发生了如下反应：

$$Cu + 4HNO_3(浓) =\!=\!= Cu(NO_3)_2 + 2NO_2 \uparrow + 2H_2O$$

$$3Cu + 8HNO_3(稀) =\!=\!= 3Cu(NO_3)_2 + 2NO \uparrow + 4H_2O$$

根据上述化学反应方程式可知，参加反应的硝酸一部分生成了硝酸铜，Cu～$Cu(NO_3)_2$～$2HNO_3$（作酸用）；另一部分生成了 NO 和 NO_2（起氧化剂），HNO_3～NO、HNO_3～NO_2。由于反应过程中氮原子守恒，从而使我们不必纠缠于铜与稀硝酸或铜与浓硝酸的反应。不管所得气体中 NO_2、NO 按何种比例混合，作氧化剂的硝酸的物质的量恒等于气体的物质的量（氮元素守恒），即其物质的量 $y = 1.12/22.4 = 0.050$。

设起酸作用的硝酸的量为 x mol，依据关系式

$$Cu～Cu(NO_3)_2～2HNO_3$$

64g	2mol
1.92g	$x$mol

$$64：1.92 = 2：x$$

$$x = 1.92×2/64 = 0.060$$

因此，总共消耗硝酸的量为：$0.050+0.060 = 0.11$（mol）。

答：反应中消耗的硝酸的物质的量是 0.11mol。

[解法2] 设有 x mol 铜与浓硝酸反应,生成 y mol 的 NO_2 气体,消耗硝酸的量为 z_1 mol。另有$(1.92/64-x)$mol 的铜与稀硝酸反应,生成 NO 气体的量为$(1.12/22.4-y)$mol,所消耗硝酸的量为 z_2 mol。

根据 $Cu + 4HNO_3(浓) == Cu(NO_3)_2 + 2NO_2\uparrow + 2H_2O$

| 1mol | 4mol | | 2mol |
| x mol | z_1 mol | | y mol |

$$y = 2x, \quad z_1 = 4x$$

另外根据化学反应

$3Cu \quad + \quad 8HNO_3(稀) == 3Cu(NO_3)_2 + 2NO\uparrow + 4H_2O$

| 3mol | 8mol | 2mol |
| $(1.92/64-x)$mol | z_2 mol | $(1.12/22.4-y)$mol |

$3:2 = (1.92/64-x):(1.12/22.4-y)$, $3:8 = (1.92/64-x):z_2$

$$3\times(0.05-y) = 2\times(0.03-x), \quad 3z_2 = 8\times(0.03-x)$$

解之,得 $x = 0.0225$,$z_1 = 0.090$,$z_2 = 0.020$

$$z_1+z_2 = 0.090+0.020 = 0.11$$

也就是说,总共消耗硝酸的量为 0.11mol。

需要说明的是,NO_2 作为生成气体,一般不考虑存在平衡 $2NO_2 \rightleftharpoons N_2O_4$。除非题中有要求或说明。如果是选择题,可考虑产物硝酸铜和氮氧化物中氮的总量守恒这一原则,列出 $\dfrac{1.92}{64}\times2+\dfrac{1.12}{22.4} = 0.11$,得出参加反应的硝酸的物质的量为 0.11mol 这一结论。

⚛ 讨论法例题

对于试题中不明确给出反应物是否适量、过量类型的字母计算题或简答、选择、填空题，常使初学者感到为难。若能确定若干关键的数值点，理解一般的化学原理和知识，运用数学、物理等有关学科知识进行推理，全面讨论解决问题就较为简单了。

例 16 下列可逆反应在某温度下于某容器内达到平衡状态：

$$2NH_3(气) + CO_2(气) \rightleftharpoons CO(NH_2)_2(固) + H_2O(气)$$

保持温度不变，压缩容器后，各物质仍然保持原来的物理状态达到新平衡，讨论新平衡混合气体的平均摩尔质量与原平衡时混合气体的平均摩尔质量相比，是增大、减小还是不变？

答：将上述可逆反应的方程式变形

$$2NH_3(气) + CO_2(气) - H_2O(气) \rightleftharpoons CO(NH_2)_2(固)$$

温度不变，压缩容器平衡向右移动，直至建立新平衡。达到新平衡的过程相当于从原平衡混合气体中取出了一部分平均摩尔质量为 M 的混合气体。

$$M = (2×17+1×44-1×18)/(2+1-1) = 30(g/mol)$$

所以有：（1）若原平衡混合气体平均摩尔质量小于 30g/mol，则达新平衡时，平均摩尔质量减小。

（2）若原平衡混合气体平均摩尔质量等于 30g/mol，则达新平衡时，平均摩尔质量不变。

（3）若原平衡混合气体平均摩尔质量大于 30g/mol，则达新平衡时，平均摩尔质量增大。

例 17 已知：$3NO_2 + H_2O = 2HNO_3 + NO\uparrow$，$NO_2 + NO + 2NaOH = 2NaNO_2 + H_2O$。将 20mL 的 NO 和 30mL 的 NO_2 混合气体缓慢通过足量的 NaOH 溶液（假定气体与溶液充分接触）后，最后剩余的气体体积为（　　　）。

（A）20mL；（B）30mL；（C）10mL；（D）0mL。

[分析] 混合气体通过 NaOH 溶液，除了发生题目提及的两个反

应外，还发生了酸碱中和反应：

$$HNO_3 + NaOH \rightleftharpoons NaNO_3 + H_2O$$

因此，总的反应式为：$2NO_2 + 2NaOH \rightleftharpoons NaNO_3 + NaNO_2 + H_2O$。

当混合气体中 $V_{NO} > V_{NO_2}$ 时，反应后剩下 NO，体积数是 $V_{NO} - V_{NO_2}$；当混合气体中 $V_{NO_2} \geqslant V_{NO}$ 时，最后无气体剩余。所以答案是 D。

例 18　18.4g 的 NaOH 和 NaHCO₃ 固体混合物在密闭容器中加热到约250℃，经充分反应后排出气体，冷却，称得剩余固体质量为16.6g。试计算原混合物中 NaOH 的百分含量。

解：混合物加热条件下发生的如下化学反应，

$$NaOH + NaHCO_3 \xrightarrow{\text{加热}} Na_2CO_3 + H_2O$$

或 $2NaHCO_3 \xrightarrow{\text{加热}} Na_2CO_3 + CO_2 + H_2O$（仅在 NaHCO₃ 过量时）

若混合物中 NaOH 与 NaHCO₃ 的摩尔比为 1∶1 时，加热后反应失重为：

$$18.4 \times \frac{M_{H_2O}}{M_{NaOH} + M_{NaHCO_3}} = 18.4 \times \frac{18}{40 + 84} = 2.67$$

若混合物中 NaOH 与 NaHCO₃ 的摩尔比大于或小于 1∶1，则混合物失重小于或大于 2.67g。

现混合物失重为：18.4−16.6 = 1.8 < 2.67，说明混合物中 NaOH 过量。

设混合物中 NaOH 的质量为 x，NaHCO₃ 的质量为 18.4−x。根据反应方程式：

$$NaOH + NaHCO_3 \xrightarrow{\text{加热}} Na_2CO_3 + H_2O$$

$$\quad 84 \qquad\qquad\qquad 18$$

$$\quad 18.4{-}x \qquad\qquad\quad 1.8$$

可列出式子：$\dfrac{84}{18.4 - x} = \dfrac{18}{1.8}$

解之，得 $x = 10$

故 NaOH 的百分含量为： $\dfrac{10}{18.4} \times 100\% = 54.3\%$

答：原混合物中 NaOH 的百分含量为 54.3%。

这种类型的计算题也可设计为选择题。例如，质量为 25.6g 的 KOH 和 KHCO$_3$ 混合物煅烧后冷却，其质量减少 4.9g，可知原混合物中 KOH 与 KHCO$_3$ 质量的关系为（　　　）。

（A）$n(KOH) > n(KHCO_3)$；（B）$n(KOH) < n(KHCO_3)$；

（C）$n(KOH) = n(KHCO_3)$；（D）KOH、KHCO$_3$ 可以任意比混合。

可假设 KOH、KHCO$_3$ 以等摩尔相混合，此种混合物 25.6g 煅烧后质量减少 x 克，依据反应方程：

$$KOH + KHCO_3 \xrightarrow{\triangle} K_2CO_3 + H_2O$$

可列出比例关系式：$(56+100)/25.6 = 18/x$。

则 $x = 2.95 < 4.9$，可知一部分 KHCO$_3$ 与 KOH 反应，另一部分 KHCO$_3$ 发生分解反应，生成 CO$_2$ 和 H$_2$O。选项 B 正确。

对于存在有过量反应物的化学计算题的计算方法，可以总结和概括成：求出化学方程式中交叉方向上反应物量的乘积，乘积大的，其上方反应物过量；乘积小的，其上方反应物是有限剂量，而后用有限剂量反应物的量来计算答案。

如果用上述大的乘积与小的乘积的差，除以 1 摩尔有限剂量反应物的质量与反应系数的乘积，便得出有限剂量反应物用质量表示它的量时，过量反应物反应后的剩余量，除以数值是反应系数的有限剂量反应物的摩尔数或它对应的气体体积数，便得出有限剂量反应物用摩尔数或气体体积数表示它的量时，过量反应物反应后的剩余量。

极值法例题

在解化学计算题时，要多思少算，甚至不算，巧妙灵活运用所学化学知识进行合理推算，可以起到事半功倍的作用。在处理有关混合物的计算时，运用极值的思想结合平均值推理往往会找到巧解的思路。

例 19 氧气和氯气的混合气体 500mL，使氢气在其中充分燃烧，用水吸收生成物得 250mL 溶液，从中取出 25mL，用 0.125mol/L 的 NaOH 溶液 200mL 恰好完全中和，则与混合气体反应的氢气的体积（以上均为标准状况）为（　　）。

（A）200mL；（B）300mL；（C）490mL；（D）720mL。

[分析] 采用守恒法，能够先求出 Cl_2 的体积，再求出 O_2 的体积，最后即可求出 H_2 的体积。

若运用极值的思想进行分析推理，求解就变得较为简单。根据反应方程式 $Cl_2 + H_2 \xlongequal{\quad\quad} 2HCl$ 和 $O_2 + 2H_2 \xlongequal{\quad\quad} 2H_2O$ 可知，等体积的 Cl_2 和 O_2 消耗 H_2 多的是 O_2。假设全部为 Cl_2，消耗 H_2（耗 H_2 的最小值）体积为 500mL。现为 Cl_2 和 O_2 的混合气体，只要有 O_2 存在，消耗 H_2 的体积必定大于 500mL，对照选项，无需计算就可得出答案为 D。

极值法的思路一般是将可逆进行的反应假设为完全进行的反应，或者将混合物设定为纯净物，或者把平行进行的反应分别假设为单一反应，推断出结果。进而确定实际发生反应的情况，得出答案。

例 20 有 2 种单质组成的合金 50g 恰好与 71g Cl_2 完全反应，则合金可能是（　　）。

（A）Zn-Cu；（B）Na-Al；（C）Al-Mg；（D）Mg-Cu。

[分析] 设金属混合物全是第一种金属，或全是第二种金属，则可求出与 71g Cl_2 反应的金属的极大值 $m_大$ 和极小值 $m_小$。若 $m_小 > 50g$，$m_大 > 50g$，或者 $m_小 < 50g$，$m_大 < 50g$，不是答案；若 $m_小 \leqslant 50g$，$m_大 \geqslant 50g$，

则该组合即为答案。与 71g Cl_2 反应的金属的极值见下表:

序号	A	B	C	D
极大值 $m_大$/g	65	46	24	64
极小值 $m_小$/g	64	18	18	24

显然,答案为 D。

⚛ 不等式法例题

例 21 将 H_2 和 Cl_2 的混合气体 a 升,经点燃充分反应后,通过含 b 摩尔 NaOH 的溶液,恰好完全反应生成盐,则 a 与 b 的关系不可能的是（　　）。

（A）$b < a/22.4$；（B）$b = a/22.4$；（C）$b > a/22.4$；（D）$b < a/11.2$；（E）$b \geqslant a/11.2$。

[分析] 若混合气体全部是 H_2,则由于 H_2 不与 NaOH 反应,$b = 0$,不合题意。因是混合气体,必含 Cl_2,所以 $b > 0$；若混合气体全部是 Cl_2,则

$$2NaOH + Cl_2 \Longrightarrow NaCl + NaClO + H_2O$$

$$2 \qquad 1$$

$$b \qquad a/22.4$$

$$b = a/11.2$$

又因混合气体中必含有 H_2,而 H_2 和 Cl_2 反应生成 HCl 时所耗碱的物质的量与其所耗 Cl_2 的物质的量相当,即可看作 H_2 不消耗碱。所以,$b < \dfrac{a}{11.2}$,因此,b 的取值范围为:$0 < b < \dfrac{a}{11.2}$。说明选项 E 正确。

实际上,基础较好、善于分析的同学,在面对此种类型选择题的

一般做法是采用逐一排除法。即：若原混合气体中 H_2 和 Cl_2 等体积，则可排除选项 B；若原混合气体中 H_2 过量，则可排除选项 A；若原混合气体中 Cl_2 过量，则可排除选项 C 和 D。故只有选项 E 为该题的答案。

⚛ 平均值推理法例题

根据需要解决的问题，先设定平均原子量、平均分子量、平均分子式等，进而得到解决问题的方法。

例 22 把含有一种氯化物杂质的氯化镁粉末 95mg 溶于水后，与足量的硝酸银溶液反应，生成沉淀 300mg，则该氯化镁中的杂质可能是（　　）。

（A）氯化钠；（B）氯化铝；（C）氯化钾；（D）氯化钙。

[分析] 设平均化学式为 R_xCl，其与 $AgNO_3$ 反应生成 AgCl 沉淀，可求出 R_xCl 的平均"式量"：

$$\overline{M} = \frac{143.5 \times 95}{300} = 45.5$$

所以 R_x 的平均式量 $\overline{R_x} = 45.5 - 35.5 = 10$。

由于 $MgCl_2 \longrightarrow Mg_{1/2}Cl$ 中，$Mg_{1/2}$ 的式量为 12。

所以满足式量 $< \overline{R_x} = 10 < 12$ 者，只有 Al，也就是说选项 B 正确。

例 23 有钠和另一种碱金属的合金 2g，与水反应放出氢气为 0.1g，此合金中另一种金属可能是（　　）。

（A）Li；（B）K；（C）Rb；（D）Cs。

解：假设只有一种碱金属 R，其原子量为 x，则

$$2R + 2H_2O \Longrightarrow 2ROH + H_2 \uparrow$$

$$2x \qquad\qquad\qquad\qquad 2$$

$$2 \qquad\qquad\qquad\qquad 0.1$$

$$2x/2 = 2/0.1，x = 20$$

因为合金中已有一种碱金属为 Na，其原子量为 23，大于 20，所以合金中另一种碱金属的原子量必须小于 20，只有锂符合要求。

🔬 十字交叉法例题

对于由两种已知成分组成的混合体系，如果其组成成分和混合体系的组成关系可用算式 $A×a+B×b = (A+B)×c$ 表示，并且 a、b、c 均为已知时（$a > c > b$），则可求得两种成分的含量比为：$\dfrac{A}{B} = \dfrac{c-b}{a-c}$。

为便于记忆和运算，将上述过程和结果采用十字交叉图式表示如下：

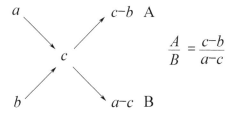

这种运算方法又称对角线法，用于部分混合物类型的计算，具有一定的简洁性。

例 24 把一定量的 Cu、$Cu(NO_3)_2$ 混合物共热，反应完全后质量不变，求混合物中 Cu、$Cu(NO_3)_2$ 的质量比。

解：由于 Cu、$Cu(NO_3)_2$、CuO 的式量分别为 64、188、80，而且三者化学式中均含有 1 个 Cu^{2+}，因此可采用十字交叉法求算混合物中 Cu、$Cu(NO_3)_2$ 的质量比。

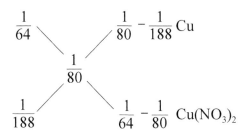

$$\frac{m_{Cu}}{m_{Cu(NO_3)_2}} = \frac{\dfrac{1}{80} - \dfrac{1}{188}}{\dfrac{1}{64} - \dfrac{1}{80}} = \frac{108}{47}$$

答：混合物中 Cu、$Cu(NO_3)_2$ 的质量比为 108∶47。

例25 CH_4 和 C_3H_8 混合气的密度与同温同压下 C_2H_6 的密度相同，混合气中 CH_4 与 C_3H_8 的体积比是（　　　）。

（A）2∶1；（B）3∶1；（C）1∶3；（D）1∶1。

[分析] 采用十字交叉法（见下），混合气中两气体的体积比为 14∶14 = 1∶1，因此，选项 D 正确。

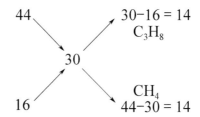

也可以设混合气中两种成分的体积比为 $x∶y$，平均分子量为 30（与乙烷密度相同），列出计算式：

$$\frac{16x + 44y}{x + y} = 30，变换即可求得 x∶y = 1∶1。$$

图像类试题

　　化学反应千变万化，反应过程涉及各种量的变化，而采用坐标曲线法对相关变化的展示具有形象、直观的特点。然而，若不会看图，或抓不着曲线图的重点或变化趋势，就会造成解答困难等。

　　虽然具体图像差异极大，但如果厘清了变化的类型，无论是选择、填空、简答等，还是作图，都是一件极为简单的事情。图 4-2 对化学反应中反应物、生成物等质量的变化曲线进行了汇总。

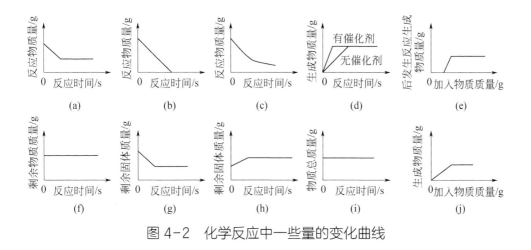

图 4-2　化学反应中一些量的变化曲线

其中，（a）为随着反应的进行，反应物质量不断减小，反应结束后，反应物有剩余，且质量不再改变。

（b）为随着反应的进行，反应物质量不断减小，反应结束后，反应物完全反应，无剩余。

（c）为随着反应的进行，反应物质量不断减小，直至不变（反应结束）。

（d）为反应时加入催化剂，反应的速率或反应的总时间会发生变化，但生成物的总质量不发生变化。

（e）为生成物（或沉淀）的质量随着反应物质量的增加，质量在一段时间后开始增大，直至不变（反应结束）。例如向 Na_2CO_3 和 NaOH 的混合溶液中滴加稀 HCl 时，NaOH 先和 HCl 发生中和反应，等 NaOH 被反应完后，Na_2CO_3 才能和 HCl 反应放出 CO_2 气体，生成气体的坐标曲线。或者向稀盐酸和 $FeCl_3$ 的混合溶液中滴加氢氧化钠溶液时，NaOH 先和稀盐酸发生中和反应，当稀盐酸完全反应后，NaOH 才能与 $FeCl_3$ 溶液反应生成沉淀，生成沉淀的坐标曲线。

（f）为没有气体参与或生成的反应，容器内剩余物质的质量与反应物的质量相等。

（g）为反应除了生成固体，还有气体生成，则随着反应的进行，容器内剩余固体的质量逐渐减小（生成的气体逸出）；反应终止后，剩余固体的质量不再随反应时间变化。例如煅烧一定质量的石灰石、H_2还原CuO、加热$KMnO_4$或$KClO_3$和MnO_2的混合物等。

（h）为容器内的物质与空气中的气体发生反应生成固体，则随着反应的进行，容器内剩余固体的质量逐渐增加，到反应终止时，剩余固体的质量达到最大值（即剩余固体的质量=反应前容器内固体的质量+参加反应的气体的质量）。例如一定质量的红磷在密闭的容器内燃烧。

（i）为在密闭反应体系中，化学反应中物质的总质量（或不参与反应的物质的质量或催化剂的质量或元素质量）不变。

（j）为生成物（通常指生成的气体或沉淀）的质量随着反应的进行不断增大；当反应结束后，生成物的质量达到最大，且生成物的质量不再随加入反应物的质量（或时间）发生变化。例如向一定量的$NaOH$和$Ba(NO_3)_2$的混合溶液中逐滴加入稀硫酸时，稀硫酸能和氢氧化钠反应生成硫酸钠和水，硫酸钠能和硝酸钡反应生成硫酸钡沉淀，硫酸钡不溶于稀硝酸，因此能马上产生沉淀，当硝酸钡完全反应后，沉淀质量不再增大。同理，若溶液中有酸时，酸要完全反应后，才会出现$CaCO_3$、$BaCO_3$、$Cu(OH)_2$等沉淀；但是若反应物中分别含有Ba^{2+}和SO_4^{2-}（或Ag^+和Cl^-），则反应物一开始混合即有沉淀产生。

趣味实验

趣味实验应在实验室中由老师指导完成，同学们在实验过程中要严格遵守实验操作规范，保证人身安全。

实验 1 尿糖测定实验

糖是人体不可或缺的能量源泉，正常人体内形成的葡萄糖等在胰岛素及酶的作用下分解为水、二氧化碳及热量，因此正常人的尿液中含糖量小或不含糖。但当血糖超过 160～180mg/dL 时，尿液中可能含有未分解的糖，称为尿糖。尿糖过高，可能是身体机能异常的一个信号，应防止糖尿病的形成。

一、实验仪器与试剂

五水合硫酸铜（分析纯，$CuSO_4 \cdot 5H_2O$）、四水合酒石酸钾钠（分析纯，$C_4O_6H_4KNa \cdot 4H_2O$）、氢氧化钠（分析纯，$NaOH$）、二水合柠檬酸三钠（分析纯，$C_6H_5O_7Na_3 \cdot 2H_2O$）、无水碳酸钠（分析纯，$Na_2CO_3$）、葡萄糖（分析纯，$C_6H_{12}O_6 \cdot H_2O$）、蒸馏水、烧杯、玻璃棒、容量瓶、试管、酒精灯、天平、温度计、计时器、激光笔等。

二、实验操作

1. 配制斐林试剂：取 100mL 蒸馏水，加入 3.5g 五水合硫酸铜晶体制成溶液 I；另取 100mL 蒸馏水，加入 17.3g 四水合酒石酸钾钠和 6g 氢氧化钠制成溶液 II。将溶液 I 与溶液 II 分装在两只洁净的带密封塞的试剂瓶中，使用时等体积混合即可。斐林试剂平时要将溶液 I 和溶液 II 分开保存，使用时再等量混合。因为其稳定性不太好。

2. 配制班氏试剂（Benedict's reagent）：称取 3.00g 五水合硫酸铜溶于 6mL 80℃ 热水中，称取 2.00g 无水碳酸钠和 3.46g 二水合柠檬酸三钠溶于 12mL 80℃ 热水中。混合上述 2 种溶液，并加入 20mL 热水稀释即可。澄清透明深蓝色的班氏试剂性质稳定，配好后可长期存放。

3．配制 20%葡萄糖溶液：配制 1mol/L 的 NaOH 溶液，采用稀释法配制 10^{-1}mol/L、10^{-2}mol/L、10^{-3}mol/L、10^{-4}mol/L 等不同浓度的 NaOH 溶液。

4．用吸管吸取少量尿液（1～2mL）注入一支洁净的试管中，再用一支胶头滴管向试管中加入 3~4 滴斐林试剂，在酒精灯火焰上加热至沸腾，观察溶液颜色变化（图 4-3）。

斐林试剂溶液　　　　　　加热反应液　　　　　　蓝色和砖红色

图 4-3　加斐林试剂加热后颜色变化

5．用吸管吸取少量尿液（1～2mL）注入一支洁净的试管中，再用一支胶头滴管向试管中加入 3～4 滴班氏试剂，在酒精灯火焰上加热至 75～80℃，观察溶液颜色变化（图 4-4）。

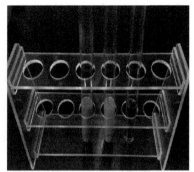

班氏试剂　　　　　　　加热反应液　　　　　　红黄、黄色和蓝色

图 4-4　加班氏试剂加热后颜色变化

三、实验结果

加热后，若溶液仍为蓝色，表明尿液中不含糖，用"−"表示；若溶液变为绿色，表明尿液中含有少量糖，用"+"表示；若溶液呈黄绿色，表明尿糖稍多，用"++"表示；若溶液呈土黄色，表明尿糖较多，用"+++"表示；若溶液呈砖红色浑浊，说明尿糖很多，用"++++"表示。葡萄糖含量与呈色对照表如表 4-1 所示。

表 4-1　葡萄糖含量与呈色对照表

颜色	符号	血糖量/(mg/dL)	约含葡萄糖量/(mmol/L)
蓝色	−	<180	无
绿色	+	200～250	约 27.8 以下（微量）
黄绿色	++	250～300	27.8～55.6（少量）
土黄色	+++	300～350	55.6～111.2（中等量）
砖红色	++++	>350	111.2～166.8（大量）

由于反应条件不同，导致氧化亚铜颗粒大小不同，从而表现出绿、黄绿、土黄、砖红等不同颜色。为增加学习兴趣，了解反应体系或反应条件的差异导致的实验现象的显著不同，进行如下探究实验。

向写有编号的 6 支试管中分别加入班氏试剂、葡萄糖溶液和氢氧化钠溶液（表 4-2），置于 75℃热水浴中加热 5 分钟，用冷水冷却至室温，取出观察颜色。

1～6 号试管中制备的 Cu_2O 粒子分别呈现淡蓝、浅绿、黄绿、棕黄、砖红、红棕色的变化。这主要是由于随着 NaOH 溶液浓度不断增加，生成的 Cu_2O 粒径不断增大，导致散射光的波长发生了变化，从而显示出了不同的颜色。

表 4-2　不同碱性条件下的试剂用量

试管序号	班氏试剂滴数	20%葡萄糖溶液滴数	氢氧化钠溶液浓度 /(mol/L)
1	5	2	0
2	5	2	10^{-4}
3	5	2	10^{-3}
4	5	2	10^{-2}
5	5	2	10^{-1}
6	5	2	1

除了反应条件不同导致产物粒径的差异外，部分未反应的 $Cu(H_2O)_4^{2+}$ 或 $Cu(OH)_4^{2-}$ 所呈蓝色与黄色 Cu_2O 混合而呈现一定的绿色。也就是说，采用班氏试剂对葡萄糖进行还原测定，反应液可能呈现的颜色有多种可能性：绛蓝色、蓝绿色、绿色、黄绿色、黄色、橙黄色、橙色、橙红色、砖红色等。因为氧化亚铜的形貌有立方体、六面体、球形、针形等，可表现为黄、橙、红或橙红、紫等颜色。为了增加探究活动，可将反应液转入离心试管中进行离心分离，观察离心后上清液的呈色变化是否明显。

向写有编号的 4 支试管中分别加入不同浓度的班氏试剂、等量的葡萄糖溶液和氢氧化钠溶液（表 4-3），置于 75℃ 热水浴中加热 5 分钟，用冷水冷却至室温，取出观察颜色。

表 4-3　不同浓度班氏试剂的试剂用量

试管序号	班氏试剂滴数	20%葡萄糖溶液滴数	10mL 氢氧化钠溶液浓度 /(mol/L)
1	1	2	10^{-2}
2	5	2	10^{-2}
3	10	2	10^{-2}
4	20	2	10^{-2}

1～4 号试管中制备的 Cu_2O 粒子分别呈现淡橙、砖红、红棕和蓝色的变化。

向 4 支试管中分别加入不同浓度的葡萄糖溶液、等量的班氏试剂和氢氧化钠溶液（表 4-4），置于 75℃ 热水浴中加热 5 分钟，用冷水冷却至室温，取出观察颜色。

表 4-4　不同浓度的葡萄糖溶液的试剂用量

试管序号	班氏试剂滴数	2 滴葡萄糖溶液（质量分数）/%	10mL 氢氧化钠/溶液浓度/(mol/L)
1	5	5	10^{-2}
2	5	10	10^{-2}
3	5	20	10^{-2}
4	5	30	10^{-2}

1～4 号试管中制备的 Cu_2O 粒子分别呈现淡蓝、浅灰、淡橙、砖红的变化。

单独用激光笔照射班氏试剂，无丁达尔效应（图 4-5）。实验得到纳米粒子 Cu_2O，用激光笔对上述试管进行了检验，发现都能看到明显的丁达尔效应（图 4-6）。

图 4-5　班氏试剂，无丁达尔效应

图 4-6　纳米 Cu_2O 体系，有明显的丁达尔效应

四、实验原理

糖尿病患者尿液中含有葡萄糖,含糖越高,说明病情越重。尿液中含糖量的高低可通过斐林试剂进行定性检测。酒石酸钾钠与铜离子反应生成酒石酸合铜配离子,这样使得产生砖红色 Cu_2O 沉淀会比较缓慢些。

$$Cu^{2+} + 2OH^- \Longrightarrow Cu(OH)_2 \downarrow (蓝色)$$

$$Cu(OH)_2 + 2OH^- \Longrightarrow Cu(OH)_4^{2-} (深蓝色)$$

$$Cu^{2+} + C_4H_2O_6^{2-} \Longrightarrow Cu(C_4H_2O_6)$$

$$2Cu(OH)_4^{2-} + C_6H_{12}O_6 \Longrightarrow Cu_2O \downarrow (砖红色)$$
$$+ C_5H_{11}O_5COOH + 2H_2O + 4OH^-$$

$$6Cu(C_4H_2O_6)^{2-} + C_6H_{12}O_6 + 6H_2O \Longrightarrow 3Cu_2O \downarrow (砖红色)$$
$$+ CHO(CHOH)_3CH_2OH + 6C_4H_4O_6^{2-} + H_2CO_3$$

实验2 彩色五环实验

奥运五环实验就是以众人皆知的奥运五环图案为基本框架,将化学知识有机地融入其中,展示化学美、呈现化学真、感受化学亲的富有创新思想的趣味创意实验。为庆祝北京冬奥会的开幕,王亚平等在中国空间站"变"出奥运五环,这是一种利用了物质在不同酸碱度情况下显示出不同颜色的科学实验。

一、实验仪器及药品

药品:0.05mol/L KI 溶液、0.1mol/L KI 溶液、0.05mol/L $(NH_4)_2S_2O_8$ 溶液、0.1mol/L $AgNO_3$ 溶液、0.05mol/L Na_2S 溶液(现配)、0.5%淀粉溶液、0.05mol/L $KMnO_4$ 溶液、6mol/L NaOH 溶液、0.1mol/L $FeSO_4$

溶液（现配）、0.1mol/L KSCN 溶液、100g 固体石蜡、2kg 白色（或灰色）橡皮泥。

仪器：托盘天平、50mL 烧杯、100mL 量筒、10mL 量筒、小滴瓶、吸管、毛笔、蒸发皿、酒精灯、擀面杖、圆规、U 形金属片（用 3cm×1cm 的金属片弯成，U 口距离 0.8cm，U 深约 1cm）、7 型金属片。

二、实验步骤

1. 用擀面杖将橡皮泥制作成约为 42cm×25cm×1.4cm 的底板，以直径 10cm 的圆在橡皮泥的底板上画出奥运五环的单线图案（图 4-7 中虚线）。

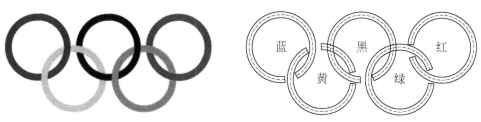

图 4-7　奥运五环底板图案

2. 用 U 形金属片沿着五环单线为中线，画出五环图案（图 4-7 中实线），在两环相交处，对照奥运五环，显色环为通过线，不显色环在距相交环 0.4cm 处止，整个图样如图 4-7 所示。

3. 用 7 型金属片铲出环中的橡皮泥，形成宽度和深度基本一致的凹式奥运五环图案。

4. 用毛笔蘸取加热熔化的石蜡，迅速在五环的凹型沟槽上涂刷石蜡，涂刷尽量做到均匀覆盖，最后形成有一薄层石蜡覆盖的凹式奥运五环。

5. 在第一环中，加入 0.05mol/L KI 溶液 10mL 和 3 滴 0.5%的淀粉溶液，再均匀滴加 0.05mol/L $(NH_4)_2S_2O_8$ 溶液至第一环中出现显著变化为止。

6．在第二环中，加入 0.1mol/L KI 溶液 10mL，均匀滴加 0.1mol/L AgNO$_3$ 溶液至第二环中出现显著变化为止。

7．在第三环中加入 0.1mol/L AgNO$_3$ 溶液 10mL，均匀滴加 0.05mol/L Na$_2$S 溶液至第三环中出现明显变化为止。

8．在第四环中加入 6mol/L NaOH 溶液 10mL 和 3 滴 0.05mol/L Na$_2$S 溶液，再均匀滴加 0.05mol/L KMnO$_4$ 溶液至环中出现显著变化为止。

9．在第五环中加入 0.1mol/L FeSO$_4$ 溶液 10mL 和 4 滴 0.05mol/L KMnO$_4$ 溶液，再均匀滴加 0.1mol/L KSCN 溶液至环中发生变化为止。

三、实验现象

为了增加实验的趣味性和使知识融会贯通，设定后面一环使用的试剂必须有前面一环中使用的一种试剂,由此串联成整个五环的实验。根据五环的连接顺序，各环颜色依次为蓝色→黄色→黑色→绿色→红色。就是说，第一环中呈现 I$_2$ 遇淀粉所显的蓝色；第二环中呈现 AgI 的黄色；第三环中呈现 Ag$_2$S 的黑色；第四环中呈现 K$_2$MnO$_4$ 的绿色；第五环中均匀地呈现 K$_3$[Fe(SCN)$_6$]的红色。

四、实验原理

化学反应可以生成各种颜色的沉淀或导致溶液呈现鲜明的颜色变化，将前一个反应的产物作为下一个将要发生反应的反应物，构建了这样一个闭环性的反应体系，充分展示化学反应的魅力。

$$2KI + (NH_4)_2S_2O_8 == K_2SO_4 + (NH_4)_2SO_4 + I_2 \downarrow$$

（I$_2$ 遇淀粉显蓝色，这是第一环中所形成的蓝色）

$$KI + AgNO_3 == AgI \downarrow (黄色) + KNO_3$$

$$2AgNO_3 + Na_2S \Longrightarrow Ag_2S \downarrow (黑色) + 2NaNO_3$$

$$8KMnO_4 + Na_2S + 8NaOH \Longrightarrow 4Na_2MnO_4 + 4K_2MnO_4$$
$$+ Na_2SO_4 + 4H_2O \quad (锰酸盐溶液为绿色)$$

$$6KMnO_4 + Na_2S + 4NaOH \Longrightarrow 3Na_2MnO_4 + 3K_2MnO_4$$
$$+ SO_2 \uparrow + 2H_2O \quad (锰酸盐溶液为绿色)$$

$$2KMnO_4 + 10FeSO_4 + 8H_2SO_4 \Longrightarrow$$
$$2MnSO_4 + 5Fe_2(SO_4)_3 + K_2SO_4 + 8H_2O$$

$$Fe_2(SO_4)_3 + 12KSCN \Longrightarrow 2K_3[Fe(SCN)_6] + 3K_2SO_4$$
$$(六氰合铁酸钾为红色)$$

五、注意事项

第一环中加入的 KI 溶液的浓度不宜过高，否则过量的 I_2 带有黄色与溶液中的蓝色混合后呈现一定的绿色；淀粉浓度过高也会使色泽发黑不美观。

第二环中 KI 浓度稍微大些，有利于黄色的呈现。

第四环中 NaOH 的浓度以不低于 6mol/L 为宜，因为 $KMnO_4$ 在不同的酸碱介质中还原产物不同，而且 K_2MnO_4 在强碱性时才能稳定存在。另外，Na_2S 的浓度以不大于 0.05mol/L 为宜，因为 Na_2S 过量会有利于形成棕褐色的 MnO_2，因此要得到较明显的绿色，Na_2S 应控制为缺量，$KMnO_4$ 过量，但 $KMnO_4$ 也不能过量太多，否则 $KMnO_4$ 自身的紫色对溶液的绿色有一定的干扰。

第五环中的反应很灵敏，KSCN 的量可酌情加减。在底板制作中，选用橡皮泥材料是为了修改和制作简单方便，最后涂刷石蜡可防止橡皮泥的主要成分淀粉与试剂发生反应。

中国空间站所进行的科普实验利用了甲基橙在不同的酸碱度下呈现出不同的颜色来制作奥运五环，蓝色直接使用的是溴百里酚蓝溶液跟碱性的碳酸钠溶液，黑色使用的是淀粉溶液跟乙酸溶液、碘化钾跟碘酸钾混合发生化学反应产生的，橙色（应为红色）直接使用的是甲基橙溶液跟酸性的乙酸溶液，黄色使用的是甲基橙跟碱性的碳酸钠溶液，绿色使用的是蓝色跟黄色混合产生的（但实验现象不佳，偏黑）。

第 5 章

酸和碱

酸和碱是两类十分重要的化工原料，在日常生活和工业生产中十分常见，例如：许多化工生产过程需要在酸性或碱性条件下进行；植物正常生长需要土壤保持一定的酸碱度；动物机体内所进行的复杂的新陈代谢活动也需要一定的酸碱度。可以十分肯定地讲，酸碱反应、酸碱平衡及维持一定的酸碱度，对于工农业生产及人类日常生活等，都是十分重要的。

酸碱的定义

"酸（acid）"和"碱（alkali，base）"的名称出自中世纪炼丹术士的笔下，最终成为化学领域里最基本的专业词汇之一。人类早期对于酸的认识主要来自这类物质所表现的味觉，如醋的酸味。罗伯特·波义耳（Robert Boyle）是第一位给酸和碱下定义的化学家。他指出：能将蓝色果汁变成紫红色的物质都是酸，颜色变化与此相反者则是碱；凡有酸味、能使蓝色石蕊变为红色的物质或能溶解石灰的物质是酸，凡有苦涩味、滑腻感、使红色石蕊变为蓝色的物质是碱。

酸是一类有酸味，能使植物色素变色，能溶解某些金属和矿物并同时产生气体的物质。比如，柠檬和酸橙、苹果等水果中因含有柠檬酸、苹果酸等而令食用者在食用过程中，切身感觉到酸味。酸类物质可以使多种蓝色的植物色素（如石蕊）变成红色，可以在溶解某些金属（如铁和锡）的同时产生气体，还可以在与某些矿石（如石灰石）、蛋壳等含碳酸盐的物质混合时，冒出大量气泡（二氧化碳）。

碱是一类有滑腻感、味道发涩（或有苦味），能将红色石蕊试纸变成蓝色的物质。碱能使因酸而变色的植物色素恢复原颜色，并且以一定比例与酸混合后可消除酸的性质。

酸和碱的概念发展自人们在观察物质性质时对物质进行的归类，酸和碱因它们之间可发生相互作用的能力而联系在一起。

两性（amphoteric）物质兼有酸和碱的性质，源自希腊单词"amphoteros"，即二者兼具之意。

溶液的酸碱性如何划分？

瑞典化学家阿伦尼乌斯（S. A. Arrhenius）于1887年提出了**酸碱电离理论**，酸是一类溶于水后产生的所有阳离子都是氢离子（H^+）的物质，碱是一类在水溶液中电离产生的阴离子全部是氢氧根离子（OH^-）的物质。但由于质子（H^+）半径太小，活泼性太强，溶液中不能单独存在，常以水合氢离子（如H_3O^+）的形式存在。

1923年，丹麦物理化学家布朗斯特和英国化学家劳莱各自独立地提出了**酸碱质子理论**：酸是具有给出质子倾向的物质，而碱是具有接受质子倾向的物质。酸碱之间存在共轭关系：

$$\text{酸} \rightleftharpoons \text{碱} + H^+$$

就是说，酸给出质子后成为相应的碱，碱接受质子后成为相应的酸，两者相互依赖，共生共存。

酸和碱之间可发生反应，例如，盐酸与氢氧化钠反应，产物氯化钠和水：

$$HCl + NaOH \rightleftharpoons NaCl + H_2O$$

若采用离子方程式表示酸碱之间的化学反应，则

$$H^+ + OH^- \rightleftharpoons H_2O$$

也就是说，酸碱反应的实质就是酸中的氢离子与碱中的氢氧根离子结合生成水分子，这类反应被称为酸碱**中和反应**。

水是一种溶剂，可发生极弱的电离，产生等量的H^+和OH^-：

$$H_2O \rightleftharpoons H^+ + OH^-$$

这说明，只要有水参与，反应体系中就同时存在H^+和OH^-，且这两种离子浓度的积（水的离子积，K_w）是一常数。室温条件下，$[H^+][OH^-] = 1 \times 10^{-14}$。纯水或中性溶液中，$[H^+] = [OH^-] = 1 \times 10^{-7}$。

酸性溶液中，$[H^+] > [OH^-]$；碱性溶液中，$[H^+] < [OH^-]$。因此，溶液中的氢离子浓度的相对大小可以作为溶液酸碱性的一个定量量

度。由于水溶液中氢离子浓度变化范围很大，因此人们采用氢离子浓度对数的负值大小来表示溶液的酸碱度，即 pH = −lg[H$^+$]。溶液的 pH 在科学研究和工业生产中是很重要的，为了得到某目标产物，常常需要控制反应体系在适宜的 pH 下进行反应。

【小知识】pH 方法是由丹麦科学家 S. P. L. Sørensen 在 1909 年所发明，但他本人并没有对 pH 有明确的定义。大约 10 年后，《生物化学杂志》的主编给出了目前流行的 pH 定义，其符号源于拉丁文 "pondus Hydrogenii"，书写时一定要规范。

pH 的范围通常在 0～14 之间，在室温条件下，pH <7，溶液显酸性；pH = 7，溶液呈中性；pH > 7，溶液呈碱性。不过对于浓度很高的强酸溶液，pH 小于 0（如 98%浓硫酸），这时采用酸的浓度表示而不用 pH。pH 减小，酸度却增加；pH 降低 1 个单位，[H$^+$]则增加了 10 倍。酸性溶液加水稀释，pH 会升高，但极限值是无限接近 7，绝不可能大于 7。用水稀释碱，pH 会降低，但绝不可能小于 7。

因此，纯水或中性溶液体系，pH = 7。在环境污染不明显地区，自然降雨呈弱酸性，pH 介于 5 和 6 之间（水中溶有 CO_2 等）。pH<5.6 的雨水被称为酸雨，其酸性比"正常的"雨水要强，pH 相对较低。因为工业生产排放大量的 CO_2、SO_x 及 NO_x（空气中的氧气和氮气在雷电作用下，可生成一定量的 NO，NO 被氧气氧化成 NO_2）等，这些酸性氧化物溶于水，均可生成无机酸。

$$CO_2 \text{ (g)} + H_2O \text{ (l)} == H^+ \text{ (aq)} + HCO_3^- \text{ (aq)}$$

$$SO_2 \text{ (g)} + H_2O \text{ (l)} == H_2SO_3 \text{ (aq)}$$

$$H_2SO_3 \text{ (aq)} == H^+ \text{ (aq)} + HSO_3^- \text{ (aq)}$$

$$SO_3 \text{ (g)} + H_2O \text{ (l)} == H_2SO_4 \text{ (aq)}$$

$$H_2SO_4 \text{ (aq)} == H^+ \text{ (aq)} + HSO_4^- \text{ (aq)}$$

$$\text{HSO}_4^- \text{ (aq)} = \text{H}^+ \text{ (aq)} + \text{SO}_4^{2-} \text{ (aq)}$$

$$4\text{NO}_2 \text{ (g)} + 2\,\text{H}_2\text{O (l)} + \text{O}_2 \text{ (g)} = 4\,\text{HNO}_3 \text{ (aq)}$$

$$\text{HNO}_3 \text{ (aq)} = \text{H}^+ \text{ (aq)} + \text{NO}_3^- \text{ (aq)}$$

通过检测雨水的 pH，可以了解空气污染情况，及时采取必要的措施，降低环境污染物。

农业生产中，土壤学家通过调节 pH 来改良土壤的酸碱性，防止土壤板结的发生等。

化工生产中，许多反应需要在一定的 pH 溶液里才能顺利进行，控制适宜的 pH 范围不仅能确保反应的顺利进行，而且可能影响产品的质量及转化率等。

几种常见物质的大致 pH 见表 5-1。

表 5-1　一些常见物质的 pH

物质	pH	物质	pH	物质	pH	物质	pH
铅酸蓄电池的酸液	<1.0	橙汁或苹果汁	3.5	癌症病人的唾液	4.5～5.7	海水	8.0
胃酸	2.0	啤酒	4.5	牛奶	6.5	洗手皂	9.0～10.0
柠檬酸	2.4	咖啡	5.0	纯水	7.0	家用氨水除垢剂	11.5
可乐	2.5	茶	5.5	健康人的唾液	6.5～7.4	漂白水	12.5
食醋	2.9	酸雨	<5.6	血液	7.34～7.45	家用碱液	13.5

大多数食物的 pH 都处于中性到弱酸性范围，清洁类产品往往是碱性的，因为油脂在碱中比酸中更容易溶解。健康头皮和毛发的 pH 为 5.0～5.6，洗发液的 pH 过高或过低都会对头皮和头发造成损害，干性、中性和油性发质都有适合 pH 范围的洗发液。一般来说，偏碱性（pH 为 7.1～8.0）的洗发液清洁能力较强，适用于油性发质；中性偏弱酸性（pH 为 5.6～7.0）的洗发液温和，适用于中性发质；而呈酸性

（pH 为 4.5～5.5）的洗发液较温和，适用于干性发质。

如何测定或计算溶液的 pH 值？

定性实验常常用玻璃棒蘸取少量待测液滴在 pH 试纸上，将试纸呈现的颜色与标准比色卡对照，就可以初步确定溶液的酸碱度。需要指出的是，不能将 pH 试纸直接浸入待测液中，这样做会使待测液受到污染。另外，不要用水将 pH 试纸提前润湿（除非测定反应产生的气体），防止测得的值不准确。pH 试纸分广泛试纸和精密试纸两类。

若反应要求在较高精度的 pH 下进行，可采用 pH 计进行测定。当然，也可以采用酸碱滴定的方法进行 pH 值的计算（需加入酸碱指示剂）。

例如，pH = 13 的强碱溶液与 pH = 2 的强酸溶液混合，所得溶液的 pH = 11，则强碱与强酸的体积比为（　　　）。

（A）11：1；（B）9：1；（C）1：11；（D）1：9。

[分析] 令强酸溶液的体积为 V_a，强碱溶液的体积为 V_b，根据 pH 值定义及强酸与强碱的反应有：

$$10^{13-14}V_b - 10^{-2}V_a = 10^{11-14}(V_a + V_b)$$

即 $100V_b - 10V_a = V_a + V_b$，$V_b/V_a = 11/99 = 1：9$。正确答案为 D。

又如，在 25℃时，若 10 体积的某强酸溶液与 1 体积的某强碱溶液混合后溶液呈中性，则混合前两溶液的 pH 差值为（　　　）。

（A）15；（B）14；（C）13；（D）12。

[分析] 假定强酸的 pH 值为 n_a，强碱的 pH 值为 n_b，强碱的体积为 V，由于强酸与强碱反应后溶液呈中性，因此 $10V \times 10^{-n_a} = V \times 10^{14-n_b}$，$1 - n_a = 14 - n_b$，$n_b - n_a = 13$。因此正确答案为 C。

即混合前两种溶液的 pH 值之间存在着一个固定的数值（与两种溶液体积相关）。

酸、碱溶液加水稀释或酸、碱溶液进行中和滴定时，溶液 pH 的变化曲线见图 5-1。图（a）中曲线酸性溶液稀释时，pH 由小于 7 的某个数值开始逐渐增大，但溶液始终显酸性，溶液 pH 只能接近 7，而不能等于或大于 7；图（b）碱性溶液稀释时，pH 由大于 7 的某个数值开始逐渐减小，但溶液始终显碱性，溶液 pH 只能接近 7，而不能小于或等于 7；图（c）起点为碱性溶液，pH > 7，随着酸溶液的加入，pH 逐渐减小，当二者恰好完全反应时，pH = 7，再继续加入酸溶液，溶液显酸性，pH < 7；图（d）起点为酸性溶液，pH < 7，随着碱溶液的加入，pH 逐渐增大，当二者恰好完全反应时，pH = 7，再继续加入碱溶液，溶液显碱性，pH > 7。

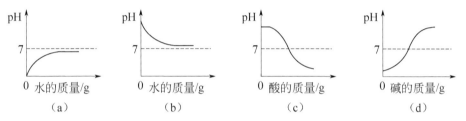

图 5-1　酸、碱溶液加水稀释或进行中和滴定时，溶液 pH 的变化曲线

【知识拓展】 酸碱理论除电离理论外，还有 1905 年 Franklin 提出的酸碱溶剂理论、1923 年 Brönsted 和 Lowry 提出的质子理论、1923 年 Lewis 提出的电子理论、1963 年 Pearson 提出的软硬酸碱原理等多种。

溶剂理论： 凡是能够形成溶剂特征阳离子的物种就是酸，凡是能够形成溶剂特征阴离子的物种就是碱。

质子理论： 凡是能给出质子的物种就是酸；凡是能够接受质子的物种就是碱。

电子理论： 凡是可以接受电子对的物种称为酸，凡是可以给出电子对的物种称为碱。

酸溶于水电离出的 H^+ 极易与水分子结合形成水合氢离子，水合氢离子包含一对孤对电子，具有四面体结构。分散在溶液中的 H_3O^+ 取代四配位水分子中的一个水分子，形成 H↔H 反氢键作用于氢键网络。酸会减小溶液的表面能，从而影响溶液的表面张力、黏度。H↔H 反氢键使溶液具有腐蚀性并稀释溶液❶。

碱溶于水电离出 OH⁻，OH⁻包含 3 对孤对电子，也具有四面体结构。它与邻近的水分子形成 O:⇔:O 超氢键，这种强压缩作用对氢键网络产生极大的压强，造成 O:H 非键受压缩短，同时 H—O 共价键伸长变弱。H—O 共价键由于键能损失而释放能量，因此碱溶解过程往往发生放热反应❷。

酸碱简介

酸的分类

目前已知的酸有上千种之多，它们姿态各异，有必要对其进行适当的分类。

根据酸的组成及状态，可将酸分为无机酸（如硫酸）和有机酸（如乙酸），液体酸（如硝酸）和固体酸（如硼酸），超强酸（如魔酸）和普通酸（盐酸），等等。

根据酸分子组成中是否含有氧元素，人们常将无机酸分为无机含氧酸（如 HNO_3、$HClO_4$ 等）和无机非含氧酸（如 HF、HI 等）。

按照解离出 H^+ 是否分步进行，酸可分为：一元酸，如 HCl 等；二元酸，如 H_2SO_4 等；多元酸，如 H_3PO_4 等。

---

❶ Zhang X, et al. Chem Phys Lett, 2017, 678: 233-240.

❷ Zhou Y, et al. J Mol Liq, 2016, 223: 1277-1283.

根据酸体现的性质，酸分为：挥发性的酸，如 HCl；难挥发的酸，如 H_3PO_4；易分解的酸，如 H_2CO_3；氧化性的酸，如 HNO_3；还原性的酸，如 HI、H_2S。

氧化性酸是指酸根具有氧化性，如 HNO_3、浓 H_2SO_4、$HClO_4$，酸根氧化性强烈的还有 MnO_4^-、ClO_3^-；还原性酸是指溶液中解离产生的阴离子具有还原性的酸，如 H_2S、HI 等。酸的氧化性、还原性与酸的强弱无对应关系，如弱酸 HClO 的氧化性较 HNO_3 还要强；弱酸 H_2S 的还原性较中强酸 H_2SO_3 要强。

酸有强弱之分，常见的强酸有 H_2SO_4、HCl、HNO_3、$HClO_4$；中强酸有 H_3PO_4、H_2SO_3 等；H_2CO_3、H_2S、HClO、H_2SiO_3 等是比多数有机酸还要弱的无机酸。

常见部分酸的相对强弱顺序为：$HClO_4$ > HNO_3 > HCl > H_2SO_4 > H_2SO_3 > H_3PO_4 > HF > $H_2C_2O_4$ > HCOOH > C_6H_5COOH > CH_3COOH > RCOOH（高级羧酸）> H_2CO_3 > H_2S > HClO > H_2SiO_3。

同一周期元素所形成最高价酸的酸性随着原子序数的增加而递增，如：H_4SiO_4（弱酸）< H_3PO_4（中强酸）< H_2SO_4（强酸）< $HClO_4$（强酸）。

有的酸相互混合以后，效力会大大增强。如王水（1 体积浓硝酸和 3 体积浓盐酸混合）的氧化能力和腐蚀性远高于单一酸，在浓硝酸、浓盐酸中不能溶解的金、铂，可以溶解在王水中。

硝酸和氢氟酸混合后，腐蚀能力也会大大增强，用于清洗或腐蚀硅片。

具有强氧化性的酸不能与以还原性为主的酸混合，否则会因发生氧化还原反应而失去应有的效能。如浓硫酸或浓硝酸不能与氢硫酸（H_2S）或氢碘酸（HI）相混合。

【知识拓展】有同学可能会产生困惑：盐酸、硫酸和硝酸的强弱相同吗？水溶液中，因它们都是强电解质，酸性是以水合质子为标准的，所以水不能区分它们酸性的相对强弱，水被称为是它们的**拉平溶剂**。如果以甲醇为溶剂，测定三种酸的当量电导，就能将三种酸的相对强弱区分开了，甲醇被称为是它们的**区分溶剂**。

也许有同学会产生疑问：为什么同为氮族元素的 N 和 P 在形成无机酸时，硝酸的分子式是 HNO_3 而磷酸的分子式是 H_3PO_4？偏磷酸 HPO_3 与磷酸 H_3PO_4 的稳定性谁更高？

氮为第二周期元素，磷为第三周期元素，它们在成键时可参与成键的价轨道不同，所以硝酸分子式只能是 HNO_3。磷原子的 3d 价轨道能够参与成键，且以四面体结构存在的单质磷 P_4 极易与氧反应，生成 P_4O_6 和 P_4O_{10}，这两种氧化物与水反应，水量不同或反应条件不同，可生成 HPO_3 或 H_3PO_4。磷的含氧酸中以磷酸最稳定。磷酸在加热脱水时，一定条件下可生成偏磷酸，偏磷酸实际上为多聚体 $(HPO_3)_n$，常见的有三聚偏磷酸和四聚偏磷酸，六偏磷酸盐也是较为常见的化工原料。

自然界中所有的酸均可划分为无机酸和有机酸两大类；醋酸（CH_3COOH）、乳酸（$CH_3CHOHCOOH$）、草酸（$HOOCCOOH$）等有机酸属于弱酸，有机酸与醇反应生成酯。一些酯类化合物具有特殊的气味，如丁酸乙酯的气味像菠萝，丁酸戊酯的气味像杏，存在于酒、果酒、饮料等中，也是调酒师、调香师最常用到的基础原料。苯甲酸（又称安息香酸）是目前食品中较为理想的防腐剂，广泛应用于食品加工行业。

盐酸是一种工业生产十分常见的无机酸，浓盐酸具有一定的挥发性，与空气形成白雾。工业盐酸通常因含有少量 $FeCl_3$ 等杂质而呈现黄色，可用于金属除锈、制造药物等。人体胃液中所含胃酸的主要成分是 HCl，其主要功能除了帮助胃液消化外，氯离子还参与了生命中从神经传导到消化的各种功能。

二十二碳六烯酸（DHA，俗称脑黄金）是一种对人体非常重要的不饱和脂肪酸，是神经系统细胞生长及维持的一种重要成分，在奶粉中作为强化营养剂而添加。鞣酸用于化妆品，具有防晒和美白皮肤的作用。

食用醋是人们日常生活所必需的一种调料，其主要成分醋酸（CH_3COOH，可简写成 HAc）是一种弱的有机酸。氨基酸（组成蛋白质的氨基酸约有 20 种，构成非蛋白质的氨基酸有 100 多种，用作药物的氨基酸有一百几十种）、核酸（RNA 和 DNA）是十分重要的两类物质，部分氨基酸是动物营养蛋白质的基本组成单元，核酸则是生命的最基本物质之一。

有机酸一般都属于弱酸，甲酸（HCOOH，俗称蚁酸）是最简单的一种有机酸，麦角酸（DLA）是较为复杂的一种有机酸，柠檬酸则赋予了橘子、柠檬、橙子及其他水果强烈的酸味，抗坏血酸则是一种人体必需的营养成分，即维生素 C。

浓硫酸为无色、黏稠、油状液体，具有**强的吸水性、强脱水性、强氧化性**，溶于水放出大量的热。为防止浓硫酸稀释过程中发生喷溅等危险，正确的操作是将浓硫酸缓慢注入水中，并不断搅拌。发烟硫酸则是在浓硫酸中溶解了一定量的 SO_3，脱水性更强些。

虽然浓硫酸具有强的氧化性，但在常温条件下，铝、铁等金属因在冷的浓硫酸中钝化，就是在金属接触表面被氧化生成一层致密的氧化物保护膜，阻止了内部金属继续反应，因此可用铝槽车或铁槽车装运浓硫酸。需要指出的是，若温度升高较明显，则钝化作用被削弱，反应将持续进行。

硫酸主要用于制造肥料、炸药、染料和胶水，铅酸电池中也含有硫酸。

硝酸主要用于肥料和炸药制造，久存的浓硝酸呈现黄色，则是由其稳定性差、分解产生 NO_2 所致。

【知识拓展】部分无机酸因组成、结构的差异，可形成正酸（如 H_2SO_4、

HClO$_3$）、高酸（如 HClO$_4$）、原酸（如 H$_5$IO$_6$）、偏酸（如 HPO$_3$、H$_2$SiO$_3$ 等）、亚酸（H$_2$SO$_3$、HClO$_2$ 等）、次酸（如 HClO 等）、焦酸（如 H$_2$S$_2$O$_7$、H$_4$P$_2$O$_7$ 等）等。HClO—HClO$_2$—HClO$_3$—HClO$_4$ 的酸性依次增强。

部分物质虽具有酸的名称，但并不是酸，如石炭酸（苯酚）、苦味酸（三硝基苯酚）。但因解离 H$^+$ 后，形成更稳定的离域 Π 键。据文献报道，1,2-二羟基环丁烯二酮是一个强酸。因为：

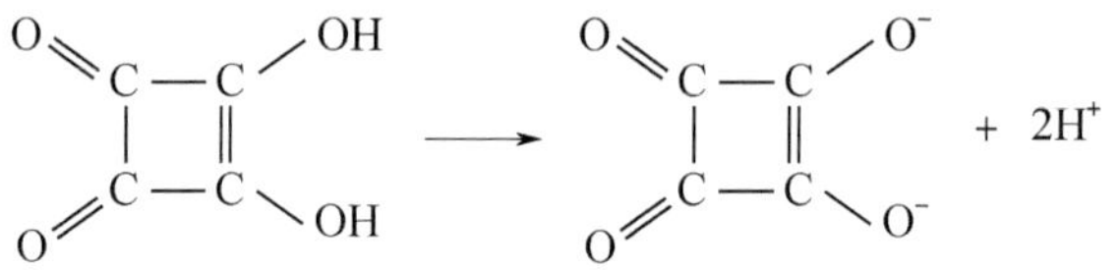

由于电离产生的酸根离子中，4 个碳原子和 4 个氧原子共平面，形成了离域 Π 键，稳定性较高，因此具有烯醇结构的上述分子易于电离，表现为强酸。若将 1,2-二羟基环丁烯二酮化合物中两个羟基由氨基取代，形成 1,2-二氨基环丁烯二酮，则化合物呈弱碱性，且它的碱性比乙二胺还弱，与芳香胺相当。

超强酸：酸性比浓硫酸还强的一类酸称为超强酸。最强的单组分酸是 2004 年发现的碳硼烷酸（HCB$_{11}$Cl$_{11}$），酸性是纯硫酸的一百万倍，但却丝毫没有腐蚀性。

SbF$_5$ 与 HSO$_3$F 的混合物，酸性是纯硫酸的 10 万亿倍，可溶解高级烷烃蜡烛，被称为魔酸。氢氟酸和五氟化锑的 1∶1 混合物是一种无色的油状液体，酸性比魔酸更强，比纯硫酸的酸性要强一亿亿倍（10^{19}），哈米特酸度函数=−28。

常见无机酸的制备

现代化学工业，酸碱具有无可替代的功能。一般讲，三酸两碱（硫酸、硝酸、盐酸和烧碱、纯碱）是最基本的化工原料。

早在四千多年前，苏美尔人就发现硫酸了。不过，硫酸的制备最早是由 10 世纪波斯人郝埃弗尔提出的，他指出硫酸亚铁干馏，可得一种油类物质，即硫酸。12 世纪，德国炼金术士马格勒斯（Albertus Magnus）指出，蒸馏绿矾（硫酸亚铁）可得绿矾油（即硫酸）。1746 年，英国人罗巴克和加伯特使用铅室法制得了硫酸，浓度为 65%。1875 年，德国麦塞尔首先利用铂作为催化剂生成 SO_3，将所得 SO_3 用浓硫酸吸收，得到发烟硫酸，使接触法制硫酸实现了工业化。后用 V_2O_5 为催化剂，在 450～500℃催化 SO_2 与 O_2 的反应，用浓硫酸（93%～98%）吸收 SO_3 形成焦硫酸（$H_2S_2O_7$）等形式的发烟硫酸，再与适量水稀释，得到所需浓度的浓硫酸。

工业生产硫酸的方法主要有接触法和塔式法（硝化法）。硝化法制得的硫酸产品浓度低，杂质含量高，生产中又必须消耗大量的硝酸或硝酸盐。接触法制硫酸的原料主要有硫黄、硫铁矿和有色金属冶炼烟气，固体催化剂一般为 V_2O_5，可得 98.3%的浓硫酸。

以硫黄或硫铁矿为原料，氧化焙烧产生 SO_2 气体：

$$S + O_2 \xrightarrow{\text{点燃}} SO_2, \quad 4\,FeS_2 + 11\,O_2 == 8\,SO_2\uparrow + 2\,Fe_2O_3,$$

$$3\,FeS_2 + 8\,O_2 == Fe_3O_4 + 6\,SO_2\uparrow$$

经水洗净化后的 SO_2 在 V_2O_5 催化剂的作用下，转化为 SO_3：

$$2\,SO_2 + O_2 \xrightarrow{\triangle,\ \text{催化剂}} 2\,SO_3$$

为防止形成酸雾，采用浓硫酸吸收 SO_3，得到发烟硫酸，控制稀释得到所需浓度硫酸：

$$SO_3 + H_2O == H_2SO_4$$

一般把质量分数在 75%～78%的硫酸称为稀硫酸，78%以上的称作浓硫酸，最常用的浓硫酸质量分数为 98%。

硝酸的生产可用硫酸与硝酸钾（精制土硝）或硝酸钠反应而得，欧洲在 17 世纪至 20 世纪前，普遍使用制备硝酸的方法就是"智利硝石加硫酸"法。该法硫酸的消耗量大，已较少应用。

1859 年，法国列费巴瑞利用氮气和氧气反应生成氮氧化物的方法制备硝酸并取得专利。1905 年，德国劳斯瑞根的一家煤气厂将氨进行氧化制硝酸获得成功。

$$4\,NH_3 + 5\,O_2 \xrightarrow{\text{催化剂}} 4\,NO + 6\,H_2O,\ 2\,NO + O_2 = 2\,NO_2,$$
$$3\,NO_2 + H_2O = 2\,HNO_3 + NO$$

工业生产获得的稀硝酸浓度为 50%～70%，浓硝酸浓度为 95%～100%。由于硝酸中一般会混杂着 NO_2，所以显棕黄色。在浓硝酸（86%～97.5%）中溶有适量 NO_2（6%～15%）的红棕色溶液，称为发烟硝酸。常温时，NO_2 与 N_2O_4 处于平衡状态（$2\,NO_2 = N_2O_4$）。在空气中，发生 NO_2、N_2O_4 的红棕色烟（实际上应为气体 NO_2 与空气中的水蒸气形成的"雾"，而非固态颗粒产生的"烟"）。

浓硝酸不能由稀硝酸直接蒸馏制取，因为稀硝酸是硝酸和水的具有最高共沸点的二元化合物（68.4%）。浓硝酸的工业生产方法有 3 种：硝酸镁法（简称硝镁法）、直硝法（由 N_2O_4 合成硝酸）和共沸精馏法。

硝酸除用于制造硝酸铵及复合肥料外，还广泛应用于有机合成、染料和医药中间体、炸药（如 TNT）、硝酸盐等。

盐酸的制备主要通过电解食盐水，将产生的氢气和氯气合成为氯化氢后通入水中而得。

$$H_2 + Cl_2 \xrightarrow{\text{光照或点燃}} 2\,HCl$$

盐酸制备还采用合成法，或来自一些化学反应的副产物，尤其是一些有机化合物的氯化反应等。

盐酸是氯化氢气体溶于水形成的溶液，纯净的盐酸是一种无色、有刺激性气味（浓盐酸易挥发）的液体。工业盐酸因混有铁离子而显黄色。人体胃液中含有盐酸，可以帮助消化。

▲ 酸的化学性质

酸溶液能够使酸碱指示剂呈现一定的颜色变化，如稀酸使紫色石蕊试液（5.0～8.0）或蓝色的石蕊试纸变成红色，使甲基橙溶液（3.1～4.4）变红。

部分具有氧化性的强酸，稳定性较差。如浓硝酸具有不稳定性，加热或见光易分解：

$$4\,HNO_3 \xrightarrow{\triangle} 4\,NO_2\uparrow + O_2\uparrow + 2\,H_2O$$

久置的浓硝酸试剂瓶内溶液呈黄色，黄色是由浓硝酸分解产生的 NO_2 溶解于硝酸所致。发烟硝酸是将一定量的 NO_2 溶于浓硝酸的一种存在方式。

酸（稀盐酸、稀硫酸等）溶液能与金属活动顺序表中氢前面的金属反应，置换酸中的氢，生成盐和氢气。如：

$$Zn + 2\,HCl(稀) =\!=\!= ZnCl_2 + H_2\uparrow$$

$$Mg + H_2SO_4 =\!=\!= MgSO_4 + H_2\uparrow$$

需要说明的是，铁与稀盐酸或稀硫酸反应，只能生成亚铁盐，不能形成+3 价的铁盐：

$$Fe + 2\,HCl =\!=\!= FeCl_2 + H_2\uparrow$$

$$Fe + H_2SO_4 =\!=\!= FeSO_4 + H_2\uparrow$$

活泼性较差的金属，可以与浓硫酸或浓硝酸等发生反应，如：

$$Cu + 4\,HNO_3(浓) =\!=\!= Cu(NO_3)_2 + 2\,NO_2\uparrow + 2\,H_2O$$

由于浓硫酸或浓硝酸的氧化性都较强，与部分金属可形成致密的氧化膜而产生"钝化"作用，因此可用槽车运输浓硫酸或浓硝酸，但运输过程中，温度不宜过高，防止发生化学反应。

强氧化性的酸可以与非金属单质反应，例如：

$$4\,HNO_3 + C =\!=\!= CO_2\uparrow + 4\,NO_2\uparrow + 2\,H_2O$$

$$2\,H_2SO_4(浓) + C \xrightarrow{\triangle} CO_2\uparrow + 2\,SO_2\uparrow + 2\,H_2O$$

硝酸的强氧化性，还可以与还原性离子（如 I^-、S^{2-}、Fe^{2+}）反应，将其氧化成高价态化合物。

浓硫酸还可制作"酸蚀画"，黄秉均采用酸蚀技法绘制了《清明上河图》《渔舟唱晚》《蒙娜丽莎》等作品。《清明上河图》（图 5-2 为其局部图）木板酸蚀画长 2 米、宽 1 米，画中各类人物、小桥流水、街头商铺用硫酸勾画得惟妙惟肖，叹为观止。

图 5-2　酸蚀画

"酸蚀画" 是利用浓硫酸有强氧化性、吸水性和脱水性等特性，将浓硫酸稀释后，用毛笔蘸上，然后在木板上画画，之后用红外灯反复加热，硫酸将木板内的水分吸收后，颜色便变得深浅不一。加热温度越高，颜色越深，最后的效果如水墨画一样。用水将剩余的硫酸冲洗掉，画就形成了，而且是永久地留在木板上，不会掉色。

也可根据 HF 具有腐蚀玻璃的性质，对 **玻璃刻花**。

把需要刻花的玻璃器皿用去污粉洗净，晾干，涂上液体石蜡，静置片刻，用小刀在石蜡层刻花，使玻璃露出，用毛笔蘸取 0.5 mol/L 的氟化钠和 0.5 mol/L 的盐酸混合液涂在花迹上，经 3～5 分钟后，用吸水纸吸干剩余的混合液，反复涂抹混合液 2～3 次，最后用小刀刮去石蜡层，玻璃器皿上的刻花即显现出来。

或者将氟化铵、草酸、硫酸铵、硫酸钡、甘油和蒸馏水，按 15∶8∶10∶15∶40∶12 的质量比混合于铅锅内，置于 60℃ 左右的水浴锅中加热，搅拌溶解即可得到透明、黏稠的玻璃蚀刻液，贮存于塑料瓶中备用。

把要蚀刻文字、图案的玻璃或玻璃器皿洗净、晾干，再进行温热处理，然后用毛笔蘸取蚀刻液，书写文字或画出图案、花纹于玻璃板或玻璃器皿上，约 3 分钟后用清水冲去残余药液即可完成蚀刻工作。

酸与一些金属氧化物（碱性金属氧化物）反应，如硫酸和氧化铁反应，盐酸与 MnO_2 反应：

$$3\,H_2SO_4 + Fe_2O_3 == Fe_2(SO_4)_3 + 3\,H_2O$$

$$4\,HCl + MnO_2 \xrightarrow{\triangle} MnCl_2 + Cl_2\uparrow + 2\,H_2O$$

由于不受氧化性或钝化作用的限制，反应极易进行。利用酸的这一性质，可以清除金属表面生成的锈迹。

酸和碱相互作用生成盐和水的反应，称为中和反应。如：

$$NaOH + HCl == NaCl + H_2O$$

$$H_2SO_4 + 2\,NaOH == Na_2SO_4 + 2\,H_2O$$

$$Mg(OH)_2 + 2\,HNO_3 == Mg(NO_3)_2 + 2\,H_2O$$

$$Cu(OH)_2 + H_2SO_4 == CuSO_4 + 2\,H_2O$$

依据酸碱中和反应，可以用食醋涂在被毒蜂（马蜂、牛角蜂、黄蜂等）蜇刺处（分泌碱性毒汁物质），以减轻或消除痛痒感；若被养殖蜜蜂蜇伤，因毒汁为酸性物质，需用碱性溶液加以清洗。若是蚂蚁、火蚁叮咬（分泌蚁酸等）导致的不适感，可采用肥皂水清洗，或用苏打水清洗。

酸可与某些盐反应，生成新酸和新盐。若产物酸为易分解的碳酸等，则有 CO_2 气泡产生放出。若产物溶解度较小，则可生成沉淀（如 $BaSO_4$）等。如：

$$AgNO_3 + HCl === AgCl(白)\downarrow + HNO_3$$

$$BaCl_2 + H_2SO_4 === BaSO_4(白)\downarrow + 2\,HCl$$

$$2\,HCl + CaCO_3 === CaCl_2 + CO_2\uparrow + H_2O$$

$$2\,HCl + MgCO_3 === MgCl_2 + CO_2\uparrow + H_2O$$

氧化性酸与还原性酸能够发生氧化还原反应，如：

$$H_2SO_4(浓) + H_2S === S\downarrow + SO_2\uparrow + 2H_2O$$

$$3\,H_2S + 2\,HNO_3(稀) === 3\,S\downarrow + 2\,NO\uparrow + 4\,H_2O$$

🔬 碱的分类

早期所谓的碱一般是指纯碱，即主要成分为碳酸钾的天然碱及人造碱。人造碱的制作多将植物焚化烧灰，沸水浸泡，然后烧灰浸水熬制，形成块状或液体，有"灰碱""石碱""土碱"等称谓，其有效成分主要是碳酸钾和氯化钾。盐碱地即为氯化钠、硝酸钾或碳酸钠含量较高的土地的泛指。

初中化学首先接触到的碱是氢氧化钠（NaOH，或称烧碱、火碱）或氢氧化钾（KOH）。由金属离子与 OH^- 结合形成的一类化合物被称为碱。碱的通式是 $R(OH)_n$，在水溶液中的电离方式为：

$$R(OH)_n === OH^- + (HO)_{n-1}R^+$$

碱可分为可溶性碱（如 NaOH）、微溶性碱［如 Ca(OH)$_2$］和不溶性碱［如 Fe(OH)$_3$］等。

当然，若根据中心原子结合 OH$^-$ 的数目，碱又可分为一元碱（如 KOH）、二元碱［如 Ca(OH)$_2$］和多元碱［如 Fe(OH)$_3$］等。

碱因组成的差异，其碱性有强弱之分。如 NaOH 为强碱、Mg(OH)$_2$ 为中强碱、Al(OH)$_3$ 为弱碱。

依据化学元素周期表，同一周期各主族元素的最高价态的离子与 OH$^-$ 结合的化合物，自左向右，元素的金属性依次减弱，非金属性依次增强，所以化合物的碱性依次减弱，例如：

NaOH	Mg(OH)$_2$	Al(OH)$_3$
强碱	中强碱	两性偏碱

对同一主族同一价态各元素与 OH$^-$ 结合的化合物，自上而下，元素的金属性依次增强，非金属性依次减弱，所以化合物的碱性依次增强，酸性逐渐减弱。例如：

碱性递增：Mg(OH)$_2$ < Ca(OH)$_2$ < Sr(OH)$_2$ < Ba(OH)$_2$。

Sb(OH)$_3$ 为两性（酸性<碱性）、Bi(OH)$_3$ 为碱性。

对于同一元素具有不同价态与 OH$^-$ 结合的化合物，随着价态的增高，化合物的酸性逐渐增强，碱性依次减弱。例如：

Mn(OH)$_2$	Mn(OH)$_3$	Mn(OH)$_4$
碱性	弱碱性	两性

氢氧化铝呈两性，氢氧化铊则是一种典型的强碱。Fe(OH)$_2$ 和 Fe(OH)$_3$ 的酸碱性比较。Fe(OH)$_3$ 属于难溶弱碱性化合物，K_{sp} = 4.0×10^{-38}，Fe^{3+} 完全沉淀时的 pH 为 3.2。新沉淀出来的 Fe(OH)$_3$ 具有两性，能溶于浓的强碱溶液，形成[Fe(OH)$_6$]$^{3-}$。Fe(OH)$_2$ 略显两性，Fe^{2+} 完全沉淀时的 pH 为 9.6。

🜋 常见碱的制备

天然碱多源自碱湖，如中国华北、西北一带盐碱湖较为常见，冬天湖面冰封时结出的碱霜或采自湖中的结晶碱（主要成分是碳酸钠和碳酸氢钠）经熬制可加工成碱锭，一九四九年前多在张家口、古北口集散而称为"口碱"。口碱含碳酸钠 50%～77%，其余成分为碳酸氢钠、氯化钠和硫酸钠等。

1788 年，法国化学家兼医生路布兰（Nicolas Leblanc）提出以食盐为原料与硫酸作用生产纯碱的方法，1791 年获得成功，工业上称为**路布兰法**。主要化学反应如下：

1. 用食盐和硫酸反应，制备硫酸钠。

$$2\,NaCl + H_2SO_4 \xrightarrow{\text{强热}} Na_2SO_4 + 2\,HCl$$

2. 用焦炭在 900～1000℃还原硫酸钠，制取硫化钠。

$$Na_2SO_4 + 4\,C =\!=\!= Na_2S + 4\,CO \uparrow$$

3. 利用硫化钠与石灰石反应，得到碳酸钠。

$$Na_2S + CaCO_3 =\!=\!= Na_2CO_3 + CaS$$

缺点：路布兰法需要高温，设备腐蚀严重，生产工序复杂，产量不高，碳酸钠的纯度也不高。

1862 年，比利时人索尔维（Ernest Solvay）以食盐、氨、石灰石为原料制得碳酸钠，该法被称为**氨碱法**。先将石灰石（$CaCO_3$）在高温下煅烧成生石灰（CaO）和二氧化碳：

$$CaCO_3 \xrightarrow{1183K} CaO + CO_2 \uparrow$$

将得到的 CO_2 通入氨水制备碳酸氢铵：

$$CO_2 + NH_3 + H_2O \Longrightarrow NH_4HCO_3 \downarrow$$

利用复分解反应使碳酸氢铵与食盐反应，析出难溶于氯化铵溶液的碳酸氢钠晶体：

$$NH_4HCO_3 + NaCl \xrightarrow{<313K} NaHCO_3 \downarrow + NH_4Cl$$

将析出的 $NaHCO_3$ 晶体真空抽滤，在高于 473K 温度下煅烧，$NaHCO_3$ 分解而制得 Na_2CO_3：

$$2NaHCO_3 \xrightarrow{>473K} Na_2CO_3 + CO_2 \uparrow + H_2O \uparrow$$

之前煅烧出的生石灰和水化合成熟石灰[$Ca(OH)_2$]，再与滤液中的氯化铵反应，生成氨水和氯化钙：

$$CaO + H_2O \Longrightarrow Ca(OH)_2$$

$$Ca(OH)_2 + 2NH_4Cl \Longrightarrow 2NH_3 \cdot H_2O + CaCl_2$$

氨碱法制备碳酸钠的优点是原材料经济，所需的石灰石、氨水、氯化钠等基本原料来源广泛，价廉易得，能进行大规模的连续性生产，副产品 CO_2 和 NH_3 回收后可循环使用。氨碱法生产的产品品质纯净（被称为"纯碱"），奠定了化学肥料工业的基础。其缺点是生产中产生的大量副产品 $CaCl_2$ 用途不大，需侵占土地存放，同时 NaCl 的利用率只有 70%，约有 30%的 NaCl 仍留在 NH_4Cl 母液中。

采用芒硝、石灰石和煤为原料，采用改良路布兰法制碱，显著提高了碳酸钠的含量。其工艺流程是：将石灰石、芒硝、煤按比例粉碎均匀，经反射炉煅烧、冷却、浸取、蒸发、烘干即得纯碱。

德国察安法（Zahn）制碱工艺采用碳酸氢铵、食盐为原料，食盐的利用率 90%～95%，所得纯碱纯度 93%～94%。以芒硝为原料，可采用路布兰法制造纯碱。

1919 年，永利制碱公司在留美博士侯德榜的领导下展开科技攻关，终于设计出一条能同时生产纯碱和氯化铵的制碱新流程，使食盐利用率提高到 96%～98%。后侯德榜先生将索尔维制碱工业和合成氨工业联合，形成了"**侯氏联合制碱法**"新工艺。

侯氏联合制碱法巧妙地将合成氨厂和纯碱厂联合起来，既生产纯碱 Na_2CO_3 又制得化肥 NH_4Cl。保留了氨碱法的优点，消除了它的缺点，提高了食盐的转化率，解决了索尔维氨碱法存在的 $CaCl_2$ 毁占耕田问题。其做法是在分离出碳酸氢钠的滤液里（主要成分是氯化铵、没反应的食盐和碳酸氢钠）加入食盐，使 NH_4Cl 成晶体析出；分离出氯化铵后，继续通氨气，又制得 $NaHCO_3$。在这个过程中，新工艺充分利用了氯化铵在常温条件下的溶解度比氯化钠大，而在低温下却比氯化钠溶解度小的原理。在 5～10℃时，向母液中加入食盐细粉，可使氯化铵单独结晶析出。把用途较少、产值较小的副产品 $CaCl_2$ 改换成比较有用的主产品 NH_4Cl，并将最后留下的含有 $NaCl$ 的母液循环使用再来制碱，将原料 $NaCl$ 的利用率由 70%提高到 96%。这样，联碱法比之氨碱法既节约了成本，又增加了生产。

烧碱的制法有电解法和苛化法。**苛化法**是利用纯碱水溶液与石灰乳反应，制备烧碱的技术。

$$Na_2CO_3 + Ca(OH)_2 \rightleftharpoons 2NaOH + CaCO_3 \downarrow$$

氢氧化钙与水形成的白色悬浮液称为"石灰乳"，氢氧化钙的澄清水溶液称"石灰水"。氢氧化钙的制备可由石灰加水反应而得：

$$CaO + H_2O \rightleftharpoons Ca(OH)_2$$

或由石灰石煅烧后用水消化而得：

$$CaCO_3 \xrightarrow{\text{高温}} CaO + CO_2 \uparrow, \quad CaO + H_2O \rightleftharpoons Ca(OH)_2$$

亦可由 $CaCl_2$ 与 $NaOH$ 反应后经结晶、干燥而制得：

$$CaCl_2 + 2\,NaOH \rightleftharpoons Ca(OH)_2 + 2\,NaCl$$

电解法以食盐为原料，可进一步分为隔膜电解法、水银电解法及离子交换膜法等。1890 年，在德国实现了隔膜法电解食盐水制烧碱和氯的工业化生产。采用隔膜电解法制备烧碱，需要先对食盐除杂纯化，然后在一定条件下进行电解，电解液经预热、蒸发、分盐、冷却得浓碱液（液体烧碱），浓碱液进一步浓缩得固体烧碱。

$$2\,NaCl + 2\,H_2O \xrightarrow{\text{电解}} 2\,NaOH + H_2\uparrow + Cl_2\uparrow$$

1892 年，水银法电解槽在美国申请了专利，由于水银法中的水银对环境的污染，该法已被淘汰。

1970 年后，用金属阳极代替石墨阴极的隔膜法获得了广泛应用，不过因隔膜法中的石棉对环境有污染，逐步被离子膜法制碱工艺取代。

1975 年，离子膜法电解槽投入工业运转，该工艺具有能耗低、三废污染少、成本低及操作管理方便等优点。

碱的化学性质

碱溶液能使酸碱指示剂显示一定的颜色，如碱使紫色石蕊溶液（5.0～8.0）变蓝色，使无色酚酞试液（8.0～9.8）变成红色。多数碱难溶于水（例如氢氧化铝），只有少数碱溶于水。

浓的强碱可与金属铝或锌反应，有氢气产生，如：

$$2\,NaOH + 2\,Al + 2\,H_2O = 2\,NaAlO_2 + 3\,H_2\uparrow$$

$$Zn + 2\,NaOH = Na_2ZnO_2 + H_2\uparrow$$

碱与某些非金属反应，类型较为多变，如：

$$2\,NaOH + Si + H_2O = Na_2SiO_3 + 2\,H_2\uparrow$$

$$6\,NaOH + 3\,S = 2\,Na_2S + Na_2SO_3 + 3\,H_2O$$

$$2\ NaOH + Cl_2 == NaCl + NaClO + H_2O$$

$$6\ NaOH(热) + 3\ Cl_2 == 5\ NaCl + NaClO_3 + 3\ H_2O$$

碱不与金属氧化物发生作用，但能与非金属氧化物（酸性氧化物）发生作用，生成盐和水。例如熟石灰与 CO_2 作用，生成白色沉淀 $CaCO_3$ 和水，该沉淀反应可用于检验气体是否为 CO_2。

$$Ca(OH)_2 + CO_2 == CaCO_3 \downarrow (白) + H_2O$$

$$2\ NaOH + CO_2 == Na_2CO_3 + H_2O$$

由于苛性碱（NaOH、KOH 等）与 SiO_2 发生化学反应，因此盛放碱性溶液的试剂瓶或滴瓶一般不用玻璃瓶塞或滴管，尤其是放置时间稍长久的情况下，一定要防止因发生化学反应而无法打开。

$$2\ NaOH + SiO_2 == Na_2SiO_3 + H_2O$$

苛性碱与两性氧化物或两性氢氧化物反应，如：

$$2\ NaOH + Al_2O_3 == 2\ NaAlO_2 + H_2O$$

$$NaOH + Al(OH)_3 == NaAlO_2 + 2\ H_2O$$

碱与酸发生中和反应，如：

$$Ca(OH)_2 + H_2SO_4 == CaSO_4 + 2\ H_2O$$

$$Al(OH)_3 + 3\ HCl == AlCl_3 + 3\ H_2O$$

$$NaOH + H_3PO_4 == NaH_2PO_4 + H_2O$$

$$2\ NaOH + H_3PO_4 == Na_2HPO_4 + 2\ H_2O$$

$$3\ NaOH + H_3PO_4 == Na_3PO_4 + 3\ H_2O$$

依据上述化学反应，可以用熟石灰中和酸性土壤中的酸，达到改良土壤的目的；亦可用熟石灰处理含有废硫酸或酸性副产物的污水体系，消除污水对环境的危害；服用胃舒平（有效成分为氢氧化铝）等药物，治疗胃酸过多引起的烧心等不良反应。

碱与某些盐可发生复分解反应，一般有沉淀生成或气体放出。如：

$$Ca(OH)_2 + Na_2CO_3 = CaCO_3\downarrow(白色) + 2\,NaOH$$

$$2\,NaOH + CuSO_4 = Cu(OH)_2\downarrow(蓝) + Na_2SO_4$$

$$Ca(OH)_2 + 2\,NH_4Cl \xrightarrow{\triangle} CaCl_2 + 2\,NH_3\uparrow + 2\,H_2O$$

$$3\,NaOH + FeCl_3 = Fe(OH)_3\downarrow(红褐色) + 3\,NaCl$$

不溶性碱受热发生分解反应，生成碱性氧化物和水。如：

$$2\,Mg(OH)_2 \xrightarrow{\triangle} 2\,MgO + 2\,H_2O$$

$$2\,Fe(OH)_3 \xrightarrow{\triangle} Fe_2O_3 + 3\,H_2O$$

酸碱指示剂

指示剂是在一定介质条件下，能发生颜色变化、能产生浑浊或沉淀以及有荧光现象等的化学试剂，一般分为酸碱指示剂、氧化还原指示剂、金属指示剂、吸附指示剂等。

能够对酸或碱做出响应而变色，并满足以下三个因素的物质有可能成为酸碱指示剂：一是变色范围与化学计量点要吻合或接近；二是在滴定等当点终点时颜色变化要明显（如颜色由浅变深，或色变明显），易于观察判断；三是变色范围越窄越好，大多数指示剂的变色范围是1.6～1.8 pH 单位。

酸碱指示剂本身是弱的有机酸或有机碱，其共轭酸碱具有不同的结构和颜色。当溶液的 pH 发生改变时，这类有机分子会与溶液中的氢离子或氢氧根离子结合，形成共轭酸碱的转化，新形成的分子或离子结构不同于先前的结构，因此对可见光的选择吸收不同，故能够显示出不同的颜色。例如，石蕊在酸性溶液中，主要以红色分子形式存在，溶液呈红色；在碱性溶液中，蓝色的酸根离子是其存在的主要形式，故使溶液呈蓝色；在中性溶液中，红色的分子和蓝色的酸根离子共存，因而溶液呈现紫色。

表 5-2 列出来了部分酸碱指示剂及它们的结构式、pK_a 值和颜色。

表 5-2　部分酸碱指示剂的 pK_a、结构式及颜色

名称	pK_a	低 pH（pK_a−1）结构及颜色	高 pH（pK_a−1）结构及颜色
茜素	6.4	 黄色	 红色
茜素黄 GG	11.0	 红色	 橙色
溴甲酚绿	4.7	 黄色	 蓝色
溴甲酚紫	6.0	 黄色	 紫色
溴酚蓝	3.8	 黄色	 蓝色

名称	pK_a	低 pH（pK_a-1）结构及颜色	高 pH（pK_a-1）结构及颜色
溴百里酚蓝	6.8	黄色	蓝色
甲酚红	7.9	黄色	红色
邻甲酚酞	9.1	无色	红色
结晶紫	1.0	黄色	蓝色
赤藓红 B	2.9	橙色	红色
石蕊	6.4	几种物质的复杂混合物，红色	几种物质的复杂混合物，蓝色
甲基橙	3.8	红色	黄色

名称	pK_a	低 pH（pK_a−1）结构及颜色	高 pH（pK_a−1）结构及颜色
甲基红	5.4	 红色	 黄色
甲基紫	1.7	 黄色	 紫色
间硝基苯酚	8.3	 无色	 黄色
酚红	7.3	 黄色	 红色
酚酞	9.2	 无色	 红紫色

名称	pK_a	低 pH（pK_a-1）结构及颜色	高 pH（pK_a-1）结构及颜色
百里酚蓝	8.8	黄色	蓝色
百里酚酞	10.1	无色	蓝色

每种酸碱指示剂都有一个变色过程所历经的特征 pH 范围，这个范围取决于多种因素，包括指示剂本身的酸性以及变化前后两种颜色的相对深度等。通常，单独一种指示剂在 pK_a 值附近发生颜色改变。但也有一些指示剂会变换多种颜色，例如，溴百里酚蓝指示剂，在 6mol/L HCl 中为红色，1mol/L HCl 中为橙色，0.1mol/L HCl 中为黄色，1mol/L NH₄Cl 中为绿色，1mol/L NaOH 中为蓝色，6mol/L NaOH 中为紫色。橙色、绿色和紫色是指示剂两种形态颜色的混合体：绿色由黄色和蓝色混合产生，橙色由红色和黄色混合产生，而紫色由蓝色和红色混合产生。溴百里酚蓝指示剂随溶液 pH 的变化可呈现四种不同的形态，有关形态的结构式及颜色见图 5-3。

为更精确指示酸碱滴定终点的颜色变化（足够窄的pH变色范围），可采用混合指示剂。混合指示剂有两类：第一类是同时使用两种指示剂，利用彼此颜色之间的互补作用，使变色更加敏锐。例如，溴甲酚绿（$pK_a = 4.9$）和甲基红（$pK_a = 5.2$），前者的酸式为黄色，碱式为蓝色；后者的酸式为红色，碱式为黄色。这两种指示剂混合后，酸性条

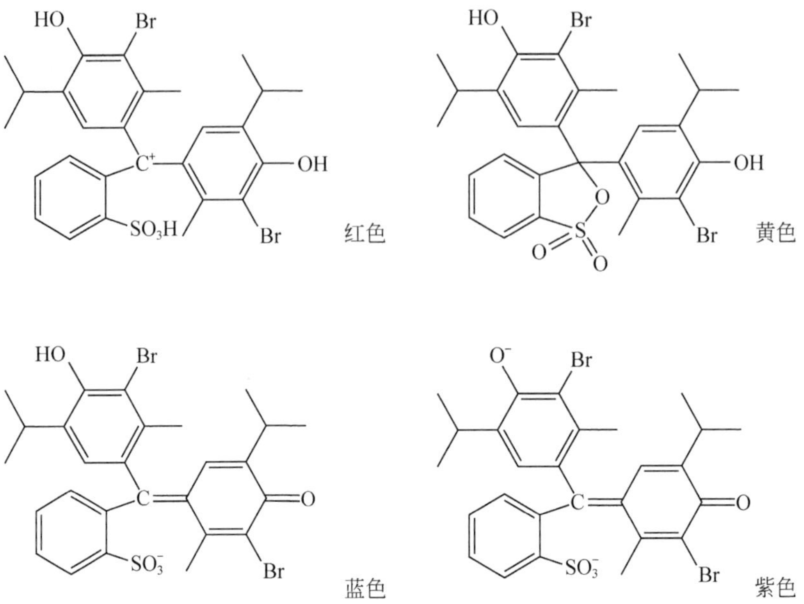

图 5-3　溴百里酚蓝指示剂

件下显橙色，碱性条件下显绿色，pH ≈ 5.1 时，溶液近于无色。在酸碱中和滴定中采用甲基红–溴甲酚绿混合指示剂替代甲基橙指示剂，滴定终点溶液颜色是由绿色变化成酒红色，颜色反差强烈，肉眼识别更敏锐。

第二类是利用颜色的互补作用来提高变色的敏锐度，多由酸碱指示剂与惰性染料组成。例如，甲基橙与惰性染料靛蓝二磺酸钠所组成的指示剂：

甲基橙+靛蓝二磺酸钠

pH > 4.4　　　　黄 ＋ 蓝 → 绿

pH < 3.1　　　　红 ＋ 蓝 → 紫

靛蓝在滴定过程中不变色，只作为甲基橙的蓝色背景。在 pH=4 的溶液中，混合指示剂显浅灰色（几乎无色），终点颜色变化十分明显，大大提高了滴定的精准度。

表 5-3 列出了四种指示剂的 pK_a 值及其在 pH 2～10 范围内的颜色变化，表的最下边一行给出了各 pH 下混合指示剂呈现的颜色。

表 5-3　酸碱指示剂

指示剂	相应 pH 下的颜色				
	2	4	6	8	10
甲基橙	红色	橙色	黄色	黄色	黄色
甲基红	红色	红色	黄色	黄色	黄色
溴百里酚蓝	黄色	黄色	黄色	蓝色	蓝色
酚酞	无色	无色	无色	无色	粉红色
混合指示剂	红–橙	橙色	黄色	绿色	紫色

在自然界里，有许多植物色素在不同的酸碱性溶液中，都会发生颜色的变化，并且它们来源广泛，廉价易得，天然环保。这些植物色素可以用作甲基橙和酚酞等指示剂的代用品。

在 pH 变化足够大时，大多数植物的提取液都会显示至少微弱的变色，这类变色并不一定都是可逆的，因此，严格讲，并不是所有的植物提取液都可用作 pH 指示剂。表 5-4 列出了几种植物提取液在不同 pH 下的颜色变化，初始的变色有可能不完全可逆，这可能是由于 pH 的变化引起了提取液中某些色素不可逆的破坏。

酸碱指示剂只能定性检验出溶液的酸碱性，不能准确地区分溶液酸碱性的强弱程度。pH 试纸可以定量地比较溶液酸碱性的强弱程度。

大多数植物提取液都含有多种色素，因此，它们的颜色往往不会随 pH 变化发生突变，而是在几个 pH 单位的范围内由一种颜色逐渐过渡到另一种。

大多数对 pH 响应灵敏的红、蓝、紫色植物色素都是水溶性的花青素，在酸性、中性、碱性溶液中分别呈现红色、紫色和蓝色。蓝色矢车菊、勃艮第大丽花和红玫瑰含有相同的花青素，但它们汁液的酸性不同，因而颜色各异。很多白色的花卉含有花黄素，遇碱后会变成黄色。若植物提取液中同时含有花青素和花黄素，在碱性条件下会呈现蓝色花青素和黄色花黄素的综合效果：绿色。花卉中含有不止一种花青素，当其汁液的 pH 改变时，花色可发生细微的变化。

表 5-4 　几种植物提取液在不同 pH 下的颜色变化

提取液	溶剂	初始颜色	各 pH 下的颜色												
			1	2	3	4	5	6	7	8	9	10	11	12	13
甜菜	乙醇	深红	紫	红紫	红					红紫↔紫				棕	
甜菜	水	深红	红紫↔红↔紫												黄绿
樱桃	乙醇	红	红		粉↔棕										绿
樱桃	水	红棕		红棕↔绿棕											
萝卜	乙醇	粉	粉		淡粉↔无色↔紫									绿	黄
萝卜	水	粉	粉		淡粉↔无色↔紫									绿	黄
大黄	乙醇	红	红		粉↔无色					棕↔蓝				深棕	
大黄	水	橙		粉↔淡紫						棕	紫			绿	黄
红茶	乙醇	棕			淡黄↔黄棕↔棕										
红茶	水	棕			淡棕↔深棕										
番茄叶	乙醇	绿	淡棕		淡黄绿↔深黄绿					绿↔黄绿					
番茄叶	水	绿棕		淡黄棕↔深黄棕											
红甘蓝	乙醇	红棕	红		深紫↔淡蓝			绿		棕	蓝绿		绿↔黄		
红甘蓝	水	紫	红	紫↔红紫↔紫				蓝	绿蓝	绿				黄绿	
葡萄汁	水	深红	红						紫	红蓝	紫		蓝		绿蓝
黄花菜	乙醇	绿棕	粉		淡黄					黄绿	绿↔黄绿				
黄花菜	水	棕	粉		淡棕↔深棕						淡黄↔深黄				
黑莓汁	水	深红	红						紫	红	棕	紫	蓝		绿
蓝莓汁	水	深红	红						紫	棕		紫		蓝	蓝绿
红皮洋葱	乙醇	深紫	红		淡粉				淡黄		黄↔绿				黄
红皮洋葱	水	红紫	粉		淡粉				淡绿		黄↔绿				黄
玫瑰花瓣	乙醇	黄绿	粉		无色				淡黄↔黄			绿↔棕			
玫瑰花瓣	水	棕	淡黄棕↔棕							绿↔棕					

　　牵牛花花瓣中含有花青素，它随细胞液中酸碱度的变化而变化，当细胞液呈酸性时显红色，细胞液呈碱性时显蓝色，细胞液呈中性时显紫色。清晨，经过一夜的呼吸作用，牵牛花瓣的细胞液中 CO_2 含量较低，呈碱性，花青素显蓝色。数小时以后，随着光合作用的进行，体内吸收了一定量的 CO_2，导致花瓣的细胞液里碱性慢慢降低，呈色

逐渐变为紫色。到了傍晚时分，环境中及花瓣细胞液中 CO_2 的含量达到了一天中最高的数值，导致细胞液呈酸性，所以整个花瓣的颜色就变为红色（酸性）。

月季花花瓣呈色：浅红色—红色—黄色。美人蕉花冠呈色：浅红色—红色—绿色。

八月菊、一串红、鸡冠花、芍药花、美人蕉、牵牛花、三角梅、月季花、矮牵牛花、海棠花等的实验效果较好。

花草类、蔬菜类、中药类植物指示剂在不同 pH 条件下的颜色变化如表 5-5 所示。

表 5-5　植物指示剂在不同 pH 条件下的颜色变化

植物分类	植物名称	汁液颜色	在酸性中的颜色	在碱性中的颜色
花草类	红玫瑰	深红色	红色	蓝绿色
	红非洲菊	棕色	无色	黄色
	美人蕉	褐色	粉红色	亮黄色
	紫薇	橘黄色	粉红色	土黄色
蔬菜类	紫甘蓝	紫色	红色	黄绿色
	紫红萝卜皮	紫红色	红色	黄色
	茄子皮	褐色	桃红色	黄色
中药类	紫草根	红棕色	红色	蓝色
	甘草	橙红色	无色	黄色

酸碱溶液的计算

酸碱反应是最为常见的化学反应类型之一，相关基础计算涉及反应生成物的量及混合溶液最终 pH 大小等方面的内容。

不同金属与酸反应放氢量的计算

同质量的不同金属与过量酸反应，生成氢气的体积比 $= \dfrac{1}{\text{原子量}} \times$ 化合价之比。可用于求相同质量的 Fe、Mg、Al 等与过量盐酸反应放出氢气的体积比，而得 1/28：1/12：1/9 等。

等摩尔的不同金属与过量酸反应放 H_2 的体积比 = 化合价之比。例如等摩尔的 Na、Mg、Al 与过量盐酸反应放 H_2 的体积比为 1：2：3。

较易忽视的是：等质量的中等活泼金属与足量的不同种酸反应，产生氢气的数量相同；足量中等活泼金属与等量的同种酸反应，产生的氢气数量相同。等摩尔的金属与足量的酸反应，产生氢气的量之比等于反应后对应金属呈现的化合价之比。

关于混合溶液 pH 的计算

混合溶液所呈现 pH 的计算，涉及多种类型，如强酸与强碱体系、弱酸与弱碱体系、缓冲溶液体系等。

强酸与强酸、强碱与强碱、强酸与强碱的不同 pH 等体积混合后 pH 的速算：

① 不同 pH 的等体积的两种强酸混合，若二者 pH 相差 1，混合溶液的 pH 约为较小 pH 加上 0.26；若二者 pH 相差 ≥2 时，混合后溶液的 pH 应是原 pH 较小的数值加上 0.3。例如，pH = 2 和 pH = 5 的两强酸等体积混合后 pH = 2 + 0.3 = 2.3。

② 不同 pH 的两强酸溶液以一定体积比混合，混合溶液的 pH 约为较小 pH 减去其体积分数的对数。

③ 不同 pH 等体积的两强碱混合，若二者 pH 相差 1，混合溶液

的 pH 约为较大 pH 减去 0.26；若二者 pH 相差≥2 时，混合后溶液的 pH 应是原 pH 较大的数值减去 0.3。例如，将 pH = 14 与 pH = 10 的二强碱溶液混合后 pH 为 14−0.3 = 13.7。

④ 不同 pH 的两强碱溶液以一定体积比混合，混合溶液的 pH 约为较大 pH 加上其体积分数的对数。

⑤ 同体积的稀强酸与稀强碱溶液混合，若 pH 之和为 14，则混合后为中性，pH 等于 7。若混合后 pH 之和不为 14，则要看两溶液 pH 与 7 的差值。混合后溶液呈什么性质由 pH 与 7 的差值大的来决定。再把此 pH 用 0.3 处理。呈碱性时把原 pH 减 0.3，呈酸性时把原酸的 pH 加 0.3。例如，pH = 2 与 pH= 9 的强酸、强碱溶液等体积混合时，pH 为 2.3。pH = 12 与 pH = 6 的两强碱与强酸溶液等体积混合后 pH 为 11.7。

⑥ 强酸与强碱溶液等体积混合，若混合前[H⁺] = [OH⁻]，则混合后溶液的 pH 均为 7；若混合前[H⁺]与[OH⁻]相差 10 倍，如[H⁺]大时，混合溶液的 pH 为较小的 pH 加上 0.35；如[OH⁻]大时，混合溶液的 pH 为较大的 pH 减去 0.35；若混合前[H⁺]与[OH⁻]相差≥10^2 倍，如[H⁺]大时，混合溶液的 pH 为较小的 pH 加上 0.3；如[OH⁻]大时，混合溶液的 pH 为较大的 pH 减去 0.3。

强酸或强碱稀溶液高度稀释时，则溶液的 pH 接近 7，酸则微小于 7，碱则微大于 7。例如某强酸溶液的 pH = 6，若将其冲稀 100 倍，则可设取该溶液 1L，稀释后溶液总体积为 100L，其中溶剂为 99L。因 1 体积水中[H⁺] = $1.0×10^{-7}$mol/L，故稀释后溶液中[H⁺]为：

$$[H^+] = (1.0×10^{-6}+99×10^{-7})/100\text{mol/L} = 1.09×10^{-7}\text{mol/L}$$

$$pH = -\lg(1.09×10^{-7}) = 6.9626$$

同理，将 pH = 6 的强酸溶液稀释 10000 倍，则溶液中 H⁺浓度为：

$$[H^+] = (1.0 × 10^{-6} + 9999 × 10^{-7})/10000 \text{ mol/L} = 1.0009 × 10^{-7}\text{mol/L}$$

$$pH = -lg(1.0009 \times 10^{-7}) = 6.9996$$

同理可计算碱溶液无限稀释后溶液的 pH。

一定要牢记：任何酸、碱无限稀释时溶液的 pH 将接近 7。但酸溶液无论怎样稀释，pH 都不能等于 7，更不能大于 7；碱溶液无论怎样稀释，pH 都不能等于 7，更不能小于 7。

不同体积不同 pH 强酸、强碱混合后的 pH 的速算：若二酸混合时要用[H$^+$]，需用 H$^+$的总物质的量（n_{H^+}）与总体积（$V_{总}$）求出；若二碱混合时要用[OH$^-$]来计算，则用 OH$^-$的总物质的量（n_{OH^-}）与总体积求出；若一酸一碱（均为强电解质）混合后应先判断混合后溶液的可能的酸碱性，即由 H$^+$和 OH$^-$的物质的量比较，大的显该性。计算公式如下：

显酸性时：$[H^+]_{混} = \dfrac{n_{H^+} - n_{OH^-}}{V_{总}}$

显碱性时：$[OH^-]_{混} = \dfrac{n_{OH^-} - n_{H^+}}{V_{总}}$

对于弱酸和强酸（或弱碱和强碱）混合溶液中 pH 的计算，应根据质子条件，忽略其中的次要组分后，再采用近似方法进行计算。

酸碱与人体健康

生活离不开酸碱化学，而酸碱化学也永远陪伴着人们的生活。人体的许多生理现象和病理现象与酸碱平衡、电解质平衡等有关。占人体体重 70% 的体液均有一定的酸碱度，并在较窄的范围内保持稳定，这种酸碱平衡是维持人体生命活动的重要基础，因为组织细胞必须在适宜的酸碱度下，才能保持正常的活动和维持兴奋性。如果这一平衡被破坏，就会影响生命的正常活动，发生酸中毒或碱中毒并导致各种疾病。人体体液酸碱平衡是人体的三大基础平衡之一。

胃酸的主要成分是 HCl，氯离子参与了生命中从神经传导到消化的各种功能。人体消化道的唾液 pH 在 6.6～7.1 之间，胃酸 pH 在 2 左右，肠液的 pH 在 8～9 之间，尿液呈弱酸性。人呼吸产生的 CO_2 溶于水呈弱酸性，人在运动时形成的乳酸也是酸性的。正常人的血液的 pH 维持在 7.35～7.45 之间。若血液 pH<7.35，可能发生酸中毒；pH>7.45，可能发生碱中毒。由于活细胞对于体液酸碱度极小的变化甚为敏感，超范围的变化会影响到生物体的代谢作用，严重时甚至造成生命危险。通过测定人体液的 pH,可以帮助人们了解身体健康状况，采取适当的饮食措施等，恢复或保持人体健康所需平衡条件。体液的正常 pH 如表 5-6 所示。

表 5-6　体液的正常 pH

体液	pH	体液	pH	体液	pH	体液	pH
血清	7.35～7.45	成人胃液	0.9～1.5	婴儿胃液	5.0	唾液	6.35～6.85
胰液	7.5～8.0	小肠液	7.6	大肠液	8.3～8.4	乳汁	6.0～6.9
泪液	7.35	尿液	4.8～7.5	脑脊液	7.35～7.4	胆汁	7.8～8.6

生物体液如何来维持各自的酸碱度呢？组成缓冲体系，这样就可维持体液酸碱度的变化范围极小。

临床上常用乳酸钠纠正代谢性酸中毒，用氯化铵治疗碱中毒。

某医院内科病房在给一病人静脉滴注阿莫西林-克拉维酸后，接着滴注乳酸环丙沙星注射液，当这两种药物在输液器中混合后，出现大量微黄色的针状结晶沉淀,而输液瓶中的剩余环丙沙星注射液仍澄清。经研究发现：阿莫西林-克拉维酸注射液的 pH 为 8.76，当 pH 降低至

6.59 时产生浑浊，pH 低于 4.13 即有微黄色的针状结晶析出。因此，阿莫西林-克拉维酸注射液与 pH 较低的药物环丙沙星（pH 为 4.5～5.5）、庆大霉素（pH 为 4.0～6.0）配伍时即出现沉淀。滴加 NaOH 试液使溶液 pH 升高后，溶液变为澄清。

成人经口摄入氰化钾（KCN）的致死量是 0.15～0.3g。氰化钾进入胃后，会与胃酸发生反应，产生具有剧毒的氢氰酸（HCN）气体，氰根离子将与 Fe^{3+} 发生配合作用，形成稳定的 $[Fe(CN)_6]^{3-}$，从而干扰与细胞呼吸密切相关的酵素——细胞色素氧化酶的工作，导致细胞无法呼吸，在短时间内致人死亡。

食物的酸碱性指的是食品的生理酸碱性，是根据食物进入人体后在体内代谢产物的酸碱性来划分的，与其本身的 pH 无关。食物本身的 pH 见表 5-7。酸性食物是指食物在体内的代谢产物能形成酸性物质，又称为成酸性食物；碱性食物是指食物在体内的代谢产物能形成碱性物质，又称为成碱性食物。从元素组成看，含有磷、氯、硫、氮等矿物质较多的食物是酸性食物，而含钾、钙、镁等矿物质较多的食物为碱性食物。

表 5-7　一些食物的近似 pH

名称	醋	果酱	啤酒	谷物	牡蛎	牛奶	饮用水	虾	狗血	鸡蛋（白）
pH	2.4～3.4	3.5～4.0	4.0～5.0	6.0～6.5	6.1～6.6	6.3～6.6	6.5～8.0	6.8～7.0	6.9～7.2	7.6～8.0

名称	李、梅	苹果汁	草莓	柑橘	桃汁	杏汁	梨汁	葡萄汁	番茄汁	香蕉
pH	2.8～3.0	2.9～3.3	3.0～3.5	3.0～4.0	3.4～3.6	3.6～4.0	3.6～4.0	3.5～4.5	4.0～4.4	4.5～4.7

名称	辣椒	南瓜	甜菜汁	胡萝卜汁	蚕豆	菠菜	萝卜	卷心菜	白薯	马铃薯
pH	4.6～5.2	4.8～5.2	4.9～5.5	4.9～5.3	5.0～5.7	5.1～5.6	5.2～5.6	5.2～5.4	5.3～5.6	5.6～6.0

机体的代谢活动必须在适宜的酸碱度的内环境中才能正常进行，因此体液酸碱度的相对恒定就显得特别重要。在正常情况下，当人的机体摄入一些酸性或碱性食物会在代谢过程中不断生成酸性或碱性物质，通过人体内在的缓冲和调节的功能可以使得体液的酸碱度仍能保持在正常范围内。但是，如果大量摄入酸性食品时，在体内代谢后，其中的磷或硫可能在体内形成磷酸或硫酸，身体会利用大量的碱性物质来中和酸性物质。若碱性物质不足，必然导致体内环境的酸碱失衡，对人体健康造成某种危害❶。

　　科学家将食物烧成灰烬，溶解于水，测定所得溶液的 pH，依此对食物的酸碱性进行判定。

　　动物性食物（肉、鱼、禽）、面粉、大米、花生等高脂肪、高糖、高蛋白质食品因富含磷、氯、硫等元素，这类食品经过人体消化、吸收和体内的生物氧化过程等，形成碳酸、丙酮酸和乳酸等产物，其水溶液呈酸性，故称为酸性食品或称为内源性食品。

　　新鲜蔬菜、水果、海带、紫菜、菌类、奶类等食品，富含钾、钙、镁、钠等金属元素，称为碱性食物。柠檬、柑橘、杨桃、山楂等水果味道虽酸，但因代谢产物中含有的金属阳离子多，它们也都是碱性食物。草莓例外，是酸性食物，牛奶是碱性食物。在生物体内，生物金属离子之间存在着三种作用：协同作用、拮抗作用和无关作用。

　　日用品的 pH 范围可从 2 以下延伸至 12 以上，大多数食物的 pH 都处于中性到弱酸性范围，清洁类产品往往是碱性的，因为油脂在碱中比在酸中更容易溶解。pH 达到 11 以上时，蛋白质中的肽键开始断裂，头发会被"溶解"，因此，浴室堵塞的下水道可以采用强碱性的下水道清洁剂进行疏通。不过，洁厕灵的主要成分是 HCl，它能够有效

---

❶ 王岚, 等. 生物学通报, 2013, 48(2): 1-2.

去除尿垢等。84 消毒液的主要成分是 NaClO，具有较强的氧化作用，还具有较强的腐蚀性和漂白性。

不同作物都有它最适宜生长的 pH，大多数作物在 pH = 6.2～7.2 生长最好，酸度太高或碱度太高常常不利于生长。酸性环境条件不利于微生物的生存，导致土壤中有机质无法分解成能被作物吸收的养分及腐殖质。碱性增强时，土壤中的金属离子、磷酸根离子等逐渐形成难溶性沉淀，植物难以吸收所需矿物质营养成分。土壤 pH 偏离大时，植物体内的生化活动受到抑制，导致作物的枯萎、凋亡。

趣味实验

趣味实验应在实验室中由老师指导完成，同学们在实验过程中要严格遵守实验操作规范，保证人身安全。

实验 1　果冻实验

果冻是一种深受中学生喜爱的休闲食品，它是在水中添加增稠剂、蔗糖、酸度调节剂、香料、山梨酸钾等加工而成。用紫甘蓝汁作酸碱指示剂，可以做出红色、绿色、蓝色和紫色硅胶，绿色硅胶静置后会变为黄色。将装有彩色硅胶的试管并排倒置在试管架上，凝固在试管底部的硅胶五颜六色。用甲基橙指示剂代替紫甘蓝汁，可以制备出橙色硅胶。

一、实验原料与器材

硅酸钠固体、浓盐酸、浓磷酸、甲基橙指示剂、蒸馏水、紫甘蓝。

小试管、试管架、量筒、小烧杯、玻璃棒、一次性塑料滴管、榨汁机、电水壶等。

二、实验步骤

1．将紫甘蓝叶片洗净，用榨汁机榨取紫甘蓝汁。或者取少量新鲜紫甘蓝叶片，剪碎后加入少量蒸馏水，浸取紫甘蓝汁备用。

2．用量筒量取 10mL 浓盐酸缓慢加入 100mL 蒸馏水中，边加边搅拌，得到稀盐酸，备用。采用同样的方法，用量筒量取 10mL 浓磷酸倒入 100mL 蒸馏水中，边加边搅拌，得到稀磷酸，备用。

3．向 100mL 蒸馏水中加入硅酸钠晶体，用玻璃棒搅拌溶解，至硅酸钠晶体不再继续溶解，得到饱和硅酸钠溶液。

4．向 10 滴热的饱和硅酸钠和 5 滴紫甘蓝汁的混合液中滴加 26 滴稀磷酸溶液，将试管置于 50～60℃水浴中 30 秒左右，仔细观察试管内发生的变化。

5．向 10 滴稀盐酸溶液和 4 滴紫甘蓝汁的混合液中滴加大约 6 滴热的饱和硅酸钠溶液，将试管置于 50～60℃水浴中 30 秒左右，观察试管内发生的变化。

6．向 10 滴稀盐酸溶液和 4 滴甲基橙的混合液中滴加大约 8 滴热的饱和硅酸钠溶液，将试管置于 50～60℃水浴中 20 秒左右，观察试管内发生的变化。

向 10 滴热的饱和硅酸钠和 4 滴紫甲基橙的混合液中滴加大约 12 滴稀盐酸溶液，将试管置于 70～80℃水浴中 10 秒左右，观察试管内发生的变化。

7．向 10 滴稀磷酸溶液和 3 滴紫甘蓝汁的混合液中滴加大约 5 滴热的饱和硅酸钠溶液，将试管置于 50～60℃水浴中 10 秒左右，观察试管内发生的变化。

8. 向 10 滴热的饱和硅酸钠和 4 滴紫甘蓝汁的混合液中滴加 26 滴稀盐酸溶液，有何现象发生？

向 10 滴稀磷酸溶液和 3 滴紫甘蓝汁的混合液中滴加大约 7 滴热的饱和硅酸钠溶液，会出现什么现象？

向 10 滴稀盐酸溶液和 4 滴紫甘蓝汁的混合液中滴加大约 7 滴热的饱和硅酸钠溶液，又会出现什么现象？将试管置于 50～60℃水浴中 2～3 分钟，有无变化？

9. 向 10 滴稀磷酸溶液和 3 滴紫甘蓝汁的混合液中滴加大约 3 滴热的饱和硅酸钠溶液，然后将试管置于 50～60℃水浴中 20～30 秒，观察试管内发生的变化。

向 10 滴稀盐酸溶液和 4 滴紫甘蓝汁的混合液中滴加大约 5 滴热的饱和硅酸钠溶液，再返滴 1 滴稀盐酸溶液，将试管置于 50～60℃水浴中 2～3 分钟，观察试管内发生了什么变化。

10. 向 10 滴稀盐酸溶液和 4 滴紫甘蓝汁的混合液中滴加热的饱和硅酸钠至浅绿色（大约 8 滴，再返滴 3 滴稀盐酸），将试管置于 50～60℃水浴中 20 秒左右，生成浅绿色硅胶，静置观察变化。

向 10 滴热的饱和硅酸钠和 4 滴紫甘蓝汁的混合液中滴加 6 滴稀磷酸，将试管置于 50～60℃水浴中至溶液变成黄色，再滴 9 滴磷酸，振荡得到浅绿硅胶，静置 5 分钟后，观察变化。

三、实验现象

步骤 4，试管内生成粉红色硅胶。

步骤 5，溶液变蓝色，加热生成蓝色硅胶。向蓝色硅胶中加 1 滴稀盐酸溶液，振荡片刻生成红色硅胶。

步骤 6，溶液显橙色，加热生成橙色硅胶。再加 1 滴稀盐酸溶液，振荡片刻生成红色硅胶。

步骤 7，溶液显蓝色，加热生成蓝色硅胶。

步骤 8，第一组组合得到浅绿色硅胶；第二组组合出现绿色，振荡得到绿色硅胶；第三组组合先呈蓝绿色，水浴生成蓝色硅胶，静置后变成墨绿色。

步骤 9，溶液出现紫色，加热后生成紫色硅胶。

步骤 10，生成黄色硅胶。

四、实验原理

硅酸钠遇酸会生成固体硅胶，酸的类别、溶液的 pH、温度等对硅胶的生成影响十分显著。当溶液 pH 为 3.2～5.7 时，加热可形成硅胶；溶液 pH 位于 5.8～10.6 范围，不加热也可得到硅胶；pH 位于 10.7～11.0 范围，加热可得到硅胶。考虑到磷酸是一种三元酸，与饱和硅酸钠混合会形成 3 种缓冲对，溶液的 pH 易于控制。

紫甘蓝色素从化学结构分类上属于花色苷类，紫甘蓝色素随着 pH 的变化颜色发生显著变化（见下），因此，将不同量的指示剂加入不同的酸中，可形成各色硅胶，组合在一起，呈现人造彩虹"果冻"。

	酸性				中性				碱性				
pH	1	2	3	4	5	6	7	8	9	10	11	12	13	14
颜色	红色		粉色				紫色		蓝色		绿色		黄色	

在一个试管中交替加入酸和硅酸钠，会产生各种混合颜色的硅胶。

实验 2 "秘密情报"

影视作品或小说中，常常出现藏宝图上空无一字，特工人员传递情报除了无线电外，也经常采用隐形书写的方法，使得相关人员必须通过特殊的处理方法，方可知道所传递的具体情报或信息。第五版人民币防伪措施中，同样采用了一种无色荧光油墨印刷，只在特定波长的紫外光照射下才会显现。

一、实验药品及器材

酚酞、石蕊、NaOH、HCl、白纸、毛笔、喷雾器等。

二、实验步骤

1. 配制实验所需溶液：

0.05g 酚酞溶解于 50mL 95%乙醇中，用蒸馏水稀释至 100mL，得到酚酞溶液。

将 2g 粉末状的石蕊加入 100mL 蒸馏水中煮沸 5 分钟，然后用蒸馏水将冷却后的所得溶液稀释至 100mL。

将 4.0g NaOH 溶于 600mL 蒸馏水中，再将所得溶液稀释至 1.0L，得到 0.1mol/L NaOH 溶液。

将 8.5mL 浓盐酸（12mol/L）缓慢倒入 600mL 蒸馏水中，再将所得溶液稀释至 1.0L，得到 0.1mol/L 的稀 HCl 溶液。（或将 100mL 0.5mol/L 的 HCl 溶液倒入 300mL 蒸馏水中，再将所得溶液稀释至 500mL。）

2. 用毛笔蘸取酚酞溶液在白纸上写下"秘密情报"。

3. 将其晾干后用喷雾器取稀氢氧化钠溶液喷洒于纸上，观察白纸的变化。

4. 用毛笔蘸取石蕊溶液在紫色纸上书写"情报"。

5. 晾干后用喷雾器取稀盐酸溶液喷洒于纸上，观察紫色彩纸的变化。

三、实验现象

白纸在喷洒 NaOH 溶液后立即显现红色文字或图像。再用稀盐酸喷洒白纸，红色文字消失。

紫色纸上出现红色"情报"，喷洒 NaOH 溶液后出现蓝色"情报"。

四、实验原理

酸碱指示剂遇到酸或碱时产生明显的颜色变化。由于用酚酞溶液指示剂书写的信息是无色的，因此采用酚酞溶液在白纸上书写"情报"最为合适。带有信息的白纸喷洒 NaOH 溶液后，呈现出红色的书写内容，因为酚酞指示剂遇碱变红色。若采用氨蒸气对其进行处理，白纸上的信息会变为粉红色。

紫色石蕊溶液适合在紫色彩纸上书写，石蕊遇酸变红色，遇碱变蓝色。

20 世纪前后的情报传递工作，缺少一些化学试剂或指示剂是十分正常的事。广大人民采用日常生活中的一些常见物品替代特定的药品，同样可以准确传递一些情报。比如，利用紫色卷心菜汁中加进一点醋，颜色由紫变红，然后加些小苏打进去，红色变为绿色。其原理与上面所述是相同的。

五、注意事项

1. 固体氢氧化钠及其浓溶液可导致眼睛、皮肤及黏膜的严重烧伤，配制溶液时要按照实验操作规范进行。

2. 浓盐酸蒸气对眼睛和呼吸系统有极强的刺激作用，配制盐酸溶液时应在通风橱内进行。

3. 用硝酸铅溶液写下信息，接收者可以在喷过硫化钠溶液后阅读信件。

4. 用硫酸铁溶液写的信息，会在喷上亚铁氰化物后显示深蓝色，生成普鲁士蓝。

5. 紫色卷心菜汁中加进一点醋，颜色由紫色变红色，然后加些小苏打进去，红色变为绿色。

6. 隐形墨水大体上源自两种可产生颜色的试剂。有时其中一种"试剂"是热量——无色物质的溶液书写，遇热后写在纸上的该物质会呈焦态。柠檬汁这种作用就很明显。

7. 白纸采用酚酞溶液书写"情报"，紫色彩纸用石蕊溶液书写。

8. 用毛笔蘸着洋葱汁在白纸上书写，随后将纸晾晒十几分钟，纸上看不到写字的痕迹。用烛火烘烤时，纸上的洋葱汁受热，就呈现出清晰的字迹。因为洋葱汁能使纸发生化学变化，形成一种类似透明薄膜一样的物质，这种物质的燃点比纸低，往火上烘烤，它就烧焦了，显示出棕色的字迹。**葱汁、蒜汁、柠檬汁、西红柿汁**等都有这种特性。

9. 用毛笔蘸稀硫酸溶液在白纸上书写字句，写好后在太阳光下晾晒一段时间，然后拿到酒精灯上烘烤，经过烘干，硫酸溶液中的水分蒸发，较高浓度的硫酸使纸张发生炭化，因此纸上的字发黑，呈现出黑色墨汁一样的字迹来。

第**6**章

溶液

　　一种或几种物质以分子或离子状态均匀分布在另一种物质中的分散系统，称为溶液。所有溶液都是由溶质和溶剂组成的，溶质和溶剂只有相对的意义。通常将溶解时状态不变的组分称作溶剂，而状态改变的称作溶质。若组成溶液的两种组分在溶解前后的状态皆相同，则将含量较多的组分称为溶剂。

　　溶液可以是液态、气态或固态，如空气属气态溶液，黄铜是固态溶液，盐水、糖水是液态溶液。所有溶液均具有以下特性：均匀性；组分皆以分子或离子状态存在。通常所指的溶液是液态溶液。

　　液态是介于固态和气态之间的状态，液体的一些性质与固体相同，而另一些性质与气体相同。液体与固体之间最显著的差别之一就是液体可以像气体一样流动，液体有确定的体积但无确定的形状。液体具有气体和固体均不具备的一种性质，即表面张力。如液滴是由液体表面张力作用形成的，液滴的大小与表面张力有密切的关系。又如肥皂泡、弯曲液面的形成也都与表面张力作用有关。

溶解

溶液：一种或几种物质分散到另一种物质里，形成的均一、稳定的混合物。溶液常指两种或两种以上的物质所形成的、分子层次上是均一的、稳定的液体混合物。

溶剂：能够溶解其他物质的物质，或者溶液中的液体组分含量较高的一种组分。

溶质：被溶解的物质，可以是气体、液体或固体。

溶解性：物质在溶剂里溶解能力的大小，它被认为是一种物理性质，通常多为物理变化。

溶解：一种液体对于固体、液体或气体产生化学反应或物理作用而使其成为分子状态的均匀相的过程称为溶解。固体（包括沉淀）与腐蚀性物质作用生成易溶性物质的过程也称为溶解，如碳酸钙溶于稀盐酸，氢氧化铜溶于硫酸。

溶解度：对于固体，在一定温度下，某固态物质在 100g 溶剂里达到饱和状态时所溶解的质量叫作这种物质在这种溶剂中的溶解度。对于气体，一定温度及气体压强在 101.3kPa 时在 1 体积水里溶解达到饱和时所能溶解的气体体积。

潮解：有些晶体能自发吸收空气中的水蒸气，在它们的固体表面逐渐形成饱和溶液，它的水蒸气压若是低于空气中的水蒸气压，则平衡向着潮解的方向进行，空气中的水分子向物质表面移动，这种现象称为潮解。

物质在溶剂中的溶解过程是溶质的分子和离子在溶液中扩散的过程，其中溶剂分子的溶剂合作用及无规则热运动发挥了重要的作用。扩散现象是不同的物质相互接触时发生的彼此进入对方的现象，比如将一块紫黑色的高锰酸钾晶体放入静止的水中会逐渐均匀分散，形成紫红色溶液。

物质被溶解时，通常会发生两种过程：一种是溶质分子（或离子）的扩散作用，该过程伴随着吸热现象，是物理过程；另一种是溶质分子（或离子）和溶剂分子作用，形成溶剂合分子（或溶剂合离子）的过程，该过程放出热量，大部分是化学过程。物质溶解时，当吸收的热量大于放出的热量时，溶液的温度会下降。例如 NH_4NO_3、$KClO_3$ 等溶于水后，溶液温度降低。而当吸收的热量小于放出的热量时，溶液的温度会升高。例如浓硫酸、$NaOH$ 等溶于水后，溶液温度升高。当吸收的热量十分接近放出的热量时，溶液的温度几乎保持不变。例如 $NaCl$ 等溶于水后，溶液的温度几乎没有变化。

溶质微粒与溶剂微粒间的相互作用导致溶解现象，伴随溶解而产生**溶解热效应**和**体积效应**，少数还伴随有颜色的变化。如白色的无水硫酸铜粉末溶于水中，形成蓝色的硫酸铜溶液。

溶解的热效应

溶解热是溶质与溶剂微粒间作用（放热）、分开原先溶质微粒间作用（吸热）以及部分溶剂微粒间作用（吸热）在能量方面的代数和，通常以 1mol 溶质溶于大量溶剂（通常是溶剂水，约 200mol）计量的热效应（kJ/mol）为准。溶解时释放大量热的溶质常是含 H^+、OH^- 的强电解质，如 $NaOH$、H_2SO_4 等。多数物质在水中的溶解热（绝对值）不足 40kJ/mol，溶解热效应不明显。

离子晶体溶解产生的热效应为：$\Delta H_{溶解} = \Delta H_{晶格} + \Delta H_{水化}$。由于离子水化放出的能量很大，足以破坏盐或碱的离子晶格（离子键）。若水化热大于晶格能，则溶解的总过程表现为放热，例如 NaOH 的溶解热为 41.55kJ/mol；若水化热小于晶格能，溶解的总效应表现为吸热，如 KNO_3 的溶解热为-35.62kJ/mol；若水化热数值与晶格能相当，溶解无明显的热效应，例如 NaCl 的溶解热为 -4.9kJ/mol，NaBr 的溶解热为-0.79kJ/mol，Na_2SO_4 的溶解热为 1.92kJ/mol。离子水化时，每个离子必定与固定数目的水分子结合。一般讲，阳离子的水化数较大，阴离子的水化数较小。如酸性水溶液中，H^+ 水化后多以 $H_9O_4^+$ 形式存在，即 H^+ 处于由 4 个 H_2O 分子组成的微型四面体构成的空隙内活动。

非离子型溶质和溶剂间的溶解热效应（绝对值）一般较小。若涉及氢键形成，应视具体情况而定。

气体溶于水通常是放热过程，故温度升高时气体的溶解度降低。

溶解的体积效应

若溶质-溶剂微粒间作用和原先溶质微粒间、溶剂微粒间作用相近，如苯（C_6H_6）和甲苯（$C_6H_5CH_3$）互溶，溶液体积常是溶质体积和溶剂体积之和；多数情况下，溶质-溶剂间作用较强，所以，$V_{溶液} < V_{溶质}+V_{溶剂}$，如 25℃下 NaCl 的摩尔体积为 58.5g/mol÷2.17g/mL = 27.0mL/mol，1mol 的氯化钠（NaCl）溶于 1kg 水中，形成溶液的密度为 1.039g/mL，溶液体积为 1058.5/1.039 = 1018.77(mL)，而溶解前的体积加和是 27+1001.77 = 1028.77(mL)，相差 10mL。20℃，50mL 乙醇（C_2H_5OH）和 50mL 水（H_2O）混合得 97mL（另有报道为 96.5mL）乙醇溶液，体积减小了 3%。减小的幅度在一定程度上反映了溶质-溶剂微粒间作用和溶质-溶质、溶剂-溶剂微粒间作用的差别。较少的情况是：$V_{溶液} > V_{溶质}+V_{溶剂}$，如 50mL 苯（C_6H_6）和 50mL 乙酸（CH_3COOH）混合得到

101mL 溶液，这是因为原先 CH_3COOH 分子间的氢键被削弱了。个别实例是：$V_溶液 < V_溶剂$，如 20℃，<0.07mol 硫酸镁（$MgSO_4$）溶于 1kg 水的体积小于 1001.8mL（20℃，1kg H_2O 的体积为 1001.77mL）这个现象只能认为是 Mg^{2+}、SO_4^{2-} 水合所引起的。总之，大多数情况下，$V_溶液$ 和（$V_溶剂 + V_溶质$）间有差值。体积效应一般是指在大量溶剂中的数据，如上述 1.0mol 氯化钠溶解于水中，体积减小了 10mL。

当 2 种稀溶液（溶剂相同）混合时，常近似为：$V_{混合液} = V_{溶液(1)} + V_{溶液(2)}$

两种互不反应的液体混合后总体积的改变不但与组成物质的分子大小有关，还与分子之间的作用力有关。当构成两种物质的分子大小相当，两种物质分子之间的作用力与构成物质本身的分子之间作用力相比较小时，两种液体混合后总体积不变，如苯与甲苯混合。

当构成两种物质的分子大小相差比较大，且构成两种物质的分子之间形成氢键，这时两种液体混合后总体积减小，如水与乙醇，三氯甲烷与甲酸甲酯混合。

乙酸与其他液体混合后总体积增大是因为乙酸分子之间由氢键缔合，形成特殊的二聚体结构。而氢键的形成只能在极性环境下，当乙酸与苯、二硫化碳、环己烷等非极性溶剂混合后，处于非极性环境，此时乙酸分子之间的氢键部分被破坏，二聚体散开，乙酸分子之间的间隙增大，导致乙酸体积变大，所以两种液体混合后总体积增大。若用极性溶剂二氯甲烷与乙酸混合，根据相似相容原理，乙酸和二氯甲烷互溶，乙酸分子之间的氢键断裂，乙酸二聚体也被分离，分子间间距增大，混合后总体积也增大。也就是说乙酸无论与极性溶剂还是非极性溶剂混合，混合后总体积都有不同程度的增大。

物质的溶解性

物质在一种溶剂里溶解的能力有大小差异，通常将一种物质溶解在另一种物质里的能力叫作溶解性。理论上讲，没有绝对不溶解的物质。不过，人们习惯上将溶解度小于 0.01g 的物质称为不溶物或难溶物，0.01～1.00g 为微溶物，1.00～10.0g 为可溶物，>10.0g 为易溶物。但对于分子量较大的化合物，如 $PbCl_2$ 的溶解度虽然是 0.675g，但仍被认为是难溶物。

对于离子型化合物在水中的溶解，电荷一定时，阴阳离子半径相差越大的化合物一般比离子半径相差越小的化合物更易溶。由于离子型化合物的溶解受离子的晶格能和溶剂化能之间的平衡所支配，因此易溶于极性、高介电常数的溶剂中。常见盐的溶解则可总结为顺口溜："硝酸盐全溶完；碱溶钾钠钡和铵。盐酸不溶银亚汞，硫酸不溶钡和铅。"

含氧酸盐中的绝大部分钠盐、钾盐、铵盐、硝酸盐及酸式盐都易溶于水。如硝酸盐和氯酸盐一般均溶于水，且溶解度随温度的升高而迅速增大；大部分硫酸盐溶于水，但 $SrSO_4$、$BaSO_4$、$PbSO_4$ 难溶，$CaSO_4$、Ag_2SO_4、Hg_2SO_4 微溶；大部分碳酸盐都不溶于水，其中又以 Ca^{2+}、Sr^{2+}、Ba^{2+}、Pb^{2+} 的碳酸盐最难溶；所有碳酸氢盐都溶于水，需要强调的是可溶性碳酸氢盐的溶解度反而小于其可溶性正盐，如 $NaHCO_3$ 的溶解度小于 Na_2CO_3 的溶解度，原因可能是 HCO_3^- 产生二聚或形成氢键，导致碳酸氢盐的溶解度降低。$CaCO_3$ 是难溶的，而 $Ca(HCO_3)_2$ 是可溶的，这是形成溶洞奇观的一个重要转化反应。大多数磷酸盐都不溶于水，所有的磷酸二氢盐都易溶于水，磷酸一氢盐中除铵盐和碱金属盐外，一般不溶于水。

分子型化合物的溶解主要取决于分子间作用力的强弱，一般易溶解在极性小的介质中。如碘可溶于苯或四氯化碳中。非极性溶剂与非极性或弱极性溶质分子间的作用主要是色散力，溶质分子极性越小、分子量越大，则溶质与溶剂间的色散作用越强，导致溶质易于溶解。极性分子间主要是偶极-偶极相互作用，此种作用比非极性或弱极性溶质与极性溶剂间的诱导与色散作用大得多，所以极性溶剂尽量将非极性或弱极性溶质分子"驱赶"走，即非极性溶质难溶于极性溶剂。

溶解的实质

为什么会出现溶解性的显著差异？如何理解有些物质在溶剂中可以以任意比例溶解，有的物质部分溶解，而有的物质几乎不溶解？溶解的实质是什么？这是值得深入探讨与思考的问题。

探讨物质的溶解，需要考虑：①相同分子或原子间的引力与不同分子或原子间的引力的相互关系；②分子极性引起的分子缔合程度及统计分布等；③分子复合物的生成；④溶剂化作用；⑤溶剂和溶质的分子量；⑥溶解活性基团的种类和数目。

水是组成和结构都十分简单的分子，但水又是性质非常复杂的液体。处于不同环境中的液态水分子的结构（图 6-1），包括表面水、空间受限水、溶剂壳层水、生物大分子结合水、盐溶液、水分子笼等体系。经典模型给出液态水中的氢键是平均化的，在以水分子中氧原子为中心的四面体结构基础上，每个水分子可以与周围的 4 个水分子形成氢键，其中 2 根作为氢键给体，2 根作为氢键受体 [图 6-1（a）]。

(a) 四面体模型　　　　　(b) 绳圈模型　　　　　(c) 混乱氢键模型

图 6-1　处于不同环境中的液态水分子的结构

Nilsson 课题组提出液态水中最重要的结构方式应当是类似于锁环或绳圈的结合模式 [图 6-1（b）] ❶，液态水不是完全无序、均匀的，水

---

❶ Wernet P, Nordlund D, Bergmann U, et al. Science, 2004, 304: 995-999.

中有团簇分子的存在。比如 6 个水分子形成了环状三维结构，也可能以棱柱状、笼状、书页状等共存于同一体系中，能量最稳定的是笼状六聚体。

关于物质在某一液体中的溶解问题，还没有很成熟的理论，有一些经验规则可供学习参考：

结构和性质相近的物质能互溶，早期归纳为"相似相溶"规则。如多元醇中乙二醇、丙三醇能与水混溶，葡萄糖在水中的溶解度为 83g（17.5℃）。"相似相溶"经验规则的正确性是有限度的，因为有许多例子，在化学上不相似的化合物也能形成溶液。例如，极性的甲醇和非极性的苯、水和 *N,N*-二甲基甲酰胺（DMF）、苯胺和乙醚、吡啶与水、乙醇与四氯化碳，它们在室温下均可完全混溶。另一方面，尽管两种组分相似，也可能出现不溶性现象。例如，聚乙烯醇不溶于乙醇、醋酸纤维素不溶于乙酸乙酯、聚丙烯腈不溶于丙烯腈。

离子、质子以何种方式存在于液体中？溶质与溶剂以及溶质与溶质是如何相互作用的？水合作用对溶液的表皮张力和溶解度有什么影响？理解溶质-溶剂分子间的作用，通过质子或孤对电子的作用有助于了解诸如药物与细胞间的作用，以便提高药物的医用效率等。盐溶于水发生电离和水解后以离子或原子团形式存在，形成电解质溶液。海水和体液都是非常典型的电解质溶液，海水除盐制备饮用淡水或生产用水十分重要，极可能能够彻底解决海岛缺少淡水的问题。

由半径相差悬殊的离子形成的盐，在水中通常是可溶的；而半径相近的离子形成的盐，可溶性最差。例如，表 6-1 列出了 298K 条件下碱土金属硫酸盐在水中的溶解数据。

表 6-1　碱土金属硫酸盐在水中的溶解数据

金属离子	Be^{2+}	Mg^{2+}	Ca^{2+}	Sr^{2+}	Ba^{2+}
溶解性	易溶	易溶	难溶（7.8×10^{-3}mol/L）	难溶（5.2×10^{-4}mol/L）	难溶（1.0×10^{-5}mol/L）

大家知道，离子种类、离子浓度、电荷量、电负性、接触离子对、溶剂分隔的离子对，以及水合层的本质和形成方式等，都对物质的溶解有影响。如 YX 型盐溶于水后，会形成 Y^{n+} 阳离子和 X^{n-} 阴离子。Y^{n+} 和 X^{n-} 离子各自形成一个点电荷中心，它们的极性和半径不同，与水分子结合形成水合层。

如图 6-2 所示，当浓度较低或者电负性差很小时，Y^{n+} 和 X^{n-} 离子被水分子分开，形成溶剂分隔的离子对（SIP）；当浓度较高或者电负性差比较大时，如 NaF，形成偶极子电场，称为接触离子对（CIP）。决定相互溶解性质的是溶剂和溶质分子间的相互作用。只有当溶液中的分子间引力 K_{AB} 超过纯化合物的引力 K_{AA} 和 K_{BB} 时，某化合物 A 才能溶解于某溶剂 B 中。

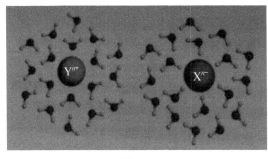
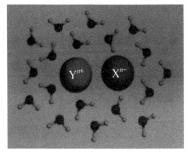

(a) SIP   (b) CIP

图 6-2 离子电场示意图[❶]

离子电场改变水分子的取向，作为点极化源使氢键伸缩和极化。溶液中均匀分布的离子或离子对形成电场源和极化源，而离子和 H^+ 或 O 原子上的孤对电子对间发生电荷共用或电荷转移的概率很小。

盐类易溶于强极性溶剂，不易溶于非极性溶剂。如果仔细思考，就有可能发现不同物质具有不同溶解度的原因。

影响溶解快慢的因素有溶剂的温度、溶质颗粒的大小、搅拌等。

---

❶ Bartoloti L J, Rai D, Kulkarni A D, et al. Comput Theor Chem, 2014, 1044: 66-73.

对于大多数物质的溶解，溶剂温度越高，溶质溶解的速率越快；对于固体在溶剂中的溶解，溶质颗粒越小，溶质溶解得越快；溶解过程中，搅拌能够加快溶解的速率，但不能增加溶解的量。

溶液一定是混合物，其主要特征是均一性和稳定性（外界条件温度、溶剂的量不变时，溶质、溶剂不分离）。如果对溶液体系进行分类，按溶质聚集状态分有：气态溶液（气体溶于液体）、液态溶液（液体溶于另一种含量较多的液体中。当两种液体组分的含量接近时，溶剂和溶质没有明显的区别）和固态溶液（固体溶于液体）三大类。

【知识拓展】固体溶液（也被称作固溶体）是指溶质原子或分子溶入溶剂的晶胞结构中同时保证溶剂晶体结构不发生大的变化的混合相。固体溶液的概念是 J. H. Vant Hoff 建立的，他认为合金、玻璃、矿物、岩石都是固体溶液。固体溶液现象在合金和硅酸盐体系中比较常见，在化合物的混合物的结晶过程中也经常出现。按溶质分子（或原子）和溶剂分子（或原子）在晶格中的位置不同可以分为置换型固体溶液和间隙型固体溶液。例如 MgO-NiO 体系，Mg^{2+} 和 Ni^{2+} 电荷相同、半径也相差不大，故可以互为溶剂无限互溶，形成无限固溶体或连续固溶体。

固态溶液（solid solution）是由多个组分组成的晶体，固体溶液与固态溶液的概念相差极大。固态溶液的射线衍射行为完全不同于组成它的各个组分，表现为一种新的晶体。由于制备固态溶液的过程不同于简单的物理混合调配颜料，可将其形象地称为化学"混合物"。固态溶液可分为药用固态溶液、水处理固态溶液和工业固态溶液。例如，各种结构相类似的不同颜料分子"化学混合"成为固态溶液后，其性质与原来各组分相比会发生很大变化，其中各项牢度的性质往往会得到改善。药物在载体中或载体在药物中以分子状态分散时，如果药物与载体分子的大小很接近，两者间可形成完全互溶的固态溶液。当药物与载体分子大小差异较大时，则只能形成部分互溶的固态溶液。

根据物质被分散的程度差异（分散微粒的大小直径不同），可将液态体系进行如下划分：

- 固体小颗粒（直径为 $10^{-7}\sim10^{-3}$m）悬浮于液体里形成的混合物叫**悬浊液**。悬浊液不稳定，因为散布在介质中的成分颗粒很大，会在重力作用下逐渐沉淀下来。例如，泥水。

- 小液滴（直径为 $10^{-7}\sim10^{-3}$m）分散到液体里形成的混合物叫**乳浊液**（分散质粒子直径大于 100nm）。

- 当分散微粒的直径为 $10^{-9}\sim10^{-7}$m 时，形成均一、稳定的混合物是**胶体**（分散质粒子直径介于 $1\sim100$nm 之间的体系）。

- 当分散微粒的直径小于 10^{-9}m 时，形成均一、稳定的混合物是**真溶液**（分散质粒子直径小于 1nm）。

悬浊液、胶体溶液（或乳浊液）、溶液都属于均匀混合物。混合物的成分之间没有化学键，可以用纯粹的物理过程分离。混合物有均匀混合物和非均匀混合物之分。化合物只能通过化学反应分解成不同成分。

溶胶的性质

溶胶是由许多高度分散的小颗粒组成的，因此，溶胶系统具有很大的比表面积和较高的表面能，能够产生吸附作用。

溶胶的性质主要有：①光学性质——丁达尔现象，可以用来区分胶体和溶液；②动力学性质——布朗运动，胶体粒子做无规则的运动；③电学性质——电泳和电渗，电场作用下，分散质粒子在分散剂中向阴极（或阳极）定向移动的现象称为电泳；如果让胶粒固定不动，分散剂将在外电场中做定向移动的现象称为电渗。

胶体粒子的布朗运动，克服了重力引起的沉降作用，使分散质粒子不会在重力作用下从分散剂中分离出来。同种溶胶的胶粒带相同电荷，同性相斥，导致胶粒很难聚集沉降。因此，胶粒的荷电量越多，溶胶就越稳定。

溶解度

溶解度是指在一定的温度和压力下，饱和溶液的浓度。通常用一定量溶剂所能溶解溶质的量表示。液体或固体溶质的溶解度，通常用100g溶剂所溶解的溶质质量来表示；气体溶质的溶解度用100g溶剂所溶解气体的体积表示或者采用吸收系数表示。

若按照一定温度和压力下，一定量溶剂里能否进一步溶解同种溶质可分为**饱和溶液**（不能再溶解相同的溶质）和**不饱和溶液**（能够继续溶解同种溶质）。对于**饱和溶液**，因温度变化而导致其变为不饱和溶液，若溶液的质量不变，则溶质的质量分数也不变。某种溶质的**饱和溶液**，有可能继续溶解其他种类的溶质，后溶解溶质可能不饱和，也可能达到饱和（一般不等同于单独条件下的饱和溶液，值得思考）。

溶解度既然指的是在一定温度和压力下某种物质在100g溶剂里达到饱和时所溶解的质量数，那么按照物质的溶解度配制而成的溶液，一定是饱和溶液。或者说，在一定温度和压力条件下，一定量的溶剂中有未溶固体溶质且固体的质量不再随时间的延长而减少的体系，必为饱和溶液。饱和溶液体系在不改变温度或减少溶剂的条件下，向该溶液中加入相应溶质，则溶质的溶解与自溶液中析出溶质的量相等，两者处于一种动态平衡。

在一定温度条件下，往溶液中加入相应的溶质，溶质可以再继续溶解的体系为不饱和溶液。不饱和溶液可以通过增加溶质、蒸发溶剂、改变温度等操作（单一操作或组合操作），形成饱和溶液。

初学者往往会困惑，为什么"同种溶质的饱和溶液一定比不饱和溶液的浓度大"这句话是不对的，或者说是不准确的。这是由于缺少了"温度"这一关键的限制条件，所以不能笼统地进行比较。

必须强调的是，有些固体溶质的溶解度随温度的升高而显著增大，如 KNO_3。因此，遇到问题时，一定要认真思考发生了什么变化。例如，50℃时的硝酸钾饱和溶液降温至40℃后，溶液发生的变化一定是（　　）。

（A）浓度增大；（B）变为不饱和溶液；（C）浓度减小；（D）溶液质量不变。

[分析] 降温后，溶解度变小，析出固体，但仍为饱和溶液，因此浓度减小了，答案选 C。

影响溶解度的因素主要是溶剂本身的性质及溶质的差异，次要因素为外界条件，如温度、压力、沉淀颗粒的大小、沉淀的溶胶性质及多晶现象等。对于固体溶质而言，温度的影响较为明显，尤其是大多数固体物质的溶解度随温度升高而增大。例如，难溶性盐 $PbCl_2$ 及硝酸铅在水中的溶解度见表 6-2 和表 6-3。

表 6-2　难溶性盐 $PbCl_2$ 在水中的溶解度数据

温度/℃	0	15	25	35	45	55	80	100
溶解度 /(10^{-3}mol/L)	24.21	32.65	38.82	47.33	55.79	64.86	91.50	115.2

表 6-3　硝酸铅在水中的溶解度

温度/℃	0	10	20	30	40	50	60	80	100
溶解度 /(g/100g 水)	36.80	46.20	55.52	64.75	74.60	81.82	91.57	111.86	131.48

少数物质的溶解度随温度的升高而减小，如 $SnSO_4$、$Ca(OH)_2$ 和 $MgCO_3$ 等。$MgCO_3$ 在水中的溶解度随温度变化的数据见表 6-4。

也有部分物质的溶解度随温度的变化发生并不十分明显的变化，如 NaCl（表 6-5）。

表 6-4 MgCO₃ 在水中的溶解度

温度/℃	3.5	12	18	22	25	30	40	50
溶解度/(g/100g 水)	3.65	2.65	2.21	2.00	1.87	1.58	1.18	0.95

表 6-5 NaCl 在水中的溶解度

温度/℃	0	10	20	30	40	50	60	70	80	90	100
溶解度/(g/100g 水)	35.7	35.8	36.0	36.3	36.6	37.0	37.3	37.8	38.4	39.0	39.8

也有部分物质的溶解度随温度的升高发生非单一性变化的情况，如 $ZnSO_4$（表 6-6）、$MgSO_4$ 溶解度随温度变化出现"先升后降"的异常，60℃前硫酸锌的溶解度随温度的升高而增大，60℃后则随温度的升高而减小。

表 6-6 ZnSO₄ 在水中的溶解度

温度/℃	0	10	20	25	30	40	60	80	100
溶解度/(g/100g 水)	41.8	47.5	54.1	58.0	62.1	70.4	74.8	67.2	60.5

K_2CO_3 和 Rb_2CO_3 在乙醇中几乎一点都不溶解，但 Cs_2CO_3 的溶解度却达 10%（20℃绝对乙醇中）。

上述现象一方面说明溶解现象的复杂多变，另一方面说明有待研究的内容与现象还有很多。

在难溶电解质的饱和溶液中，加入含有相同离子的易溶强电解质，可使难溶电解质的溶解度降低，这种现象称为**同离子效应**。若在难溶电解质溶液中加入易溶强电解质，可使其溶解度增大，这种现象被称为**盐效应**。盐效应和同离子效应同时存在时，同离子效应为主。定性讨论溶解度影响因素时须全面考虑。

气体的溶解度

气体溶解度与固态溶解度有很大的差异，通常讲的气体溶解度是指该气体在压强为101.3kPa、一定温度时，溶解在1体积水里达到饱和状态时的气体体积数（非标准状况时的气体体积数要换算成标准状况时的体积数）。固体溶解度只考虑在一定温度下溶解的最大量；而气体溶解度除需要指明温度外，还规定压强（或压力）为一标准大气压，因为气体溶解度不仅和温度有关，还同压力有关。固体溶解度规定溶剂为100克，溶解度的单位是"克"；而气体溶解度用相对体积比来表示，无须指明量度单位，即气体溶解度无单位。气体的体积数一律指标准状况下的体积数。如果是在非标准状况下进行的测量，则需要换算成标准状况下的体积数。间隙填充和水合作用是气体能够溶解于水中的根本原因。

气体溶解度的表示方法通常有四种：一是用该气体的压力（不包括水蒸气分压）为101.3kPa时，溶解在1体积水中的气体体积（需换算成标准状况下），又称吸收系数来表示。如20℃时氮气溶解度为0.0155。二是用水的体积和气体体积之比来表示。如20℃时氮气溶解度又可以表示为1∶0.0155。三是用总压力（气体分压+该温度下水蒸气分压）为101.3kPa时，溶解在1体积水中的气体体积（需换算成标准状况下）来表示。例如20℃时氯气溶解度为2.30。四是总压力（该气体分压+该温度下水蒸气分压）为101.3kPa时，溶解在100克水中气体的质量来表示。如20℃氮气溶解度为0.00189。

物质的溶解度差异大部分是由溶质水合作用的差异造成的，但气体性质与其溶解度之间的关系尚不清楚。中性气体（如氢气和氮气）是难溶性的，表现为酸性或碱性的气体（如氯化氢、氨气等）则是易溶的，易液化的气体也相对可溶。气体在一定体积液体中的溶解度与压力有关，这与固体在液体中的溶解度基本上不受压力的影响不同。压力一定时，若气体溶解于水的过程是吸热过程，则气体在水中的溶解度将随着温度的升高而增加；反之，若溶解过程放热，则气体在水中的溶解度将随着温度的升高而减少。气体分子（或分子量）越大，该气体在水中的溶解度越小。一般而言，极性分子易溶于极性溶剂，非极性分子易溶于非极性溶剂。当气体分子极性远小于水（如甲烷）时，水中无明显的水解反应发生，填充到水中的气体对溶解度的贡献不容忽视。气体溶解可能先扩散溶解，再发生溶剂化作用等。

水可以溶解气体，例如空气中的氧气、二氧化碳等。部分常见气体分子 20℃时在水中的溶解度见表 6-7。

表 6-7　部分常见气体分子 20℃时在水中的溶解度（吸收系数）

名称	氢气	氮气	氧气	氯气	一氧化碳	二氧化碳
分子式	H_2	N_2	O_2	Cl_2	CO	CO_2
吸收系数	0.0182	0.0155	0.0310	2.30	0.023	0.878
名称	一氧化氮	甲烷	硫化氢	二氧化硫	氯化氢	氨气
分子式	NO	CH_4	H_2S	SO_2	HCl	NH_3
吸收系数	0.0471	0.033	2.58	39.4	442	947

若气体溶解时不涉及化学键的解离或生成，仅是混乱度减小，则溶解度一般都比较小。溶剂要溶解溶质，溶剂分子间必须形成能容纳气体分子的空穴，气体分子产生瞬间偶极，水分子与瞬间偶极之间相互吸引，导致能量降低，形成色散力，使气体分子被溶解，其形成的色散力大，则溶解相对多些，反之则小些。

温度升高，气体溶解度减小。如氧气在标准状况下，293K 的溶解度为 0.0308，323K 时为 0.0208，353K 时为 0.0177。氧溶于水后有氧的水合物 $O_2 \cdot H_2O$ 和 $O_2 \cdot 2H_2O$ 生成，此类水合物中的氢键和水分子间的氢键有所不同：这些氢键中质子是共用三个电子而不是四个电子，即 1 个电子来自具有双自由基形式的氧分子中的氧原子，2 个电子来自 O—H 键。温度升高导致水中溶解氧的减少，这对于水产养殖影响极大，极可能导致养殖鱼、虾等的非正常大量死亡等。

压强（或压力）增大，气体溶解度增大。如汽水罐中的压力使未开封汽水中 CO_2 的浓度非常高，西非喀麦隆尼奥斯湖曾因湖水底部熔化的火山岩（岩浆）产生 CO_2 渗入湖中而形成十分集中且高浓缩的 CO_2 和水的混合物，后因浓度过高或其他自然触发因素，导致一些气态 CO_2 逸出，造成湖边居住的 1700 多人和约 3000 头牛死掉（1986 年 8 月 22 日）。在水中通入可溶解气体如氢气、氮气、氧气、甲烷等，均能生成超微气泡[1]。超微气泡与毫米气泡相比不仅寿命长，而且难以破坏，热稳定性更好。超微气泡比同尺寸液滴拥有更多的低配位水分子，这也许与水的表观过冷和过热形成相关。纳米液滴和超微气泡均表现出"过热"和"过冷"现象，其程度取决于液滴尺寸。

如果气体溶解在水中并同时发生化学反应，则其溶解度必然还会受水中其他物质浓度的影响。比如酸性气体 CO_2、SO_2、H_2S、Cl_2 等在酸性增强时溶解度减小，而碱性增强时溶解度增大；相反，NH_3 在酸性增强时溶解度增大，而碱性增强时溶解度减小。

气体在盐溶液中的溶解度比在纯水中低得多。无机盐对气体溶解度的影响可定性解释为由于无机盐占据了部分间隙，使气体分子能够占有的有效间隙度减小，从而导致气体溶解度降低。

气体溶解度与气体分子的极性、分子中化学键的极性以及分子体积有关。气体分子的极性影响到 K_p，K_p 越大，溶解度越大。当气体的极性相近时（如烃类气体），则溶解度与分子的体积有关。分子的体积越大，有效间隙度越小，溶解度越小。这就是烃类气体的溶解度有甲烷>乙烷>丙烷>丁烷的原因。

---

[1] Oh S H, Han J G, Kim J M. Fuel, 2015, 158: 399-404.

稀有气体随分子体积增加，在水中的极化率增大，产生较强的溶质-溶剂相互作用，因此溶解度增加（表6-8）。

表6-8   稀有气体在水中的溶解度

温度/℃	He	Ne	Ar	Kr	Xe	Rn
20	0.0088	0.0104	0.0336	0.0626	0.1109	0.245
30	0.0086	0.0099	0.0288	0.0511	0.0900	0.195

混合气体体系中气体组分在水溶液中的溶解度随温度和压力的变化规律与纯气体在水溶液中的溶解度随温度和压力的变化规律一致。在给定的温度和总压力下，气体组分在水溶液中的溶解度随其在气相中的含量的增大而增大。在中等压强下，气体在液体中的溶解度与液体上方气相中该气体的分压成正比。

很多相对非极性的气体分子（和水不能形成氢键），在一定条件下可与水形成包合水合物，稀有气体基本上都是被包容在笼状的主体分子内。固态的包合水合物是在非常特定的温度和压力条件下形成的，可燃冰就是甲烷气体形成的水合物，理想组成为$6CH_4 \cdot 46H_2O$；氯气水合物的分子式为$Cl_2 \cdot 10H_2O$，He、Ne、H_2、N_2和O_2等均可形成水合物。由于气体分子形成水合物时都有空笼存在，实际水合物的含水量比理想组分中要多（水的摩尔分数通常过量85%）。

水合作用是气体溶解在水中的一个重要因素，考虑到气体在水中的溶解存在着间隙填充和水合作用两种机理，气体在盐溶液中的溶解度比在纯水中低得多。当压力一定时，由于不同温度下两种溶解机理对气体溶解度的贡献不同，必造成溶解度-温度曲线上有一极小值。

当气体（或气体溶质）的构型相似时，a值（与气体分子内禀性质相关的一个常数）随分子量的增大而增大，这可能是因为气体（或气体溶质）分子量增大时，引起范德华力增大，导致汽化热（或溶解热）增大，从而使a值增大。

【知识拓展】在同一溶剂中的 2 种溶质，其溶解度不同于单一溶质在该溶剂中的溶解度。若两种溶质可形成复盐或配合物，则复盐或配合物的溶解度小于相应的"单盐" ❶。

溶解度曲线

根据同一种物质在不同温度下的溶解度不同，采用纵坐标表示溶解度、横坐标表示温度，用一条平滑曲线将不同温度下有关溶解度的数值连接起来，这种曲线称为溶解度曲线。

溶解度曲线用于表示不同物质的溶解度受温度变化的影响情况，曲线上的点，表示溶质在对应温度时的溶解度（饱和溶液）。曲线本身体现的是溶质的溶解度随温度变化而发生变化的趋势（升高或降低，幅度大小等）。此外，位于曲线以下的点，表示溶液为不饱和状态；位于曲线以上的点，表示形成**过饱和溶液**（在缺少晶种条件下，自饱和溶液体系通过减少溶剂或改变温度而未析出晶体）。图 6-3 给出了溶质质量分数的基本变化图像。

图 6-4 给出了几种物质的溶解度曲线。查看这类曲线图像，应能看出不同溶质的溶解度随温度的变化趋势；要明白物质的溶解度曲线上的任意一点都是指溶液的饱和状态；图像中任意一点所代表状态（饱和、不饱和或过饱和）、溶解度数据等；能看出物质的溶解度随温度的变化而变化的情况等。

通过图 6-4 可以比较不同物质在同一温度时溶解度的大小，或者比较不同物质的溶解度受温度变化影响的大小，或者选择适宜方法（结晶法）分离物质等。

---

❶ 严宣申. 化学教育, 2011(7): 71-73.

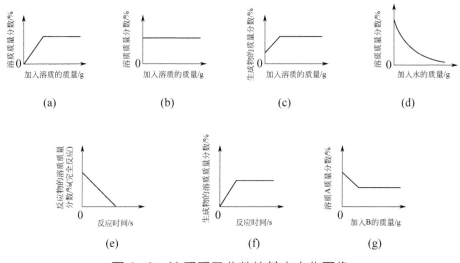

图 6-3 溶质质量分数的基本变化图像

（a）在一定温度下，向 A 的不饱和溶液中加入 A 时，溶剂的质量不变；溶质 A 的质量分数随着溶质质量的增加而增大，当溶液达到饱和时，溶质质量分数不变。（b）向 A 的饱和溶液中加入 A 时，溶液中溶质质量分数不变。（c）在一定温度下，向某溶液中加入某固体反应物，随着反应的进行，生成物的质量分数不断增加，直至反应结束，生成物的质量分数达到最大。（d）溶液稀释时，溶质质量不变，溶剂、溶液质量逐渐增加，溶质质量分数逐渐减小。（e）溶质为反应物时，随着反应的进行，溶质质量不断减小，直到完全反应，此时溶质质量分数为 0。（f）溶质为生成物时，随着反应的进行，溶质质量不断增加，溶质质量分数不断增大，直至反应结束，溶质质量分数达到最大。（g）向 A 的溶液中加入 B（可溶于水，不与水反应）时，溶剂的质量不变，溶质 A 的质量也不变，溶液质量先随加入 B 的质量的增加而增加，后当 B 达到饱和时，不再改变，故 A 的溶质质量分数先减小，后不变

例如，KNO_3 的溶解度曲线如图 6-5（a）所示，0～60℃范围，KNO_3 的溶解度随温度升高而增大；60℃时，100g 水中最多溶解 110g 的 KNO_3；20℃时，KNO_3 饱和溶液中溶质质量为 31.6g，质量分数为 24.01%［31.6/(100+31.6)×100%］；将 20℃的 KNO_3 饱和溶液升温至 60℃，溶液中溶质质量不变，此时溶液处于不饱和状态。对于不饱和溶液，可通过添加溶质或减少溶剂的方法，使之重新形成饱和溶液。

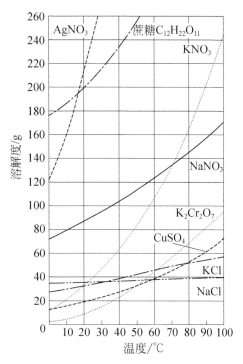

图 6-4　几种物质的溶解度曲线

图 6.5（b）表示甲、乙两种固体的溶解度曲线。从图可以看出，t_1 时甲、乙两种物质的溶解度相等；t_2 时，甲的溶解度大于乙的溶解度；将 t_2 时甲、乙的饱和溶液降温至 t_1，均有固体析出；将 t_2 时乙的饱和溶液降温至 t_1，溶液仍饱和；将 t_2 时等质量的甲、乙饱和溶液分别降温至 t_1，析出甲的质量大于乙的质量。

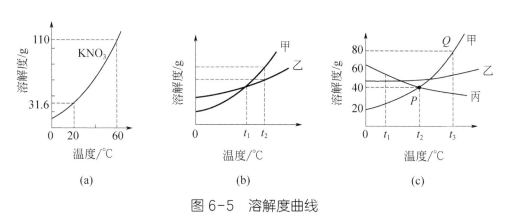

(a)　　　　　　(b)　　　　　　(c)

图 6-5　溶解度曲线

图 6-5（c）是甲、乙、丙三种物质的溶解度曲线，甲与丙的溶解度曲线相交于 P 点，说明甲与丙两种物质在 t_2 时溶解度相同；t_3 时，甲、乙、丙三种物质的溶解度顺序是甲>乙>丙；将 t_3 时等质量的三种饱和溶液分别降温至 t_1 时，析出甲的质量大，乙有少量，丙无且为不饱和状态。

⚛ 溶液浓度表示法

溶液的性质在很大程度上取决于溶质与溶剂的相对含量，因此为了表示溶质和溶剂的相对含量，需要采用一定的浓度表示法明确溶质与溶剂间的相对关系。

溶质的质量体积浓度 c_B：溶质 B 的物质的量 n_B 除以混合物的体积 V，单位为 mol/dm^3，或者 mol/L。这种浓度表示方法又称为摩尔浓度（M），即每升溶液中溶质的物质的量，而非每升溶剂中溶质的物质的量。

$$c_B = n_B/V$$

或者 $$摩尔浓度 = \frac{溶质物质的量}{溶液体积}$$

采用质量体积浓度有利于进行实验时一定浓度溶液的配制，但是因为溶液的体积与温度有关，因此要考虑温度这个影响因素。

溶质的质量浓度 ρ_B：溶质 B 的质量除以混合物的体积，单位是 kg/m^3 或 kg/L。

溶质的质量分数：每 100g 溶液中所含溶质的质量数。

$$质量分数 = \frac{溶质质量}{溶质质量 + 溶剂质量} \times 100\%$$

溶质的质量摩尔浓度 b_B：溶液中溶质的物质的量（mol）除以溶剂的质量（kg），单位为 mol/kg。

$$b_B = n_B/m_A$$

质量摩尔浓度常用于溶液的凝固点和沸点的计算。该浓度表示法的优点在于不受温度变化的影响。例如，在温度 t_1 条件配制的溶液，若溶液在加热过程中溶剂与溶质均无损失，则加热至 t_2 时，其质量摩尔浓度并不发生变化。

溶质 B 的摩尔比 r_B：溶质 B 的摩尔分数 χ_B 与溶剂的摩尔分数之比。对于单一溶质的溶液，计算式为：

$$r_B = \chi_B/(1-\chi_B)$$

用分压来表示：对于气相混合物，可采用分压来表示某组分的含量。分压是指混合气体中某一种气体在与混合气体处于相同温度下时，单独占有整个容积时所呈现的压强。由于混合气体的总压 $p_总$ 等于各种气体分压的代数和：

$$p_总 = p_1 + p_2 + p_3 + \ldots = \sum p_i$$

因为 $p_1 V = n_1 RT$，$p_2 V = n_2 RT,\ldots$

所以 $p_总 = n_总 RT$

这样 $p_1 p_总 = n_1 n_总$，$p_2 p_总 = n_2 n_总,\ldots$

令 $n_i n_总 = \chi_i$，则 $p_i = \chi_i p_总$

就是说，某组分的分压是其摩尔分数与总压的乘积。与之类似，也可采用分体积来表示，即 $V_i = \chi_i V_总$。

溶解度计算

关于溶液百分比浓度的计算题有以下六种形式：①溶质直接溶解；

②溶液的配制（稀释）；③溶液的浓缩；④不同浓度溶液的混合；⑤饱和溶液溶解度和百分比浓度的换算；⑥化学方程式与溶液浓度结合的计算。

一般来说，求解此类题，可针对不同题型分别运用下列要领解题。

① 一定量的溶液里，溶解溶质的量不能超过该物质的溶解限度；

② 结晶水合物溶于水，溶质应是无水物，结晶水作溶剂；

③ 可溶性氧化物溶于水，溶质指氧化物与水反应的生成物；

④ 有关溶液的稀释或浓缩的计算，要抓住稀释（或浓缩）前后溶质的质量不变的原则，即 $M_{浓} \times A\%_{浓} = M_{稀} \times B\%_{稀}$；

⑤ 不同浓度溶液间混合，混合前各溶液所含溶质质量之和等于混合溶液所含溶质的质量，并特别注意两种不同浓度的溶液其质量可以相加，而体积相加会有一定的误差，若要精确计算，应根据混合溶液的密度求算；

⑥ 若在一定温度的饱和溶液里，其百分比浓度=溶解度/（100+溶解度）×100%；

⑦ 化学反应后溶液的质量=反应前各种物质质量总和-生成的气体质量-不溶性固体质量。

根据溶液中溶质含量的相对多少，常将溶液粗略地分为浓溶液和稀溶液。浓溶液也可能是不饱和溶液，稀溶液也可能是饱和溶液，一定要根据溶剂、溶质性质及外界条件等因素确定。在一定温度下，某固态物质在 100 克溶剂里达到饱和状态时所溶解的质量，称为这种物质在这种溶剂里的**溶解度**。一定量的溶液中所含溶质的量，叫作溶液的浓度。

溶液的浓度表示方法有：质量分数，体积比浓度，体积分数，等等。

饱和溶液的质量分数 = 溶解度/（100+溶解度）×100%

溶质质量分数 = 溶质质量/溶液质量×100%

= 溶质质量/（溶质质量+溶剂质量）×100%

这方面的计算是指已知某物质在不同温度下的溶解度和在某温度时的饱和溶液的质量，当饱和溶液从某一温度降低到另一温度时，求能析出的溶质质量。

依据质量守恒，原溶液中的溶质的质量（G）等于析出晶体所含溶质的质量（G_1）和残留在母液中溶质的质量（G_2）之和。即：

$$G = G_1 + G_2$$

关于溶解度的计算，在列比例式时，比例式中的两前项或两后项应该是同一溶液和同一温度下之同一物理量（即同为溶剂量、溶液量或溶质量）。

【例 1】把在 60℃时 52.39%的饱和硝酸钾溶液 315 克，冷却至 20℃时，问能析出硝酸钾晶体多少克？

（已知，20℃时硝酸钾的溶解度为 31.6 克。）

解：因为 $G = 315×52.39\%$，$G_2 = (315-G_1)×31.6/(100+31.6)$

根据质量守恒，有

$$315×52.39\% = G_1 + (315-G_1)×31.6/(100+31.6)$$

解之，得 $G_1 = 117.64$。

答：能析出硝酸钾晶体 117.64 克。

【例 2】20℃时 KNO_3 饱和溶液 200 克蒸发掉 60 克水后，再冷却到 20℃，有多少克 KNO_3 晶体析出？

解法一：设析出 KNO_3 晶体 x 克，其值应为 60 克水中所溶解 KNO_3 的量，因此可列比例等式：

$$31.6/(100 + 31.6) = x/(60 + x)$$

解之，得 $x = 18.96$。

解法二：原饱和溶液中含溶质 $200×31.6/(100+31.6)$克，蒸发掉 60 克水，再冷却到 20℃，析出 x 克溶质后剩余溶液$(200-60-x)$克，仍然是饱和溶液，其中应含溶质为$(200-60-x)×31.6/(100+31.6)$克。

根据饱和溶液中溶质的量，即可得方程式：

$$200×31.6/(100+31.6)-x = (140-x)×31.6/(100+31.6)$$

整理后解得 $x = 18.96$。

答：析出 KNO_3 晶体 18.96 克。

【例 3】有一样品为在空气里暴露过的 KOH 固体，经分析知其含水 7.65%、含 K_2CO_3 4.32%，其余是 KOH。若将 a 克样品加入 b 毫升 1mol/L 的盐酸使其完全反应后，残酸再用 25.52 毫升 c mol/L 的 KOH 溶液恰好中和完全。则蒸发所得溶液后，所得固体质量是（   ）克。

（A）$0.80a$；（B）$0.0745b$；（C）$0.0375c$；（D）无法计算。

分析：本题的核心是最后得到固体 KCl，依据"KCl→Cl→HCl"线索，不难推出 KCl 的质量与 HCl 的体积"b 毫升"有关，题中所给四个选项只有 B 符合要求。

处理有关溶解度方面的计算题，除了应理解溶解度的定义外，更为重要的是在列比例式时，比例式中前两项或后两项应该是同一溶液和同一温度下之同一物理量（即同为溶剂量、溶液量或溶质量）。

对于溶液稀释类型的计算题，一定要牢记溶液稀释前后，溶质的质量不变的基本原则，可以列出计算公式：浓溶液质量×浓溶液溶质的质量分数=稀溶液质量×稀溶液溶质的质量分数。

例如，现有质量分数分别为 w_1（密度为ρ_1）和 w_2（密度为ρ_2）的两种硫酸。分别取等质量的两溶液混合后，硫酸的质量分数为 w_a；取等体积的两溶液混合后，硫酸的质量分数为 w_b。则 w_a 与 w_b 的关系是（   ）。

（A）$w_a < w_b$；（B）$w_a > w_b$；（C）$w_a = w_b$；（D）无法确定。

对于质量分数越大密度越大的溶液，如硫酸、硝酸及食盐溶液等，其等体积混合后的溶质质量分数必大于其等质量混合后的溶液质量分数；对于质量分数越大密度越小的溶液，如氨水、酒精等溶液，结果则相反。因此选项 A 正确。

【例4】往一定量的某二价金属硫酸盐（设为 MSO_4）溶液中滴加 $BaCl_2$ 溶液，反应刚好完全时，滤去沉淀，称得滤液质量与原 MSO_4 溶液质量相等，求所加 $BaCl_2$ 溶液的质量分数。

解：设所加 $BaCl_2$ 溶液中含 $BaCl_2$ 为 1 摩尔，含水 x 克；原 MSO_4 溶液中含水 y 克。依题意及所设量，MSO_4 也应为 1 摩尔。反应后，滤液中含 MSO_4 为 1 摩尔，水为（$x+y$）克，即有等式：

$$M+35.5×2+x+y = M+96+y$$

解之，得 $x = 25$。

故所求 $BaCl_2$ 溶液质量分数为：$\dfrac{137+35.5×2}{137+35.5×2+25}×100\% = 89.27\%$

答：所加 $BaCl_2$ 溶液的质量分数为 89.27%。

【例5】将 NaCl 和 NaBr 的混合物 m 克溶于足量水配成 50 毫升溶液 A，再向其中通入足量的 Cl_2，充分反应后蒸发至干，得干燥晶体（$m-2$）克。则 A 溶液中 Na^+、Br^-、Cl^- 的摩尔比不可能为（　　）。

（A）3：2：1；（B）3：1：2；（C）4：3：1；（D）3：1：4。

本题的一般解法是考虑 NaBr 与 Cl_2 反应引起的质量差运用差量法求解。但若换个角度思考：A 溶液是 NaCl 和 NaBr 的混合液，如果只考虑 Na^+ 的浓度，则 Na^+ 的浓度一定会大于 Cl^- 和 Br^- 的浓度。对照 4 个选项，不必计算，即可得出正确答案为 D。

【例6】将 40℃时浓度 18% 的 $CuSO_4$ 溶液 100 克冷却到 0℃，析出胆矾多少克？（已知：0℃时 $CuSO_4$ 的溶解度为 14.8 克，40℃时 $CuSO_4$ 的溶解度为 29 克）

解：设析出胆矾 x 克，由 $CuSO_4·5H_2O$ 分子式知，$CuSO_4$ 占比为：

$$\frac{160}{160+90} \times 100\% = 64\%。$$

0℃时饱和 $CuSO_4$ 溶液中的溶质质量为：$100 \times 18\% - x \times 64\%$。溶剂质量为：$100 \times 82\% - x \times 36\%$。

根据溶解度定义，可列出等式：

$$14.8 = \frac{100 \times 18\% - x \times 64\%}{100 \times 82\% - x \times 36\%} \times 100，\quad x = 10$$

答：析出胆矾 10 克。

结晶水合物溶于水形成溶液时，结晶水变成溶剂的一部分，溶质应为无水物。如将 $Na_2CO_3 \cdot 10H_2O$ 溶于水形成溶液后，溶质为 Na_2CO_3，而不是 $Na_2CO_3 \cdot 10H_2O$。此外，在计算结晶水合物式量时，万万不能将式子中的"·"误认为是乘号，即 $Na_2CO_3 \cdot 10H_2O$ 的式量$=23 \times 2+12+16 \times 3+10 \times (2+16) = 286$，绝对不能出现"$Na_2CO_3 \cdot 10H_2O$ 的式量$=23 \times 2+12+16 \times 3 \times 10 \times (2+16)$"等这类低级错误。

有关溶液计算一定要明确溶液的状态，即溶液是否处于饱和状态？溶质是否已全部溶解了？溶液体系形成过程是否发生了化学反应？例如，氧化钠溶于水所得溶液中溶质是氢氧化钠而非氧化钠，碳酸钙溶于稀盐酸所形成溶液的溶质为氯化钙，且因有 CO_2 气体逸出，所以溶液的质量应减去反应中生成的气体或沉淀的质量。

结晶

固态物质（溶质）从溶液里析出的过程，叫作物质的**结晶**，简称析晶，它是溶解的逆过程。如果过饱和度大，结晶速度较快，结晶中心增多，晶体生长会细小，不利于长成完整的大晶体。通过蒸发溶剂，可以使溶解度受温度影响较小的溶质析出（蒸发结晶）。如日晒法制备海盐、采用蒸煮卤水手段炼制井盐等。

结晶过程可分为晶核生成（成核）和晶体生长两个阶段，而晶核的生成有初级均相成核、初级非均相成核、二次成核三种形式。饱和溶液中同时存在着溶解与结晶这两种可逆的过程，结晶技术手段可以作为净化除杂或分离方法是基于不同性质化合物的溶解度随温度的变化差异较为显著的原理进行的。如氯化钠和氯化钾的分离，氯化钠的溶解度受温度的影响不大，而氯化钾的溶解度受温度的变化相当明显，因此可通过调节温度变化将这两种晶体分开；在结晶前先将含有杂质的初始样品溶解在加热的溶剂（或混合溶剂）中，在溶剂冷却或蒸发的过程中使样品再次结晶析出。

降温法是从饱和溶液中培养晶体的一种最常用的方法，适用于溶解度和温度系数都很大的物质，比较合适的起始温度是 $50 \sim 60℃$，降温区间以 $15 \sim 20℃$ 为宜。流动法（溶液受到搅拌或发生对流引起所谓的浓度流）是制备较大单晶的一种有效方法，采用此法已长出了 20kg 的磷酸二氢铵大单晶（ADP）。磷酸二氢钾（KDP）单晶和 ADP 单晶都是利用溶液温差引起对流培养制取的，它们在水中的溶解度随温度的升高而增大，因此常用溶液冷却法（动态法）生长，降温速率一般为每天百分之几摄氏度。如大块 KDP 单晶生长初期的降温速率为 0.05 ℃/d，后期为 0.03℃/d。

溶剂蒸发法适合于溶解度较大而溶解系数很小或具有负温度系数的物质，如非线性光学晶体磷酸氢二钾晶体的生长等。

盐溶液结冰能析出盐。在寒冷的冬天，海水结冰也可以排除有机、无机杂质。当冰融化时，净化的海水即可作为进一步提纯的饮用水源。

同一种物质常能生成多种不同含水量的晶体，不同的结晶水合物的溶解度受温度的影响不同。当温度变化时，一种晶体会转变为另一种晶体，物质的溶解度常会发生急剧的变化，表现在溶解度曲线上则是由几段组成。例如，在 $SnCl_4$ 的饱和水溶液中形成 $SnCl_4 \cdot nH_2O$，$n=2,3,4,5,8$ 或 9，<19℃时，$n=8$（或 9）；19～56℃时，$n=5$；56～63℃，$n=4$；63～83℃，$n=3$；>83℃，$n=2$。

在结晶水合物中，水有多种不同的存在形式。如羟基水、配位水、阴离子水、晶格水、沸石水、层间水等。初学阶段一般不加以区分，且具体物质一般含有确定数目的结晶水分子。结晶水合物常由浓溶液降温析出晶体时形成，结晶水合物加热时能失去全部或部分结晶水。

关于结晶水合物中结晶水数目的确定，可以根据在水合物中的结晶体和结晶水的摩尔比进行确定，也可以根据结晶水的质量比或者通过有关计算加以确定。

【例 7】已知无水硫酸铜溶解度（每 100 克水中）在 0℃时为 14.8克，40℃时为 29 克，把 40℃时质量分数为 18% 的硫酸铜溶液 100 克冷却到 0℃，析出硫酸铜晶体多少克？

［分析］这种类型的计算，可通过无水硫酸铜的溶解度求出结晶硫酸铜的溶解度，然后再按一般的溶解度的逻辑分析计算。就是说，先把溶液中的 $CuSO_4$ 折合成 $CuSO_4 \cdot 5H_2O$，进而求出水的质量；再求这些水 0℃时最多可溶 $CuSO_4 \cdot 5H_2O$ 的质量，最后求出结晶的质量。

解：设析出晶体为 x 克，x 克晶体中含 $CuSO_4$ 为 $\frac{160}{250}x$ 克，母液质量为 $(100-x)$ 克，母液中 $CuSO_4$ 质量为：

$$100 \times 18\% - \frac{160}{250}x = 18 - \frac{16}{25}x$$

根据 0℃时 $CuSO_4$ 的溶解度与质量分数的关系列出如下等式：

$$\frac{18-\frac{16}{25}x}{100-x}=\frac{14.8}{100+14.8}$$

解之，得 $x \approx 10$。

还可通过解方程组法、逐步分析法、等比数列求和法等进行求解。

需要注意的是，结晶水合物溶于水形成溶液时，结晶水变成溶剂的一部分，溶质应为无水物。而当水合物自溶液中结晶析出时，必须考虑结晶水的影响。

电解质溶液

食盐、硝酸钾等可以溶于水中，蔗糖、乙醇等也可以溶于水中，然而它们与溶剂水作用的结果并不完全相同。前一种情况所形成的溶液能够导电，说明溶液中存在能够自由移动的离子，它们在电场作用下能够发生定向移动。后一种情况形成的溶液不能导电，说明无带电离子生成。

凡是在水溶液里或熔融状态下能够导电的化合物叫作**电解质**。虽然氯化钠、硝酸钾等固体不导电，但将其分别加热至熔化，则熔融体同样能够导电。氯化钠、氯化钾等溶于水，所得水溶液也能够导电。

在水溶液里和熔融状态下都不能导电的化合物叫作**非电解质**。非电解质是以典型的共价键结合的化合物，它们在水溶液中不发生电离反应。如蔗糖、甘油、乙醇、淀粉等。当在非电解质饱和水溶液中加入电解质，而使非电解质溶解度减小，这个现象叫作**盐析**；由于加入电解质而引起非电解质的溶解度增大的现象叫**盐溶**。感兴趣的读者，可以深入思考为什么会发生此类现象？

强电解质和弱电解质

在水溶液中，全部电离成离子的电解质，称为**强电解质**。如：$NaCl \Longrightarrow Na^+ + Cl^-$。

实际上，电解质在水溶剂中的电离并非形成裸阳离子和裸阴离子，而是形成水合阳离子和水合阴离子，通常采用在阳离子、阴离子后加注(aq)的方式表示之。就是说，NaCl 溶于水后，电离形成了 $Na^+(aq)$ 和 $Cl^-(aq)$。考虑到正、负电荷间存在着静电作用（离子对），强电解质的电导率测定结果也并非是 100%电离的。

还有一些电解质溶于水后，只有部分发生了电离，它们被称为**弱电解质**。例如，醋酸溶于水，溶液中除了形成醋酸根离子、水合质子外，还有一定量的醋酸分子。

$$CH_3COOH \Longrightarrow CH_3COO^- + H^+ \quad （醋酸分子也可采用 HAc 表示）$$

弱电解质分子在溶剂中形成动态的电离平衡状态，简称**电离平衡**。可采用电离平衡常数（弱酸 K_a，弱碱 K_b）表示弱电解质的电离情况：

$$K_a = \frac{[Ac^-][H^+]}{[HAc]}$$

电离度是弱电解质溶于溶剂中达到电离平衡时，溶液中已经电离的电解质分子数占原来总的弱电解质分子数的百分数。电离度一般采用 α 表示，弱电解质浓度若采用 mol/L 表示，α 就等于电离平衡时已电离的电解质物质的量占原来总物质的量的百分数。

$$\alpha = \frac{c_0 - [\text{HAc}]_{\text{平}}}{c_0} \times 100\%$$

假设室温条件下，醋酸的初始浓度为 0.10mol/L，达到平衡时的电离度为 1.32%，可以依据电离反应：

$$\text{CH}_3\text{COOH} \rightleftharpoons \text{CH}_3\text{COO}^- + \text{H}^+$$

初始浓度/（mol/L）   0.10   0   0

平衡浓度/（mol/L） 0.10−1.32%×0.10   0.00132   0.00132

$$K_a = \frac{[\text{CH}_3\text{COO}^-][\text{H}^+]}{[\text{CH}_3\text{COOH}]}$$

$$= 0.00132 \times \frac{0.00132}{0.09868}$$

$$= 1.77 \times 10^{-5}$$

0.010mol/L 醋酸溶液的电离度的计算。

根据电离平衡常数 $K_a = 1.77 \times 10^{-5}$，设达到电离平衡时，电离 HAc 的量为 x，则

$$x^2/(0.010-x) = 1.77 \times 10^{-5}$$

$$x = 4.2 \times 10^{-4} \text{（mol/L）}$$

$$\alpha = 4.2 \times 10^{-4}/0.010 \times 100\%$$

$$= 4.2\%$$

需要说明的是，电离常数不受初始浓度的影响，温度对平衡常数有一定的影响。如果知道了弱电解质的电离常数，就可计算该电解质的电离度等。电离度受初始浓度的影响，相同温度条件下，弱电解质溶液越稀，其电离度越大。

弱碱的电离平衡常数采用 K_b 表示，其计算类似于弱酸的计算。

【知识拓展】超离子导体具有类似于液态电解质那样高的离子电导率，但其

不属于电离导电或熔融导电，而是一种新的固态导电机制。固体电解质是应用在冶金中的具有离子导电性的固态物质，这类固态物质因其晶体中的点缺陷或者其特殊结构而为离子提供快速迁移的通道，在某些温度下具有高的电导率（$1 \sim 10^{-6}$ S/cm），所以又称为快离子导体。

盐类水解

NaCl 水溶液呈中性，NaAc 水溶液呈碱性，NH₄Cl 的水溶液呈酸性。为什么不同的盐类溶解于水中形成的溶液能够呈现出不同的酸碱性？

我们知道，盐溶于水，发生电离，形成阳离子和阴离子，而溶剂水是一种弱电解质，能够微弱地电离出等量的 $H^+(aq)$ 和 $OH^-(aq)$，它们处于一种动态平衡的状态。因此，强碱弱酸（如 NaAc）所生成的盐溶于水后，必定电离生成弱酸根离子，其与溶剂电离产生的 $H^+(aq)$ 结合，形成弱酸电解质，这样就破坏了溶剂的电离平衡，使其电离平衡右移，$[OH^-]$ 增大，造成 $[OH^-] > [H^+]$，故强碱弱酸盐的溶液呈现碱性。

类似地，强酸弱碱盐（如 NH₄Cl）的溶液呈酸性；强酸强碱盐（如 NaCl）的水溶液呈中性；弱酸弱碱盐的水解较为复杂，溶液的酸碱性需比较两者的相对强弱而定。

溶液中盐（强酸弱碱盐、弱酸强碱盐、弱酸弱碱盐）电离产生的离子（弱碱阳离子或弱酸阴离子）与溶剂电离形成的 $H^+(aq)$ 或 $OH^-(aq)$ 反应生成弱电解质的过程，称为**盐类水解**。盐类水解是一个可逆过程，反应程度微弱。弱酸弱碱盐中，除了 NH₄Ac 这种极为特别的盐外，几乎都会因为阴、阳离子分别水解显碱性、酸性（双水解），相互促进而彻底水解。比如

$$2Al^{3+}+3S^{2-}+6H_2O \Longrightarrow 2Al(OH)_3\downarrow +3H_2S$$

$$NH_4^{+} + CO_3^{2-} + H_2O \Longrightarrow HCO_3^{-} + NH_3 \cdot H_2O$$

溶液的酸碱性和酸碱度

溶质溶解于溶剂所形成的溶液，常常具有一定的酸碱度而非正好呈中性。

水溶液中酸碱度大小的表示方法有两种：一种以氢离子浓度的大小来表示。由于在任何的水溶液中，氢离子浓度与氢氧根离子浓度的乘积为一常数，如在 25℃时，$[H^+][OH^-] = K_{水} = 10^{-14}$，因此当$[H^+] = [OH^-] = 1.0\times10^{-7} mol/L$ 时，溶液呈中性；$[H^+] > 10^{-7} mol/L > [OH^-]$时，溶液呈酸性；$[H^+] < 10^{-7} mol/L < [OH^-]$时，溶液呈碱性。可见氢离子浓度越高，则溶液的酸性越强。

此种表示溶液酸碱度的方法，在$[H^+]$或$[OH^-]$的浓度较大时还算方便。

当溶液酸碱度较小时，采用另一种表示法——pH 的表示方法较为简便、清晰。

$$pH = -lg[H^+]$$

这样在 25℃时，pH + pOH = 14，因此当 pH = 7 = pOH 时，溶液呈中性；pH > 7 > pOH 时，溶液呈碱性；pH < 7 < pOH 时，溶液呈酸性。

溶液 pH 值的测定

定性测量溶液 pH 值的方法是使用 pH 试纸，这种方法非常简单，只需在试纸上滴一滴溶液，然后观察颜色，经与标准比色卡比对就能确定溶液的酸碱性及大致 pH 值。标准 pH 试纸分为广泛 pH（1～14）

试纸和精密 pH 试纸两类,精密 pH 试纸主要应用于一些科研工作实验过程中 pH 值的快速判断等。

另一种测量 pH 的方法是用 pH 敏感电极,即采用酸度计进行测定,这种仪器以数值形式输出 pH,不依赖于人对颜色的视觉观察结果,因此测量结果更精确。

有关酸碱的理论及应用等内容,参见本书第 5 章相关内容。

🔬 溶液的配制

溶液的配制可分为精确配制、粗配、现配现用等,配制溶液有用于日常生活,也有用于化学分析或工业生产等。

用固体溶质配制质量分数一定的溶液,若非用于定量分析等,可先计算所需溶质和溶剂的质量,然后用托盘天平或电子秤称取所需质量的溶质,用量筒量取所需量的水,将溶质和溶剂放入烧杯中,用玻璃棒不断搅拌,直至均匀为止。例如,食用纯碱溶液的配制:称取 20g 食用纯碱粉末,分三次放入盛有 100mL 纯净水的小烧杯中,搅拌均匀,转入专用试剂瓶中,贴上"食用纯碱溶液"瓶贴即可。

用浓溶液配制质量分数一定的稀溶液,先计算所需浓溶液和水的体积,再用合适量程的量筒分别量取所需体积的浓溶液和水,将浓溶液和水混合,用玻璃棒不断搅拌至均匀为止。

一般溶液的浓度要求不高,配制时固体试剂的量用托盘天平或电子秤称量即可,液体试剂或溶剂的体积用量筒量取。

对于部分易水解盐溶液的配制,需要先在对应酸中溶解固体样品,然后再稀释至所需溶液浓度。例如,$SnCl_2$ 溶液的配制,首先称取适量的 $SnCl_2$ 固体试剂,将其溶解于一定量的浓盐酸中;然后根据需求浓度,加蒸馏水稀释至相应的体积;最后在配制好的溶液中,加入几粒 Sn 粒。防止水解,同时防止氧气氧化。

配制某浓度溶液时，在称取固体质量和量取液体体积时都不可避免会带来测量误差。因此实际操作时，尽量减少人为实验误差，尤其是对于定量分析。

一定溶质质量分数溶液的配制，需要首先计算出配制一定体积溶液所需溶质的质量，然后采用分析天平准确称量成分固定、空气中稳定的溶质的量，将其溶解于适量溶剂中，转移至容量瓶，最后定容。

【知识拓展】盛装 NaOH 等强碱性溶液的玻璃试剂瓶，瓶塞应选用橡皮塞。对于一些氟化物类溶液，由于其易腐蚀玻璃器皿，应保存在塑料瓶中。对于某些见光易分解类的溶液，需储存于棕色瓶中，如高锰酸钾溶液等。

酒的简介

在溶液化学领域，乙醇水溶液的研究是最引人注目的话题之一。酒是以谷物、粮食、水果、种子、甘蔗等或其他含丰富糖分、淀粉的植物为原料，经过糖化、发酵、蒸馏、陈酿等多重工艺生产出来的，在酿制过程中会反应生成一定浓度的乙醇，乙醇与水两种成分间可形成氢键而形成任意比的溶液。

人类酿酒的历史十分悠久，大约是在 8000～10000 年前，世界各地的人类部落逐渐步入新石器时代，宣告了农耕文明的正式到来。公元前 6000 年前后的巴比伦已酿制出红酒或啤酒；在裴李岗文化（公元前 6000～前 5000 年）遗址已出土了形状类似于后世酒器的陶器。现在人们利用不同的原料（高粱、小麦、玉米、大米、薯干等），采用不同的发酵方法制出了各种色、香、味的酒，如白酒、红酒、黄酒、果酒、啤酒、米酒等。酒的口感取决于其中的风味物质，而酒的度数取决于酿酒所用原料组成、酿酒时长等，不同的发酵时间，也可导致酒精度数不同。酿酒过程是利用微生物在一定的条件下，将淀粉或含糖物质转化为乙醇等有机化合物的生物化学过程。人类在远古即旧石器时代已掌握了水果酒和奶酒的制备，利用发芽的谷物（蘖）酿制成酒，古代称为醴，也可以说是早期的啤酒。利用酒曲（一类多菌多酶的生物制品）酿酒是中国古代的一项伟大发明，蒸馏技术的应用，使得酒的品质等得以提升。

酒的主要化学成分是酒精，化学名为乙醇（CH_3CH_2OH）。人饮用酒后，少量的乙醇会被鼻腔和喉咙内部的黏膜吸收，同时还有一些由于蒸发而进入肺部。大部分乙醇将进入胃和小肠，其中大约20%被胃壁吸收，其余的则被小肠壁吸收。进入消化道内的酒精，主要在胃中被吸收而进入血液，其中20%的酒精在肺循环中，通过肺换气经呼吸排出体外。而80%的酒精经过静脉流入肝脏，在肝细胞内，乙醇在乙醇脱氢酶（GADH）和辅酶烟酰胺腺嘌呤二核苷酶的共同作用下转化为乙醛，再在乙醛脱氢酶的作用下转化为乙酸，乙酸参与众多的代谢过程，最后转变为CO_2和水排出体外。正是根据乙醇在体内的运行及转化，交警对司机是否涉嫌酒后驾驶的检查，常常可采用呼吸式酒精检测仪快速检查和抽血检测两类手段。

人在饮酒或含酒精的饮料后，乙醇转化成CO_2和H_2O大约需要2~4小时，其速度取决于各种酶的活性和数量。不同体质的人，体内乙醇脱氢酶、乙醛脱氢酶等的差别较大，这是影响个体酒量高低的一个重要因素。

酒中与乙醇相类似的常见化合物是甲醇，甲醇（沸点64.7℃）进入人体后会变为毒性较强的甲酸，甲酸进入不了人体循环，不易被分解或排出体外，滞留在人体内的甲酸使血液酸化，改变了其酸碱度，造成体内混乱。更为严重的是甲酸对敏感的神经系统和眼球伤害最为明显，甲醇造成的中毒会导致失明或瘫痪身亡。因此，酒中甲醇的含量的高低是重要的限制指标之一。部分不法商人采用工业酒精勾兑生产的假酒，常因甲醇含量严重超标而对人体造成极大的危害。酒中少量的乙醛（沸点 21℃）是酒的辛辣味道的主要构成因素，过量饮酒会出现头晕等醉酒现象。

中国人爱喝白酒，俄罗斯人爱喝一种叫伏特加的烈性酒，英国人爱喝一种叫威士忌的烈性酒，美国人爱喝啤酒，法国人钟情于葡萄酒。不同种类的酒，酒精含量差异较大，且表达指标也不同。

饮用酒的乙醇含量通常是以 20℃时酒中含有的乙醇体积比例表示。例如，45 度的白酒是指在 100 毫升的酒中含有 45 毫升的乙醇（20℃）。葡萄酒的酒精度数一般在 8%～15%之间，指的是酒精的体积分数。啤酒的度数不是表示乙醇的含量，而是表示啤酒生产原料（麦芽汁）中浸出物的浓度（质量比）。低于 12 度的浅色啤酒，乙醇含量为 3.3%～3.8%；浓色啤酒乙醇含量为 4%～5%。烈酒饮料（如威士忌、朗姆酒或龙舌兰酒）含有的乙醇为 40%～80%，具体数值取决于其品种。

🔬 饮酒对人体健康的影响

部分研究者认为饮酒对人体百害而无一利，另一部分学者则认为适量饮酒对身体有一定的益处。考虑到人类酿酒饮用的历史已有数千年之久，留下了丰富的酒文化，因此，饮酒对人体健康的影响应客观看待。

认为饮酒百害而无一利的人，可能将"酒"等同于乙醇水溶液。喝酒后，乙醇在体内先转化为乙醛，然后再转化为乙酸，最后转化为 CO_2 和水。部分未转化的乙醛进入大脑后会转化成一种特殊的物质

THIQ，其在大脑中的累积使人成瘾，导致酗酒的发生。此外，酒水中所含醛类化合物、甲醇、杂醇油类物质等，对人体伤害较重。过量饮酒会导致心肌损伤，增加高血压和中风发作的风险；饮酒还损害脑细胞，可能导致肝硬化等。

认为适量饮酒有益健康的人，可能受"酒是粮食精，越喝越年轻"之俗话影响，况我国传统医学也认为，适当饮酒具有开胃消食、驱寒、舒筋活血等功效，且酒中含有多种对人体健康有益的酯类化合物、中低分子有机酸类物质、高级脂肪酸类物质等。药酒与保健酒在中国已有几千年的历史，用酒治病在国外也很流行。所谓的"适量"，是以不伤身体为原则，因人而异，量可高可低。

由粮食酿造的酒，除了主要成分乙醇外，还含有多种酯类化合物及其他有机化合物等。啤酒、黄酒、果酒中还含有多种维生素和氨基酸等营养物质。红酒富含多酚类、聚酚、鞣酸等化合物，其中，聚酚能够有效抑制低密度脂蛋白胆固醇的氧化，预防动脉硬化的出现；多酚具有预防多种慢性病如动脉粥样硬化的功效；鞣酸是一种带负电荷的活性分子，具有预防心脑血管疾病的作用。

适量饮酒有助于人体肠道更好地对食物进行消化和吸收，而且对于增强人体的抵抗力和免疫力效果比较明显，有利于人体睡眠的改善，同时可以防止人体出现健忘和痴呆的症状发生。适量饮酒可有效地防止冠心病和动脉硬化；少量酒精也能兴奋神经系统，有助于消除疲劳，提高工作效率。

严禁酒后开车

喝酒不开车，开车不喝酒。这是对自己负责，也是对社会负责。因为人在喝酒后，反应的灵敏性有所下降，容易发生交通事故。交警利用化学反应基本原理，经常开展是否有酒后开车行为的交通检查、抽查。

饮酒者呼出气体中含有的乙醇浓度和其血液中乙醇浓度的比例是 2100∶1，通过测定饮酒者呼出气体中乙醇的浓度，能够得出受测者血液中的乙醇浓度。根据乙醇与高锰酸钾的反应，测定乙醇含量：

$$5\ C_2H_5OH + 4\ KMnO_4 + 6\ H_2SO_4 ====$$
$$5\ CH_3COOH + 2\ K_2SO_4 + 4\ MnSO_4 + 11\ H_2O$$

或者 $\quad 3\ C_2H_5OH + 2\ KMnO_4 ====$
$$3\ CH_3CHO + 2\ MnO_2 + 2\ KOH + 2\ H_2O$$

参与反应的乙醇越多，深紫色高锰酸钾溶液的颜色就变得越浅。由于溶液颜色正比于乙醇的量，所以可根据溶液颜色的变化确定饮酒者体内乙醇的大致浓度。

也可根据无色 I_2O_5 溶液与乙醇反应生成 I_2，单质 I_2 遇淀粉呈现独特的蓝色，设计酒精测试仪：

$$5\ C_2H_5OH + 2\ I_2O_5 ==== 5\ CH_3COOH + 2\ I_2 + 5\ H_2O$$

单质碘呈浅棕色，若加入淀粉，产生独特的蓝色，且颜色随乙醇浓度的增大而变深。

1954 年，美国的罗伯特·柏根斯坦博士发明了呼气酒精检测仪，依据原理为重铬酸钾与乙醇在酸性条件下进行氧化还原反应，通过测定 $K_2Cr_2O_7$ 溶液的吸光度，换算得到乙醇的含量：

$$3\ CH_3CH_2OH + 2\ K_2Cr_2O_7 + 8\ H_2SO_4 \xrightarrow{AgNO_3}$$
$$2\ Cr_2(SO_4)_3 + 2\ K_2SO_4 + 3\ CH_3COOH + 11\ H_2O$$

橙红色的重铬酸根离子可以吸收 420nm 的可见光，发生氧化还原反应后被转化为绿色 $Cr(Ⅲ)$ 离子，$AgNO_3$ 起催化剂的作用。通过测定最终溶液的光谱波长及强度，确定铬离子的转化程度，转换为乙醇的量，并显示在标度盘面上，方便读出结果。

利用乙醇被三氧化铬（橙红色）氧化成乙醛，自身被还原为硫酸铬（蓝绿色）的反应，能够判断开车司机是否为酒后驾车。

能够测量血液中酒精含量是否超标的红外线酒精检测仪也已经面世，其可靠性较大。测试饮酒者酒精度的仪器除醉度测试仪或呼吸分析仪外，还有燃料电池测定装置、半导体呼气式酒精测试仪等。

由于饮酒后可改变人的感觉，导致反应迟缓，偶遇交通突发情况时，处置措施会受到影响，增加了事故发生的概率等。因此，严禁酒后开车。

趣味实验

趣味实验应在实验室中由老师指导完成，同学们在实验过程中要严格遵守实验操作规范，保证人身安全。

实验1　彩色晶体在凝胶中的生长

凝胶是固-液或固-气所形成的一种分散系统，其中分散相粒子通过氢键、疏水相互作用、范德华力、离子桥接、缠结或共价键等相互作用连接而形成连续的三维网，网中充满了大量的连续液相，好似一块海绵，使得凝胶既具有固体性质，也具有液体性质。但它不像连续液体那样完全具有流动性，也不像有序固体具有明显的刚性，而是一种能保持一定形状、可显著抵抗外界应力作用，具有黏性液体某些特性的黏弹性半固体。利用凝胶的特殊结构，可作为介质进行化学反应，例如在硅凝胶体系中生长碳酸钙晶体和 $KClO_4$ 晶体、在琼脂凝胶体系中生长草酸钙晶体等。又因产物与反应物各固定在相似一方而不混合，故可用来研究化学反应的机理。

凝胶法晶体生长可在室温或接近室温条件下进行，可减少因温度高而引发的晶格热缺陷、晶格畸变和多型性相变，有利于得到完整性较好的晶体。

一、实验药品与器材

1mol/L 醋酸溶液，1mol/L 醋酸铅溶液，2mol/L 碘化钾溶液，1mol/L 硝酸汞溶液，0.2mol/L 氯化汞溶液，1mol/L 硫酸铜溶液，1mol/L 氯化钾溶液，1mol/L 硝酸钾溶液，1.5mol/L 酒石酸溶液，1.06g/mL 的硅酸钠溶液，琼脂，蒸馏水；50mL 烧杯，500mL 烧杯，15mm×200mm 试管，搅拌棒，橡胶手套，试管架，试管塞等。

二、实验操作

将 15mL 1mol/L 醋酸倒入 50mL 烧杯中，向烧杯中加入 2mL 1mol/L 醋酸铅溶液并搅拌。在剧烈搅拌混合物的同时，向烧杯中缓慢倒入 15mL 硅酸钠溶液，均匀后倒入试管 A 中。将试管置于试管架上，直至凝胶生成（5～30 分钟）。将 2mL 2mol/L 碘化钾溶液倒在凝胶上，塞好试管。将试管置于不受扰动且可观察的位置放置。

将 15mL 1mol/L 醋酸倒入 50mL 烧杯中，向烧杯中加入 2mL 2mol/L 碘化钾溶液并搅拌。在剧烈搅拌混合物的同时，向烧杯中缓慢倒入 15mL 硅酸钠溶液，均匀后倒入试管 B 中。将试管置于试管架上，直至凝胶生成（5～30min）。将 2mL 1mol/L 硝酸汞溶液倒在凝胶上，塞好试管。将试管置于不受扰动且可观察的位置放置。

将 15mL 1.5mol/L 酒石酸倒入 50mL 烧杯中，在剧烈搅拌的同时，向烧杯中缓慢倒入 15mL 硅酸钠溶液，均匀后倒入试管 C 和 D 中。将试管置于试管架上，直至凝胶生成。将 2mL 1mol/L 硫酸铜溶液倒在 C

试管的凝胶上，将 2mL 1mol/L 氯化钾或硝酸钾溶液倒在 D 试管的凝胶上，塞好试管。将试管置于不受扰动且可观察的位置放置。

500mL 烧杯中加入 100mL 水，加热至沸，搅拌下加入 0.4g 琼脂，全溶后加入 40mL 0.1mol/L 碘化钾溶液。冷却后凝结成透明的胶冻，在胶冻中心放置一粒绿豆大小的硝酸铅。

三、实验现象

数天后，试管 A 的凝胶中会生成致密的黄色碘化铅晶体，从凝胶顶部向底部生长。试管 B 的凝胶中会生成亮橙色的碘化汞晶体，晶体从试管顶部向底部生长。试管 C 的凝胶中会生成亮蓝色的多种酒石酸铜晶体，试管 D 的凝胶中会生成大块透明的酒石酸晶体。

采用凝胶中扩散生成有色晶体的实验方法如图 6-6 所示。除将第二种反应物置于凝胶上面的方法外（a），还可以采用在试管底部加入金属盐溶液，试管中间加入纯凝胶，然后在试管上部加入沉淀剂的方法（b）。也可以将纯凝胶置于试管的底部，然后上面加入沉淀剂，金属盐溶液通过一较细的玻璃管与凝胶表面相接触（c）。为使凝胶中仅

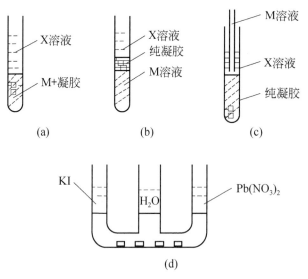

图 6-6 凝胶用扩散生成有色晶体实验方法

生成金属化合物的晶体，使可溶性产物溶于水而采用（d）所示的三通管型玻璃反应器。例如 $Pb(NO_3)_2 + 2 KI \longrightarrow PbI_2$(橙色)$\downarrow + 2 KNO_3$，反应进行时，生成的可溶性盐 KNO_3 扩散到水相中，凝胶中只生成 PbI_2 的晶体。

5～10 分钟后，可看到以硝酸铅晶体为中心，形成许多黄色的同心圆环，非常醒目。

四、实验原理

本实验是将沉淀反应置于凝胶体系中进行，在不存在对流的情况下，结晶生长所需的成分是通过扩散到达晶体上的。

$$Pb(Ac)_2 + 2 KI \longrightarrow PbI_2 \text{(黄色)} \downarrow + 2 KAc$$

$$Hg(NO_3)_2 + 2 KI \longrightarrow HgI_2 \text{(橙色)} \downarrow + 2 KNO_3$$

$$H_2C_4H_4O_6 + Cu^{2+} + 2 OH^- \longrightarrow Cu(C_4H_4O_6) \text{(蓝色)} \downarrow + 2H_2O$$

实验 2　三液柱实验

溶质与溶剂在一定条件下可形成溶液，溶液的密度与溶剂的密度关系更为密切些。根据溶解的差异性而设计"三液柱实验"，使初学者了解有趣的溶解现象。

一、实验用品与药品

小玻璃试管（规格 15mm×150mm），大玻璃试管（规格 21mm×200mm），试管架，角匙；蒸馏水，四氯化碳，苯，白色无水硫酸铜粉末，紫黑色晶体碘等。

二、实验操作

1. 取 6 支 15mm×150mm 的玻璃试管，分别加入苯、四氯化碳、蒸馏水各 5mL 左右，然后将无水硫酸铜和单质碘分别加入各试管中，观察现象。

2．另取 6 支 15mm×150mm 的玻璃试管，分别加入苯、四氯化碳、蒸馏水中的两种溶剂 2mL 左右，振荡后，置于试管架上，观察试管内的变化。

3．将无水硫酸铜和单质碘分别加入各试管中，观察现象。

4．在 15mm×150mm 的玻璃试管内先后加入各约 5cm 高的四氯化碳、蒸馏水，观察试管中的现象。

5．静置后，向试管中加入约 5cm 高的苯，观察试管内有无变化。

6．用自制玻璃角匙取少量无水硫酸铜粉末缓缓加入试管中，观察试样的变化。

7．用另一个玻璃角匙，取少量碘片，浸没在试管内苯的液面下，观察溶剂苯有无变化；片刻后，将角匙中剩余碘片倾倒入苯液中，观察碘片的变化。

8．振荡试管，观察试管内的变化。

三、实验现象

1．溶解的两个过程，硫酸铜易溶于水中，形成水合铜离子特有的蓝色；硫酸铜在四氯化碳和苯溶剂中不溶；碘在水中的溶解度较小，稀溶液的颜色为浅黄色，饱和溶液呈棕黄色；碘在四氯化碳、苯中溶解度较大，溶液分别呈紫色和红棕色（λ_{max} 位于 490～510nm）。实验说明：同一种物质在不同溶剂中的溶解性是不同的，不同的物质在同一溶剂中的溶解性也是不同的。

2．水-四氯化碳试管内分层，水在上，四氯化碳下；水-苯试管内分层，苯在上，水在下；苯-四氯化碳试管内不分层，混溶。两种纯液体密度不同，它们相溶或不相溶。

3．无水硫酸铜分别加入三组试管内，则水-四氯化碳试管的上层呈蓝色；水-苯试管的下层呈蓝色；苯-四氯化碳试管不溶，沉于试管下部，将单质碘分别加入三组试管内，则水-四氯化碳试管的上层呈浅黄色，下层呈紫色；水-苯试管的上层呈红棕色，下层呈浅黄色；苯-四氯化碳试管紫红色。展示了一种溶质在不同溶剂中的溶解性。

4．试管内出现一个界面，振荡得无色乳浊液，静置后重新又分层。

5．试管内出现两个无色界面。

6．白色硫酸铜粉末只在试管中部的水层溶解，并形成蓝色溶液。

7．自角匙碘片端始，形成淡紫色的色带在苯柱内缓缓扩散。苯柱均呈淡紫色时，将角匙中的碘片倒入苯液中，碘片自上而下沉降，试管上部变为紫红色，中部仍呈蓝色，而底部无色四氯化碳层出现紫色色带扩散，最后 5cm 高的四氯化碳层变为均匀的紫色色柱（至此，自上而下，形成了紫红色、蓝色、深紫色的三色液柱）。

8．振荡试管，得紫色乳浊液。静置，分为两层：上层蓝色；下层紫色。

四、实验原理

纯溶剂苯、四氯化碳和水的密度不同，因此按照四氯化碳、水、苯的次序分批次加入一只大试管中，则会出现两个液-液分界面。

苯与四氯化碳互溶而水与苯或四氯化碳互不相溶，因为苯和四氯化碳为非极性溶剂，水为极性溶剂，极性溶剂与非极性溶剂不相溶，验证了相似相溶原理。

溶解过程包括了化学过程——生成了蓝色的水合铜离子；溶解过程还包括了物理过程——溶质在溶剂里的扩散过程。

同一种溶质在不同溶剂里的溶解性不同，如碘易溶于苯和四氯化碳而微溶于水；碘在四氯化碳溶剂中有双聚体（I_4）存在，由 I_2 分子对可见光的选择性吸收导致溶液呈紫色（$\lambda_{max} = 520 \sim 540nm$）；碘在苯中形成 1：1 溶剂合化合物，如 $C_6H_6 \cdot I_2$，其荷移谱带 λ_{max} 位于 292nm，在 430nm 附近还有一个较强的吸收峰，故溶液呈棕色。

硫酸铜溶于水而不溶于苯和四氯化碳；有色溶液的浓度与颜色深度有一定的关联。

20℃时，碘在水中的溶解度只有 0.029 克，在四氯化碳里是 2.46 克。

第 **7** 章

盐和化肥

👁

通常，化学术语中盐（salt）是指酸与碱发生中和反应生成的由金属离子或铵根和酸根离子构成的化合物。或者说，盐是由阳离子（或称正电荷离子）与阴离子（或称负电荷离子）所组成的中性（不带电荷）离子化合物。日常生活中最为重要的调味品——食用盐（氯化钠，简称食盐）仅是大量盐中的一种。非简化的汉字"鹽"是一个由三部分组成的象形文字，下面那部分表示工具，左上是代表朝廷官员的"臣"字，右上是代表盐水的"卤"字，所以盐字本身就表示了国家对盐业的控制。盐税是古代历朝历代最为重要的财政收入，形成独特的盐商文化等。

化肥（chemical fertilizer）是化学肥料的简称，是指用化学方法或物理方法，或者两种方法共用，制成的含有一种或几种农作物生长需要的营养元素的肥料，包括氮肥、磷肥、钾肥、微肥、复合肥料等。

食盐简介

 **形形色色的盐**

开门七件事，柴米油盐酱醋茶。食盐是人们日常生活不可或缺的调味品，人类的日常生活离不开食盐，食盐还是生产纯碱、烧碱、盐酸、氯气、无机钠盐的重要原料。

自然界的盐，按存在状态的不同，主要可分为海盐、池盐、井盐、石盐等。早在黄帝时代（五六千年前）就有"煮海成盐"的记载，其色有青、黄、白、黑、紫五样。后在沿海地区设建了规模宏大的海滩晒盐厂，一直沿用至今。世界上最古老的制盐术要数日晒法制盐了，法国的布尔加讷夫湾是一个主要的产盐中心，所产湾盐（bay salt）为灰色甚至黑色，有时还是绿色的。

池盐产地众多，中国境内最大的盐湖是青海柴达木盆地的察尔汗盐池，湖中储藏的盐（约 420 亿吨）可供全世界的 60 亿人口食用 1 千多年。青海盐卡盐池，甘肃吉兰泰盐池、山西解池都是国内著名的池盐产地。美国大盐湖位于美国西部，是北美洲最大的内陆盐湖，盐度高达 15%～28.8%。位于克里米亚半岛海岸附近的科亚什斯科耶盐湖，因为杜氏盐藻在盐水中的快速繁殖而使湖水呈现红色。

在中国主要有宁夏和山西解州两地，早期以从盐池中采捞自然析出的晶盐为主，后发展为采用"垦畦浇晒"的工艺进行生产。湖盐有青色、白色、红色、蓝色、黑色等。

井盐开采始于战国晚期，后李冰将中原的凿井技术引进蜀地，首创开凿井盐，富国利民。从卤水到盐，主要经过三个过程：汲卤、输卤、煎盐。卓筒井技术的出现，促进了四川井盐的蓬勃发展。

石盐，又名岩盐，是自然界天然形成的食盐晶体矿。固态的岩盐通常都深埋地下，仅在干旱少雨地方有少数岩盐露头，一般储量巨大。如河南平顶山市叶县在上千米深的地下发现的储量达 3300 亿吨的大盐矿；江苏省淮安市发现的大盐矿，仅在 227 平方公里范围内，探明的储量就达 2500 亿吨以上。天然的岩盐可呈红、黄、橙、灰、青、绿、紫的颜色。

中国早期的盐业生产，所得食盐因制作粗糙，质量差，色暗味苦。至 1914 年，在天津塘沽创设久大精盐公司，采用重结晶法工艺，制得洁白高纯的精盐。食盐中除主要成分 NaCl 外，一般还含有少量的碳酸镁（$MgCO_3$），目的是让食盐流动自如。用硅酸钙替代碳酸镁，既可防止食盐黏结，又可消除镁离子的苦味。部分强化食盐可能添加有焦磷酸铁、柠檬酸铁铵，或者柠檬酸锌、柠檬酸钙等。

几千年来人们一直在追求洁白而颗粒均匀的盐，现在，品尝颗粒大小不一、颜色各异的传统盐（不加添加剂）也成为一种新的时尚，虽然颜色意味着不纯，但微量的杂质离子或盐藻所致特殊风味也许是其受宠的原因。严格来讲，纯净的盐是无色透明的结晶体，但由于制盐原料及制作方法不同等，制备的盐可呈现出多种不同的颜色。单从颜色区分，就有绛雪、桃花、青、紫、白等多种色彩的盐。据估计，全世界盐和它的衍生物有 1500 多种，其成员之多，分布范围之广，举世罕见。

普通大众心目中的食盐，又称为"咸盐"，属于高钠低钾盐。高血压患者应选用低钠高钾盐食用，以利于调节钠钾间的平衡等。实际上，人们生活中常说的盐，包括食用盐和工业用盐，纯度及部分金属离子杂质指标差异较大。

市售加碘盐中，因添加的碘酸钾与盐中少量还原性物质发生氧化还原反应，生成单质碘而使食盐变成黄色。食盐变蓝则多是盐中添加的抗结剂亚铁氰化钠$[Na_4Fe(CN)_6]$与少量 Fe^{3+}反应所致。粗盐之所以易潮解，多数是因为这类盐中含有杂质 $CaCl_2$ 或 $MgCl_2$，一般用于腌制泡菜或腌咸蛋等。

人类制盐的手段有多种，五千多年前古人就已利用海水晒制海盐；四千多年前，位于咸水湖畔的先人们开始了湖盐的生产；四川自贡井盐生产已有近两千年的开采历史，四川澜沧江地区生产的红盐，品质不如白盐好，但在藏区却很受欢迎；石盐则是人类食用盐的又一来源，含杂质时呈浅灰、黄、红、黑等颜色。

所谓的黑盐并非真正的黑色，而是珍珠灰中略带一点桃红色。产自印第安的黑盐富含硫化物、铁和其他微量元素，因此闻起来有一种硫酸味。产自夏威夷的黑色熔岩盐则看起来要更黑些，其中含有微量的活性炭和火山岩。灰盐的颜色来自其含有的微量元素，"法国灰盐"就产自于法国的沿海城市，是一种没有经过精加工的潮湿灰盐。还有一种被叫作"熏盐"的新型盐也呈灰色，不过这并非天然生成，而是二次加工的结果。由于它是在木炭上熏制而成的，因此撒上熏盐的食物也会带上熏烤的香味。泥炭盐若纯度低时，就是黑盐；不计成本，也可产出白色精细的盐。

不同产地的盐因含不同杂质成分而呈现不同的颜色。以粉盐为例，喜马拉雅岩的粉盐是粉红色的（有泥土的味道），夏威夷出产的粉盐则是桃红色的（来自黑色熔岩盐，也有粉红色、绿色、白色和灰色的夏威夷海盐），这是因为盐中混合了火山黏土中的氧化铁物质。旧金山湾盐池出产的粉盐呈现粉红色的原因则在于耐盐微生物体内蕴含的胡萝卜素。喜马拉雅黑盐整体呈棕红色至深紫罗兰色，磨碎后呈浅紫色至粉红色。

"盐之花"只能出产于法国布列塔尼的海岸，一个叫"Guérande"

的小镇。"盐之花"为世界上最昂贵的食盐，即"盐中贵族"。真正的"盐之花"比一般海盐含有更多的微量元素，结晶的形状为中空的倒金字塔形，由于质量极轻会漂浮在盐水的表面。"盐之花"一般由未出嫁的少女在每年的 6~10 月去采收，她们必须有精准的眼神和艺术家般的手，如同撇牛奶表面的脂肪似的刮取最上面那层盐花。整个采摘过程不仅耗时费工，还必须是全手工操作。

位于非洲纳米比亚中西部海岸线上的沃尔维斯湾盐场，仍沿用世界上最古老的晒盐工艺，不同的颜色表明了盐池中的不同盐度，而微生物（盐藻）的变化则增加盐度的色调。在中低等盐度盐池中，以绿藻（一种单细胞浮游生物）为主，呈现为绿色；在中高盐度的盐池中，以盐生杜氏藻为主，呈现出红色。

美国加州旧金山湾南段的嘉吉盐池，美得像一幅色彩绚丽的油画，有红色、绿色、橙色等。因为每个盐池都有特定的盐度，在里面生存繁衍的耐盐微生物各不相同（主要有聚球藻、杜氏藻、盐杆菌等），盐度的提高能够刺激微小的盐水丰年虫的繁殖，它们能够净化盐水并使盐池颜色趋于暗淡。盐度最高的盐池呈深红色，此时盐杆菌占据主导地位，杜氏藻原生质内也形成红色素；盐度较低的盐池呈蓝绿色，随着盐水的蒸浓以及包括杜氏藻在内的几种藻类的生长，盐池变成绿色；随着盐度的进一步提高，杜氏藻在竞争中战胜其他微生物，盐池的颜色从浅绿色变成淡黄绿色；盐度的变化及盐池内微生物种类及数量的变化，导致盐池呈现出不同的色彩。

制盐原料的不同，产地不同、制备方法不同，甚至生产季节的不同等，都会导致所制盐品质上的细微差异，这些差异也就成了不同产地出产盐的独特外观、颜色及味觉。形形色色的盐品含有不同的微量营养元素，盐粒大小不同，盐粒是否中空等直接与盐的独特味道是否纯正相关。

在柴达木盆地东部的乌兰县茶卡镇，有一个叫"茶卡"的盐湖，那里所产的盐被称为"青盐"。青盐里面含有矿物质，晶体呈现出青黑色。这种青盐不仅晶粒大，而且质地纯，吃起来盐味相当醇香，因此深受当地人喜爱。茶卡盐湖虽然是柴达木盆地四大盐湖中最小的一个，却因为盛产这种"大青盐"而最具盛名。

一般咸水湖里所含无机盐的浓度为 2%～3%（平均 2.4%），海水的浓度一般为 3%～4%（平均 3.5%）。作为以色列和约旦边界的一部分，死海长 80km，宽 18km，盐度在 26%～35%。例如，在死海水平面以下 40m 深的地方，每升水含 300g 盐分，91m 以下含盐量 332g/L。死海底部是氯化钠等沉淀，部分已经形成结晶。需要强调的是，虽然食盐的主要成分是 NaCl，但不能错误地认为氯化钠（NaCl）等同于食盐。

在海洋之外，内陆的湖泊中，干旱地区有盐度很高的湖泊，这成为廉价提取钾碱、溴盐、石膏、盐和其他化工产品的重要原料产地。例如，据估算，乌尤尼盐沼的粗盐含量约 100 亿吨，每年可以从中提取近 2.5 万吨的盐。

食盐的生物功效

钠在人体中的排出和摄入需要相对的平衡，钠离子的主要作用是与钾离子一道沿着神经纤维传递电脉冲。咸味（salty）是中性盐呈现的味道，是可以由盐类引起的味道。咸味物质溶于水后，离解出阳离子和阴离子，这些离子与味受体相互作用，其中阳离子被味蕾中脂蛋白的羧基或磷酸吸附，改变了味受体原有的状态，从而产生咸味感觉。咸味主要受阴阳离子的影响，阳离子半径的变化对咸味影响大，咸味一般随着其离子半径的增大向苦味变化，半径较小的呈咸味，半径较大的则呈苦味，介于中间的则表现出咸苦。Na^+、K^+ 的咸味较纯，NH_4^+、Mg^{2+}、Ba^{2+}、Ca^{2+} 等开始出现苦味、涩味，氯离子产生的副味最小，因此 NaCl 产生纯正的咸味。

盐类的苦味与盐类阴离子和阳离子的离子核间距有关，离子核间距小于 65pm 的盐显示纯咸味（LiCl 为 49.8pm，NaCl 为 55.6pm，KCl 为 62.8pm），因此 KCl 稍有苦味，随着离子核间距的增大，其盐的苦味逐渐增强。CsCl 为 69.6pm，CsI 为 77.4pm，$MgCl_2$ 为 85pm，是相当苦的盐。KCl、NH_4Cl、LiCl、NaBr、LiBr、NaI 等无机盐为呈咸味为主的盐；KBr、NH_4I、$BaBr_2$ 等为呈咸味同时兼有苦味的盐；$MgCl_2$、$MgSO_4$、KI、CsBr 等以呈苦味为主兼有咸味的盐。$CaCl_2$、$CaCO_3$、$Ca(NO_3)_2$ 等具有不愉快咸味兼苦味。

具有类似食盐咸味的有机酸盐有：苹果酸钠、谷氨酸钾、葡萄糖酸钠等。治疗肾病的食疗法可考虑用苹果酸钠来代替食盐的咸味，解决氯离子给肾脏病人带来的浮肿。

低盐（low-salt）饮食意味着必须限制食盐的摄入及做菜时的食盐用量，每天摄入的食盐量约为 6 克，做菜时要少放盐。市售低钠盐则是添加了一定量的氯化钾和硫酸镁的盐，目的是在食用同样咸味的饮食下，减少钠离子的摄取量，预防高血压。

微盐（no-salt）饮食需限制的食物种类更多，每天摄入的食盐量约为 3 克；减少含盐量较高食物的选取等。

过多地摄入食盐会使肾病患者的血压升高，但在热带地区，战胜腹泻和因腹泻引起脱水的最好办法就是服用糖和食盐。食盐食用量最少的人群是委内瑞拉南部森林的雅诺马马部落，约有 20000 人，他们基本不吃食盐，40 多岁成人的平均血压只有 103/65。亚马孙河流域的卡洛加斯部落，每天盐的食用量只有 0.5g，中年人的平均血压低于 101/69。

为防止食盐结块，一般每千克食盐里添加 5mg 左右的黄血盐，即亚铁氰化钾，它是一种稳定的配合物，与氰化钾无关，其使用是安全的。

每 100mL 酱油中 NaCl 含量一般为 18g 左右，含盐量过高会有苦感。因此，烧菜时一定要考虑加入酱油等调味剂所引入盐的影响。此外，食品添加剂三聚磷酸钠、苯甲酸钠等可增加人摄入钠的量。

盐能够避免东西腐烂，人们在腌制腊肉、咸鱼等过程中，常加入较大量的盐。碘盐是在食盐中添加碘化盐（NaI、KI、CaI_2 等）或碘酸盐［$NaIO_3$、KIO_3、$Ca(IO_3)_2$ 等］的一种盐，是为了解决缺碘地区甲状腺肿较高而施行的补碘措施。碘盐中，每千克食盐加碘量应在 40～60 毫克之间。对于沿海地区或非缺碘地区及食用海产品较高的人群，日常食用非碘盐较好，防止碘过量引发甲状腺功能亢进等。

盐

不同形式的盐因不同目的而存在，这是一个古老的认知。例如，食盐用于烹调食物等，硝酸钠或硝酸钾用于制造火药，芒硝早期作为浴盐出售。不同类型的盐有不同的味道，如大湖盐咸味较纯正（主要是氯化钠），而死海的苦味则源于所含氯化镁等。

盐的种类及数量均十分可观。盐可简单分为单盐和合盐两大类，单盐有正盐、酸式盐和碱式盐，如碱式碳酸铜 $CuCO_3 \cdot Cu(OH)_2$、碱式硝酸铋 $4BiNO_3(OH)_2 \cdot BiO(OH)$；合盐有复盐和络盐，复盐是由两种或两种以上的简单盐所组成的晶型化合物，如摩尔盐 $(NH_4)_2Fe(SO_4)_2 \cdot 6H_2O$、明矾 $KAl(SO_4)_2 \cdot 12H_2O$；络盐是指含有络离子的盐类，如赤血盐 $K_3Fe(CN)_6$、黄血盐 $K_4Fe(CN)_6 \cdot 3H_2O$。

可以依据所形成盐的酸根离子是否含氧而分为含氧酸盐和非含氧

酸盐两大类。含氧酸所形成的盐，统称为含氧酸盐，如 Na_2CO_3、$CaCO_3$、$NaHCO_3$、Na_2SO_4、KNO_3、$Ca_3(PO_4)_2$、$NaBiO_3$、$KMnO_4$、$K_2Cr_2O_7$、CH_3COONa、$Na_2C_2O_4$、$Na_2S_2O_3$ 等。非含氧酸盐，如 $NaCl$、KCN、Na_2S、$KCNS$、$LiBH_4$ 等。

由于多元酸参与的化学反应一般是分步进行的，因此依据反应条件的差异，所生成的盐又可分为正盐和酸式盐。酸式盐必定含有可进一步解离的质子，如 $NaHCO_3$、NaH_2PO_4、Na_2HPO_4 等。需要强调说明的是，化学式中含有"H"的部分无机盐可能是正盐而非酸式盐，这主要是由其分子结构确定的，如 K_2HPO_3（亚磷酸钾）、K_2HPO_2（次磷酸钾）等是正盐，其"H"直接与酸根的中心原子键合，而非按照"—OH"与酸根中心原子键合。化学在不断地改变我们对盐的认识。

含氧酸盐还可分为无机含氧酸盐和有机含氧酸盐，苯甲酸钠、山梨酸钾、丙酸钙、谷氨酸钠等均为有机含氧酸盐，硝酸钾、硫酸钠、碳酸钙等为无机含氧酸盐。

🔺 盐的热稳定性

碱金属的盐大多数是离子晶体，有较高的熔点和沸点，因此碱金属盐一般具有较高的热稳定性。碱金属的卤化物在高温时挥发而不易分解；硫酸盐在高温条件既不挥发也难分解；碳酸盐中除 Li_2CO_3 在 700℃部分分解为 Li_2O 和 CO_2 外，其余的盐在 800℃以下均不分解。碳酸锂的热稳定性比其他碱金属碳酸盐差，主要是由于锂离子具有非常强的极化力。含氧酸盐中的锂盐热稳定性，较差。

Li^+ 离子半径小，水合能大，因此锂盐多含有结晶水，而其他碱金属离子的盐通常都是无水的。含结晶水锂盐受热时发生水解，其他碱金属盐基本不水解。

表 7-1 碱金属盐类的熔点

碱金属元素	氯化物/℃	硝酸盐/℃	碳酸盐/℃	硫酸盐/℃
Li	613	约 255	720	859
Na	800.8	307	858.1	880
K	771	333	901	1069
Rb	715	305	837	1050
Cs	646	414	792	1005

表 7-1 给出的数据中，碱金属的硝酸盐熔点低，热稳定性差，加热时易分解。$LiNO_3$ 加热分解生成 Li_2O、NO_2 和 O_2，其余碱金属硝酸盐加热到它的熔点以上就逐渐缓慢地分解成亚硝酸盐和氧气，亚硝酸盐在高温条件下，将发生一系列的平行反应，生成金属氧化物、金属过氧化物、NO、NO_2、N_2 等，如 $NaNO_3$ 在 750℃时，有过氧化物生成，超过 1100℃时，产物为 Na_2O、N_2 和 O_2。

$$4\ NaNO_3 \xrightarrow{>1100℃} 2\ Na_2O + 2\ N_2 \uparrow + 5O_2 \uparrow$$

$$4\ LiNO_3 \xrightarrow{474.1℃} 2\ Li_2O + 4\ NO_2 + O_2$$

$$2\ NaNO_3 \xrightarrow{528.5℃} 2\ NaNO_2 + O_2$$

$$2\ KNO_3 \xrightarrow{532.7℃} 2\ KNO_2 + O_2$$

$$2\ Cu(NO_3)_2 \xrightarrow{\triangle} 2\ CuO + 4\ NO_2 + O_2$$

$$2\ AgNO_3 \xrightarrow{\triangle} 2\ Ag + 2\ NO_2 + O_2$$

碱土金属碳酸盐、硝酸盐的热分解温度与晶格能的高低有关，表 7-2 列出了它们的分解温度，可以看出它们的热稳定性是随原子序数的增大而增加的。$BeCO_3$ 的热稳定性差，在<373K 就分解生成 BeO，而且 $BeCO_3$ 可以与 $(NH_4)_2CO_3$ 反应，生成可溶性盐 $(NH_4)_6[Be_4O(CO_3)_6]$。

同一金属，同一酸根化合物的热稳定性均比该酸的稳定性强，且正盐>酸式盐>酸，如分解温度：

Na_2CO_3（约 1800℃）> $NaHCO_3$（270℃）> H_2CO_3（室温以下）

表 7-2　碱土金属盐的热分解

分子式	MgCO$_3$	CaCO$_3$	SrCO$_3$	BaCO$_3$
分解温度/K	813	1173	1563	1633
分子式	Mg(NO$_3$)$_2$	Ca(NO$_3$)$_2$	Sr(NO$_3$)$_2$	Ba(NO$_3$)$_2$
分解温度/K	723	848	908	948

可以利用碳酸氢钠热稳定性较差，而碳酸钠热稳定性好的性质，通过加热两种白色固体的方法进行鉴别：

$$2\,NaHCO_3 \xrightarrow{\triangle} Na_2CO_3 + H_2O + CO_2$$

当然，碳酸钠、碳酸氢钠的鉴别还可根据与盐酸反应是否立即放出气体来判断，因为：

$$Na_2CO_3 + HCl \Longrightarrow NaHCO_3 + NaCl,$$

$$NaHCO_3 + HCl \Longrightarrow NaCl + H_2O + CO_2\uparrow$$

还可依据两种盐与 CaCl$_2$ 溶液是否生成白色沉淀来鉴别，生成白色沉淀的是碳酸钠，无明显现象的是碳酸氢钠。

$$Na_2CO_3 + CaCl_2 \Longrightarrow CaCO_3\downarrow + 2NaCl,$$

$$2\,NaHCO_3 + CaCl_2 \Longrightarrow Ca(HCO_3)_2 + 2NaCl$$

施特恩（Stern）曾经研究过多种含氧酸盐的热稳定性，他发现碳酸盐、硫酸盐、硝酸盐及磷酸盐的分解热与阳离子的 Z/r^2 大致呈线性关系。

同一酸根不同金属盐的热稳定性次序为：碱金属盐>碱土金属盐>过渡金属盐>铵盐。如分解温度（℃）：

$$K_2CO_3 > CaCO_3 > ZnCO_3 > (NH_4)_2CO_3$$
$$1800℃\quad 910℃\quad 350℃\quad 58℃$$

同一酸根，同族阳离子盐，热稳定性自上而下依次增加。如分解温度（℃）：

$$MgCO_3 < CaCO_3 < SrCO_3 < BaCO_3$$
$$469℃ \quad 910℃ \quad 1289℃ \quad 1360℃$$

同一成酸元素所形成的一系列不同氧化值的含氧酸盐，氧化值越高热稳定性越高，如：

$$KClO_4 > KClO_3 > KClO_2 > KClO$$

不同价态的同种金属离子与同一种酸根所形成的盐，一般情况下是低价态的比高价态的稳定，如：

$$Hg_2(NO_3)_2 > Hg(NO_3)_2$$

同一金属离子与不同酸根所形成盐的热稳定性，一般讲酸稳定，则盐亦稳定。若盐的空间结构对称性较高，如四面体、三角锥、八面体等，则即使酸的稳定性不高，所形成盐的热稳定性也比预料的高，如碳酸盐、硝酸盐、氯酸盐。

碳酸盐的稳定性是：碱金属的碳酸盐>碱土金属的碳酸盐>副族元素和过渡元素的碳酸盐。在碱金属或碱土金属各族中，阳离子半径大的碳酸盐>阳离子半径小的碳酸盐。酸式盐同正盐比较，前者往往不及后者稳定，因为 H^+ 具有很强的极化力。以上事实说明含氧酸盐的稳定性除了与含氧阴离子的结构有关以外，还和阳离子的极化力紧密相关。阳离子的极化力越强，它越容易使含氧阴离子变形，以至于达到分解的程度，碱金属碳酸盐熔融而不分解，但其他碳酸盐受热时则分解，并放出 CO_2。极化力小的金属离子相应的碳酸盐稳定性高。

碳酸盐	Ag_2CO_3	$ZnCO_3$	$CdCO_3$	$FeCO_3$	$PbCO_3$
分解温度/K	443	623	633	555	573

金属活动顺序在钠及其前面的金属的硝酸盐受热，分解生成亚硝酸盐和氧气；金属活动顺序从镁到铜的金属硝酸盐受热分解，由于其亚硝酸盐稳定性低，最终分解产物，为金属氧化物、NO_2 和氧气；金属活动顺序在汞及其后面的金属硝酸盐不稳定，受热分解生成金属、

NO_2 和氧气。

对于铵盐的热分解，其分解产物不但与其酸根是否具有氧化性有关，而且与分解温度也有较大关系。对于非氧化性酸根，分解产物中有氨气，如：

$$(NH_4)_2CO_3 \xrightarrow{58℃} 2\,NH_3 + H_2O + CO_2$$

对于氧化性酸根的铵盐，产物中没有氨气，例如高氯酸铵的热分解，离解始于 130~170℃（取决于颗粒大小及样品量），在高氯酸铵颗粒表面生成少量的 $NH_3(g)$ 和 $HClO_4(g)$；在低于 300℃，热分解主要按如下方程式进行（产物中还有 ClO_2、HCl、N_2）：

$$4\,NH_4ClO_4 \xrightarrow{<300℃} 2\,Cl_2\uparrow + 3\,O_2\uparrow + 2\,N_2O\uparrow + 8\,H_2O\uparrow$$

温度高于 300℃，高氯酸铵的分解主要按下式进行（产物还有 HCl、NOCl、NO_2）：

$$2\,NH_4ClO_4 \xrightarrow{>300℃} Cl_2\uparrow + O_2\uparrow + 2\,NO\uparrow + 4\,H_2O\uparrow$$

分解产物与温度有关的情况见下例：

$$NH_4NO_3 \xrightarrow{190~200℃, 慢加热} N_2O + 2\,H_2O$$

$$2\,NH_4NO_3 \xrightarrow{480~500℃} 2\,N_2 + 4\,H_2O + O_2 \quad（爆炸性分解反应）$$

$$(NH_4)_2SO_4 \xrightarrow{350℃} NH_4HSO_4 + NH_3 \quad（正常反应）$$

$$3\,(NH_4)_2SO_4 \xrightarrow{430℃} 4\,NH_3\uparrow + 3\,SO_2\uparrow + N_2\uparrow + 6\,H_2O\uparrow$$

盐的溶解度

不同盐因组成的差异等，其溶解度差异较大，可粗略分为可溶盐、微溶盐、难溶盐。

碱金属形成的盐类大多数都是易溶的，只有少数较大阴离子与之形成的盐难溶。在每种碱金属的不同卤化物中，溶解度最小的是那些阳离子半径与阴离子半径的比值 $R_阳/R_阴$ 平均值是 0.75 的卤化物。

阴、阳离子大小相差悬殊，离子水合作用在溶解过程中占优势，结果是在性质相似的大阴离子盐的系列中，阳离子半径越小，该盐越易溶解。如碱金属高氯酸盐的溶解性 $NaClO_4 > KClO_4 > RbClO_4$。反之，若阴、阳离子半径相差不大，则晶格焓在溶解过程中有较大的影响。

对于强酸盐，在碱金属盐类中，锂盐在水中的溶解度最大；而对于弱酸盐，锂盐却比其他碱金属相应的盐难溶，如 LiF、Li_2CO_3、$LiKFeIO_6$ 及 $Li_3PO_4 \cdot 5H_2O$ 的溶解度较小。在碱金属碳酸盐中，碳酸锂在水中的溶解度最小，且随着温度的升高，溶解度反而降低。

钠盐中的 $Na[Sb(OH)_6]$ 和 $NaZn(UO_2)_2(CH_3COO)_9 \cdot 6H_2O$ 等，以及钾、铷、铯盐中的 $M_3[Co(NO_2)_6]$、$MB(C_6H_5)_4$、$MClO_4$ 和 M_2PtCl_6（M = K,Rb,Cs）等都属于难溶性盐。

碱金属卤化物在非水溶剂中的溶解度，多数也是从氯化物到碘化物增大，且生成同水合物相似的溶剂合物。

当阴离子较小时，碱金属离子性盐类很少是水合的，因为离子水合能不足以抵销使晶格膨胀所需要的能量。碱金属卤化物生成复盐的趋势随碱金属元素原子量的增大而增大，碱金属卤化物同卤素相互作用生成多卤化物时，多卤离子中电负性最小的卤素是阴离子的配位中心，一般情况下，该原子不能被电负性较大的原子所取代，电负性较大的原子只能取代同它配位的其他卤原子。多卤化物加热时，电负性最小的卤素将先被驱出，残留下的应为电负性较大的卤素的白色简单卤化物。

对于任意一种阴离子，碱土金属盐类的晶格能和水合能都随金属离子半径的增大而减小，晶格能的减小有利于溶解度的增大，但水合能的减小却不利于溶解。因而，为了使盐类物质溶解，水合能必须大于晶格能。晶态盐的水合倾向以镁离子的最大，这是因为随着离子半径的增大，水合能比晶格能降低得更快。碱土金属的硝酸盐、氯化物、氯酸盐、高氯酸盐和醋酸盐可溶，不过溶解度随原子序数的递增而逐渐下降；碱土金属的碳酸盐、草酸盐、磷酸盐、铬酸盐（$MgCrO_4$ 除外）、氟化物、硫酸盐（Be 和 Mg 的硫酸盐易溶）难溶于水，但溶解度相差较为显著，如 $BaSO_4$ 和 $BaCrO_4$ 是溶解度最小的，$CaCrO_4$ 在 HAc 中可溶，碳酸盐、铬酸盐、磷酸盐、草酸盐均溶于强酸，钙、锶、钡的硫酸盐在浓硫酸中有较显著的溶解。铍盐的溶解性常常最大。

碱土金属盐在含氧有机化合物中的溶解度也随着原子序数的增加而减小，卤化物在乙醇中的溶解度亦随原子序数的递增而减小。

如果金属的氢氧化物和其碳酸盐的溶解度相差不大，金属离子的水溶液中加入 Na_2CO_3 溶液时，析出的可能是碱式碳酸盐，如镁、锌、钴、锆等；如果金属碳酸盐的溶解度比其氢氧化物的溶解度小得多时，可形成碳酸正盐沉淀，如钙、锶、钡；如果所用沉淀剂是 $NaHCO_3$，若要形成碳酸正盐，一般需通入 CO_2 以调节 pH 至氢氧化物沉淀所要求以下；对于在水中强烈水解的某些离子，如 Fe^{3+}、Al^{3+}、Cr^{3+}等，加入 Na_2CO_3 溶液时，析出的是氢氧化物沉淀，而不是碳酸盐。

自然界中，具有喀斯特地貌的溶洞里，形态各异的钟乳石景观，是由于碳酸钙、碳酸氢钙间的相互转化形成的。

$$CaCO_3 + CO_2 + H_2O \Longleftrightarrow Ca(HCO_3)_2$$

盐的呈色

碱金属离子无色，其简单化合物一般也是无色的（晶体，粉末盐是白色的），部分钠、钾、铷和铯的有色化合物多是由它们的阴离子引起的，如铬酸盐（黄色）、重铬酸盐（橙红色）和高锰酸盐（紫色）等。像 NaCl 之类的化合物晶体若有色，则是由于在晶体中存在显色中心，即存在着空隙和自由电子。

硫酸盐晶体大多数都带结晶水（常称为"矾"），由于其中含有不同的金属元素，因此五光十色，晶莹剔透。例如明矾[KAl(SO$_4$)$_2$·12H$_2$O]为无色透明晶体，蓝矾（CuSO$_4$·5H$_2$O）为天蓝色晶体，绿矾（FeSO$_4$·7H$_2$O）为草绿色晶体，皓矾（ZnSO$_4$·7H$_2$O）为无色晶体。

碳酸盐多数是白色的，不过白色的天然碳酸钠通常呈现灰色，而红色的天然碳酸钠则呈粉红色。碱式碳酸铜为孔雀绿色粉末。

硝酸盐都是可溶的，硝酸根离子是无色的，因此主族硝酸盐一般是无色的，过渡金属硝酸盐中，阳离子（一般是指水合离子）若是有色，则盐呈现一定的颜色。例如，硝酸钴为红色柱状结晶，硝酸镍为碧绿色板状结晶，硝酸锰为浅红色结晶，硝酸铜为蓝色粉末等。

碱金属、碱土金属的氯化物、溴化物、碘化物均为白色粉末，部分过渡金属离子形成的盐呈现特定的颜色。例如，AgBr 为浅黄色粉末，AgI 为亮黄色粉末，PbI$_2$ 为黄色粉末。无水氯化铜为棕黄色粉末，二水氯化铜为蓝色粉末。

金属氧化物或碱类与硅石共熔，可制得各种硅酸盐，其中碱金属、碱土金属硅酸盐无色，过渡金属或重金属硅酸盐一般会呈现出一定的颜色，如硅酸铅为淡黄色至金黄色重质玻璃状固体。

磷的含氧酸盐有磷酸盐、磷酸氢盐、磷酸二氢盐、亚磷酸盐、焦磷酸盐、偏磷酸盐、次磷酸盐等。其中多数为白色粉末，少数有色。如磷酸铜为淡蓝色粉末，磷酸银为黄色粉末，焦磷酸铜为淡绿色粉末等。

🔬 盐的化学性质

盐与酸反应，生成物为新盐和新酸，生成物中有沉淀、气体或水，如：

$$CaCO_3 + 2\,HCl === CaCl_2 + CO_2 + H_2O$$
$$NaHCO_3 + HCl === NaCl + CO_2 + H_2O$$

依据该反应原理，可检验水垢、蛋壳或其他物质是否含有碳酸根离子。

盐与酸之间也可发生化合反应、氧化还原反应，如：

$$Ca_3(PO_4)_2 + 4\,H_3PO_4 === 3\,Ca(H_2PO_4)_2$$
$$Na_2S_2O_3 + H_2SO_4 === Na_2SO_4 + S + SO_2 + H_2O$$

盐与碱反应，生成物为新盐和新碱，生成物中有沉淀、气体或水，如：

$$CuSO_4 + 2\,NaOH === Cu(OH)_2 + Na_2SO_4$$

不同类型的盐间能够发生化学反应，如：

$$2\,NaHSO_4 + Na_2CO_3 === 2\,Na_2SO_4 + H_2O + CO_2$$

部分盐在高温条件下，可与酸性氧化物反应，如：

$$Na_2CO_3 + SiO_2 \xrightarrow{\text{高温}} Na_2SiO_3 + CO_2$$
$$CaCO_3 + SiO_2 \xrightarrow{\text{高温}} CaSiO_3 + CO_2$$

纯碱或石灰石在熔融状态下与 SiO_2 发生复杂的反应，是玻璃制备过程所涉及的主要化学反应。

盐水解，生成酸式盐或碱式盐等，如：

$$Na_2CO_3 + H_2O \rightleftharpoons NaHCO_3 + NaOH$$
$$Fe_2(SO_4)_3 + 2\,H_2O \rightleftharpoons 2\,Fe(OH)SO_4 + H_2SO_4$$
$$2\,CuSO_4 + 2\,Na_2CO_3 + H_2O === Cu_2(OH)_2CO_3 + 2\,Na_2SO_4 + CO_2$$

据此，显碱性的强碱弱酸的酸式盐（如 $NaHCO_3$ 等）与显酸性的强酸弱碱盐［如 $Al_2(SO_4)_3$ 等］发生双水解反应，可制备泡沫灭火器。

$$6\,NaHCO_3 + Al_2(SO_4)_3 === 2\,Al(OH)_3 + 3\,Na_2SO_4 + 6\,CO_2$$

盐与盐之间一般发生复分解反应，除上述提及的双水解反应外，还能够发生氧化还原反应，如：

$$2\,FeCl_3 + 2\,KI === 2\,FeCl_2 + I_2 + 2\,KCl$$
$$2\,FeCl_3 + SnCl_2 === 2\,FeCl_2 + SnCl_4$$

盐的应用

盐的衍生产品已达 15000 余种，是人们赖以生存和社会发展不可或缺的宝贵资源，如苏联科学院院士塔塔里诺夫在谈到盐对人类不可取代的巨大价值时说："人类没有火箭是可以想象的，但如果没有盐是不可思议的。"

苏打（Na_2CO_3）、小苏打（$NaHCO_3$）水解呈碱性，常用于中和制作发面制品过程产生的过多乳酸，并使馒头等膨暄，口感好。碳酸钾主要用于食品中作膨松剂，此外苏打还被用于去除油污。

碳酸锂对狂躁抑郁症有治疗作用，如精神压抑症、癫狂症等，但大剂量的锂盐损害中枢神经系统。溴化钾、溴化钠和溴化铵制成的"三溴片"同样是最为重要的镇静剂之一。

硝酸锂在军事上用于制造信号火箭和信号枪用子弹，烟火装置中产生红色火焰。氢化锂（LiH）被用于救生设备（救生艇、救生衣、信号气球等）充气膨胀，因为 LiH 遇水发生猛烈的化学反应，产生大量的氢气（100g 的 LiH 分解可产生 141L）。1kg 的 LiD 的爆炸力相当于 5 万吨烈性 TNT 炸药，1kg 锂通过热核反应放出的能量则相当于燃烧 2 万多吨优质煤。锂离子高能电池具有质量轻、储电能力高、充电速度快等优点，是目前电动汽车等设备首选的动力电池。

大剂量注射高浓度的 KCl 溶液能使中枢神经系统麻痹，引起痉挛、腹泻、肾功能不全，甚至会导致心脏病发作。注射 KCl 溶液可使大量的钾离子（K^+）游离于神经细胞之外，细胞内的 K^+ 离子无法出来，神经脉冲传导无法进行，引起心肌停止跳动，数分钟之内就会使人死于心律失常。钾离子通过钾通道蛋白传递穿过生物膜，罗德里克·麦金农因该项研究赢得了 2003 年的诺贝尔化学奖。

溴酸钾作为面粉改良剂在面粉和面包制品加工生产中使用，但该物质具有明显的致癌性，食用后对人的肾脏有损害。

高锰酸钾是一种普遍使用的氧化剂，可用于消毒杀菌等。

84 消毒液的主要成分就是次氯酸钠，一般将氯气通入碳酸钠溶液中制得，或将氯气通入低温烧碱溶液里，$Cl_2 + 2\,NaOH = NaCl + NaClO + H_2O$。漂白粉的主要有效成分是次氯酸钙。

"钡餐"作为 X 射线扫描的造影剂用于检测肠胃疾病，因为 $BaSO_4$ 的溶解度特别小，能确保它可以被安全地摄入与排出，况且 $BaSO_4$ 是唯一无毒的钡盐，它能强烈地吸收 X 射线。$BaCO_3$ 因其可以溶于胃酸而被用于鼠药的生产，因为 Ba^{2+} 是有毒的，它会严重干扰 Ca^{2+} 和 K^+ 的代谢反应，诱发心律失常和颤抖并导致瘫痪。

硫酸镁和硫酸钠都是盐类泻药，硫酸锌可治疗结膜炎，硫酸亚铁可以治疗缺铁性贫血，鱼精蛋白硫酸盐可以对抗注射肝素过量引起的严重大出血等。$CaSO_4$ 制成石膏绷带治疗伤筋断骨，生石膏可用于治疗发热恶寒等。明矾是十二水合硫酸铝钾[$KAl(SO_4)_2 \cdot 12H_2O$]的俗名，它是一种复盐，在水中能完全电离，具有净化水的功效。明矾经煅烧后去除结晶水则为枯矾，枯矾研成粉末可用于治疗许多疾病，如用于治疗肝炎、胆石症所造成的黄疸症。枯矾有较强的收敛止血和涩肠止泻作用。将硫酸铜和熟石灰加水混合，配制成一种经典的杀菌剂——波尔多液，用于葡萄霉叶病的防治等。

在进行铝热反应时，可加入一些氯酸钾，利用氯酸钾加热时分解产生氧气的特性，使镁条燃烧更加剧烈，有利于铝热反应的顺利进行。高岭土[$Al_2(OH)_4Si_2O_5$]不但是瓷器生产不可或缺的瓷土，也用于治疗腹泻，甚至采用以高岭土纳米颗粒浸渍的绷带止血。亚硒酸钠用于治疗克山病和大骨节病。

化学肥料

植物的正常生长除了必需的阳光和水外，还离不开适量的碳、氢、氧、氮、磷、钾、钙、镁、硫、铁、硼、锰、铜、锌、钼及氯16种元素。凡能提供一种或一种以上植物必需的营养元素，改善土壤性质，提高土壤肥力水平的一类物质均被称为肥料。更广义的肥料是指"用于提供、保持或改善植物营养和土壤物理、化学性能以及生物活性，能提高农产品产量或改善农产品品质或增强植物抗逆的有机、无机、微生物及其混合物。"要提高农作物的产量，施肥是不可缺少的。

中国是一个农业大国，在农业上使用肥料的历史十分悠久。商代人已在田里施用粪肥、绿肥等。15世纪前后的因卡人知道用鸟的排泄物做成鸟粪是有效的肥料。19世纪前的欧洲就有使用来自瑙鲁的鸟粪（一个位于太平洋上、面积约 $22km^2$ 的岛屿，其 70%的面积被鸟粪覆盖）这一天然有机肥料，作为农作物生长所需磷等元素的来源。

天然肥料的有效成分含量较低，早就不能满足农业发展的需要了。随着工业革命的到来，为满足农业生产的需要，人们研究并制造了含有氮、磷、钾三种元素和微量元素的肥料，这种肥料是在工厂内用化学加工方法制造出来的，所以就叫作化肥。无机化肥的发展历史虽不到两个世纪，但化肥的养分含量远高于农家肥，且肥效较快，增产显著。化肥能使农作物增产的原理涉及生物化学、植物生理学、土壤肥料学等方面知识，它是近现代工业提升农业丰产的一个重要技术支撑。

化肥与盐是两个既有关联又有区别的概念，一些化肥的主要成分可能就是某种无机盐，如 KCl、K_2SO_4 等；也有一些化肥的主要成分与盐无关，如尿素、氨水等。化肥生产指标侧重于主要营养元素的含量，纯度要求不高；盐的纯度一般都很高，杂质含量低，种类少。

化肥简介

肥料的种类很多，按照它们的来源、成分、性质、肥效和施用方法等，有多种分类方法。

按肥效的快慢不同分为：速效肥料、长效肥料（或迟效肥料）和缓效肥料。

根据化肥的化学性质不同可分为：酸性肥料[如 NH_4Cl，$(NH_4)_2SO_4$，K_2SO_4 等]、碱性肥料（如 $NaNO_3$，$CaCN_2$ 等）和中性肥料[如 $CO(NH_2)_2$]。

若按照溶解性对化肥进行区分，则可分为水溶性肥料和难溶性肥料两大类。

根据肥料的主要组成对常见肥料进行分类，如图 7-1 所示。

肥料
- 有机肥料，如绿肥、厩肥、堆肥、沤肥、粪尿肥等
- 单元肥料
  - 氮肥，如硝酸铵、硫酸铵、氯化铵等
  - 磷肥，如过磷酸钙、重过硫酸钙等
  - 钾肥，如硫酸钾、氯化钾等
- 复合肥料
  - 复合肥料，如磷酸氢二铵、硝酸钾、磷酸二氢钾等
  - 掺混肥料
  - 复混肥料，又称混配肥料，仅经过简单的机械混合过程制得的产品
  - 有机-无机复混肥料
- 微量元素肥料，如B、Mn、Cu、Zn、Mo等元素制成的肥料
- 微生物肥料，如根瘤菌、固氮菌、磷细菌、硅酸盐细菌肥料等
- 绿色智能肥料，如聚多巴胺为基础的智能肥料、以水凝胶为主体的肥料等

图 7-1 肥料分类

农家肥大多属于有机肥料，多为就地取材，就地使用，成本低，一般不但含有氮、磷、钾，而且还含有钙、镁、铁及一些微量元素。农家肥有利于促进土壤团粒结构的形成，可使土壤疏松，不板结。不过，农家肥中有效营养元素含量较低，肥效较慢。商品有机肥是将畜禽粪便、动植物残体、农产品或食品加工的废弃物通过工厂化加工、无害化处理制成的肥料产品。

下面主要对氮、磷、钾肥及复合肥、微肥、微生物肥等，逐一加以简介。

⚛ 氮肥

氮在自然、生命和人类活动中占有重要地位，是植物体内蛋白质、核酸和叶绿素的组成元素，主要作用于叶片，使作物茎叶茂盛，叶色浓绿。尽管大气中有丰富的氮（氮气约占空气体积分数的 78%），但由于氮分子中的 N≡N 三键键能高达 946kJ/mol，超强的化学键使得氮气异常稳定（已知最稳定的双原子分子），不但难以为植物利用，而且很不容易发生化学反应。只有在雷电作用下，氮气与氧气反应产生一氧化氮，

$$N_2 + O_2 \xrightarrow{\text{雷电}} 2\,NO$$

NO 易被氧化为 NO_2，氮氧化物与大气中的水反应生成硝酸，会导致酸雨。

$$2\,NO + O_2 \longrightarrow 2\,NO_2$$

$$3\,NO_2 + H_2O \longrightarrow 2\,HNO_3 + NO$$

此外，一些含有根瘤菌的作物（如大豆），在常温常压的低能量条件下，能够将氮气转变为氨或铵盐，作为肥料供作物生长使用。

19 世纪以前，农业上所需氮肥主要来自有机物的副产品（粪类、

种子饼及绿肥）。1809 年在南美的智利发现了硝酸钠矿，含 20%～60% 的硝酸钠，该矿长 320 千米，平均宽 3.2 千米，深 1.5 米，是无机物含氮肥料的一个重要来源，很快就被开采利用。氮肥的生产则是人工合成氨之后的事，尿素是 1922 年在德国得以工业化。

20 世纪初，由于军工生产及农业发展的需要，以天然有机肥料及天然硝石作为氮肥的来源已不能满足需要。德国的犹太裔化学家哈伯（Fritz Haber）考虑到氨是由氮与氢组成的分子，而氮气占空气体积比 78% 左右，应是用之不尽的原料。而且 N 的电负性（3.04）仅次于 F 和 O，说明它能和其他元素形成较强的键。为此，哈伯在 1909 年发明了人工固氮的化学反应，即在 500～600℃、20～50MPa 及采用锇（Os）或铀（U）为催化剂的条件下，实现了氢气和氮气合成氨的化学反应：

$$N_2 + 3\,H_2 \xrightarrow{\text{高温、高压、催化剂}} 2\,NH_3$$

开始合成氨的转化率较低（6%～8%），不利于工业化生产。后在德国工业化学家博施（Carl Bosch）为首的工程技术人员的努力下，经过两年的探索过程，终于找到了合适的氧化铁型催化剂，实现了用廉价的原料氮气、氢气合成氨的大规模工业化生产。1913 年，世界上第一座日产 30 吨氨的装置在德国建成投产，为粮食生产提供了充足的氮肥，使数亿人免于饥饿、死亡。哈伯被人称为用空气制造面包的圣人，获得了 1918 年的诺贝尔化学奖。博施则获得了 1931 年的诺贝尔化学奖。

合成氨产品的 70%～80% 被用于生产氮肥。氨气与硫酸作用，生成硫酸铵，也叫硫铵，别名"肥田粉"；氨与二氧化碳、水反应生成的白色固体碳酸氢铵，又叫"气肥"（不稳定，易分解）。氨气与酸反应，得到各种固态的铵盐（如氯化铵、硝酸铵、磷酸二氢铵、磷酸氢二铵等），利于运输、存放及施用等。需要强调的是，硝酸铵是一种最常见的氮肥，但因它本身是一种易于爆炸的物质（爆炸反应：$8\,NH_4NO_3 =\!=\!= 2\,NO_2 + 4\,NO + 5\,N_2 + 16\,H_2O$ 或 $2\,NH_4NO_3 \longrightarrow 2\,N_2 + O_2 + 4\,H_2O$），硝酸铵用于商业炸药的重要性现在仅次于用作肥料。由于硝酸铵放置时间长久易结块,其使用量逐步减少了。

工业上采用氨和 CO_2 直接反应,合成尿素。总反应式为:

$$2\,NH_3\,(l) + CO_2\,(g) = CO(NH_2)_2\,(l) + H_2O\,(l)$$

尿素是农民使用较多的一种见效快且效力足的氮肥,尤其是在促进农作物生长发育方面。全球尿素的年产量高达 10 亿吨,中国为 5700 万吨。如果没有尿素,农作物的产量绝不可能达到如今这样高的水平,全球的粮食就会供应不足,导致饥荒。现代的工业化农业必须使用含氮的化合物肥料才能种出足够多的粮食,因为全人类吃的食物中有 1/3 要靠氮肥生产。

工业上广泛采用的 Haber-Borsh 高温高压合成氨方法需要使用高纯氢气和氮气在铁基催化剂条件下反应,存在高能耗、高化石燃料消耗和高 CO_2 排放等问题。寻找研发可在温和条件下实现高效、低能耗且低 CO_2 排放的工业合成氨方法成为亟待解决的科学挑战。人工模拟生物固氮、分子氮配合物活化 $N\equiv N$ 键以及外场光或电驱动合成氨的研究,已成为世界范围内重要的共性课题。2011 年,Holland 报道了用铁配合物、钾还原剂和 H_2 与 N_2 生产氨,这是一项开创性的成就[1]。常温常压水相电催化合成氨[2],有可能改变氮肥的生产格局。

氨不仅用于生产氮肥,亦是生产硝酸的原料,硝酸是生产炸药的重要化工原料。

氨氧化反应中,若不使用特定的催化剂,则氧化产物为 N_2,得不到 NO。而在催化剂作用下氧化产物为 NO。

$$4\,NH_3 + 3\,O_2 \longrightarrow 2\,N_2 + 6\,H_2O$$

$$4\,NH_3 + 5\,O_2 \xrightarrow{\text{铂铑丝网, 800℃}} 4\,NO + 6\,H_2O$$

---

❶ Rodriguez M M, Brennessel W W, Holland P L. Science, 2011, 334: 780.

❷ Hao Y C, Guo Y, Chen L W, et al. Nat Catal, 2019, 2: 448-456.

磷肥

磷是一种必需的植物限制性营养素，是构成细胞核中核蛋白的重要物质，对种子的成熟和根系的发育起着重要的作用。磷肥对粮食增产具有重要意义，施用磷肥可促使作物根系发达，提高植物抗寒抗旱性，提高块根作物中淀粉和糖的含量，促进作物成熟，穗粒增多，籽粒饱满。

磷资源在世界各地用作肥料长达数百年，欧洲在使用化学磷肥之前，已经通过施用鸟粪来实现作物的增产，因为鸟粪中富含磷酸盐，其中的磷是农业粮食生产不可或缺的组成之一。世界上第一种化学肥料是 1838 年英国乡绅劳斯（L. B. Ross）发明的，他用硫酸处理磷矿石制成磷肥。1854 年英国建立了世界上第一个生产过磷酸钙的工厂。地球上的磷矿石主要由磷灰石（氟磷灰石、氯磷灰石、羟磷灰石）组成，世界上磷矿石储量前三的国家是美国、摩洛哥、中国，南非和俄罗斯的磷矿资源也十分丰富，世界上 85% 的磷矿用于生产各种磷肥。1999 年，世界开采磷灰石矿达 1.41 亿吨，其中 90% 以上用作磷肥。

磷肥的生产方法主要有酸法和热法两类。酸法加工又称湿法工艺，如将磷矿粉与适量硫酸反应生成磷酸和二水硫酸钙，经过滤后得到稀磷酸，再与氨中和，然后进行浓缩，最后进行喷浆造粒和干燥，得到磷酸的铵盐称为磷铵（安福粉）。

$$Ca_5F(PO_4)_3 + 5\ H_2SO_4 + 10\ H_2O =\!=\!= 3\ H_3PO_4 + 5\ CaSO_4 \cdot 2H_2O + HF$$

$$2\ H_3PO_4 + 3\ NH_3 =\!=\!= (NH_4)_2HPO_4 + NH_4H_2PO_4$$

用硝酸分解磷矿粉，然后用氨中和得溶液，即复合肥料硝酸磷肥或氮磷混肥。

$$Ca_5F(PO_4)_3 + 10\ HNO_3 == 3\ H_3PO_4 + 5\ Ca(NO_3)_2 + HF$$

$$H_3PO_4 + 3\ Ca(NO_3)_2 + 6\ NH_3 == 3\ CaHPO_4 + 6\ NH_4NO_3$$

用氢氧化钾或碳酸钾中和磷酸，再与氨反应，得到磷酸二氢钾，它是粮食、棉花等作物的根外施肥。

热法加工是指添加某些助剂在高温下分解磷矿石，经过进一步处理，制成可被农作物吸收的磷酸盐。磷酸盐（主要是钙盐和铵盐）是重要的无机肥料，但天然磷酸盐不溶于水，需要经过化学处理，如用适量硫酸处理磷酸钙：

$$Ca_3(PO_4)_2 + 2\ H_2SO_4 == 2\ CaSO_4 + Ca(H_2PO_4)_2$$

产物硫酸钙和磷酸二氢钙的混合物叫过磷酸钙（又称普钙），可直接用作肥料。不含硫酸钙的磷酸二氢钙叫重钙。

工业上，单质磷的生产广泛采用的是电炉还原法，将磷矿粉（或磷酸钙）、石英砂和炭粉混合放入电弧炉中，加热至 $1400\sim1600\,℃$ 来制取：

$$4\ Ca_5F(PO_4)_3 + 18\ SiO_2 + 30\ C \xrightarrow{\triangle}$$

$$3\ P_4\uparrow\ +\ 30\ CO\uparrow\ +\ 18\ CaSiO_3\ +\ 2\ CaF_2$$

$$2\ Ca_3(PO_4)_2 + 6\ SiO_2 + 10\ C \xrightarrow{\triangle} P_4\uparrow + 10\ CO\uparrow + 6\ CaSiO_3$$

用黄磷燃烧生成的 P_4O_{10} 水合吸收制备磷酸：

$$P_4 + 5\ O_2 \xrightarrow{燃烧} P_4O_{10},\quad P_4O_{10} + 6\ H_2O == 4\ H_3PO_4$$

用单质磷制成的磷酸可应用于食品，如软饮料，并作为食品级磷酸盐的起点。其中包括用于发酵粉的单一磷酸钙和三聚磷酸钠，用于改善加工肉类和奶酪的特性磷酸盐，以及牙膏中的磷酸盐。

大部分生产都是用于农业化肥的浓缩磷酸，其中含有高达 $70\%\sim75\%$ 的 P_2O_5。磷肥主要是磷酸盐或磷酸二氢盐、过磷酸钙、钙镁磷肥、重过磷酸钙等。

钾肥

钾是植物生长、发育、结果必需的营养元素，施用钾肥能够促进作物的光合作用、植物酶的活化等。钾肥的功能使作物茎秆健壮，提高作物抗寒、抗病虫害和抗倒伏的能力，并促进作物中糖分和淀粉的生成，达到增产的目的。植物缺少钾，就会得"软骨病"，易伏倒。钾肥有传统的草木灰、窑灰钾肥、有机钾肥等。

世界钾矿资源主要集中在加拿大、俄罗斯、德国和约旦等地。1861年，在德国的斯达斯非特发现了世界上著名的钾矿，矿区面积约 160 平方公里，矿层深达 1000 公尺。1889 年成立的钾肥生产商 K+S 股份有限公司，年产钾肥 300 万吨左右。美国的西尔兹盐湖的卤水中，KCl 的含量高达 3.5%~4.9%；大盐湖卤水 KCl 含量为 3.2%~3.78%。死海中 KCl 的含量为 1%，以色列长期以死海为原料，开采生产钾肥等。工业钾肥主要是钾盐中的氯化钾、硫酸钾、硝酸钾、磷酸钾、磷酸二氢钾、钾镁肥和钾钙肥等。

中国的钾肥长期依赖进口。我国钾肥产品主要是氯化钾、硫酸钾、硝酸钾等，生产主要集中在盐湖资源产地——青海与新疆。

国际上常用的生产钾肥的方法包括冷分解-浮选法、冷结晶-浮选法以及反浮选-冷结晶法等。

钾石盐主要由 KCl 和 NaCl 组成，主要杂质为光卤石（KCl·$MgCl_2$·$6H_2O$）、硬石膏（$CaSO_4$）和黏土物质，绝大部分用于制造钾肥。云南思茅地区江城钾石盐矿床，是中国有名的固体钾盐矿床。钾石盐制取氯化钾是利用 KCl 和 NaCl 在不同温度下具有不同溶解度的特性进行的。

1861 年，德国以光卤石为原料，开始发展钾肥工业。用光卤石制取氯化钾则是利用 $MgCl_2$ 的溶解度比 KCl 的溶解度大为基础进行的。

KCl 是世界上用量最大的钾肥 [KCl 肥的有效成分用氧化钾（K_2O）来表示，纯品含 K_2O 63.17%，作为化肥使用 K_2O 一般含量为 40%～60%]，约占钾肥总量的 90%以上。果树、烟叶等在施用钾肥时，选择硫酸钾，因为氯离子会影响水果的甜度及烟草的口感等。50%的硫酸钾来自天然开采的硫酸钾及其复盐，37%由 KCl 通过人工转化合成，其余 13%则由天然盐湖和其他含钾资源加工而得。由 KCl 为原料生成 K_2SO_4 所涉及的化学反应方程式为：

$$KCl + H_2SO_4 == KHSO_4 + HCl$$

$$KCl + KHSO_4 == K_2SO_4 + HCl$$

K_2SO_4 纯品含 K_2O 54.06%，作为化肥使用，一般要求含 K_2O 50% 左右。俄罗斯（包括白俄罗斯）是世界最大的钾肥生产国和出口国。

🝔 复合肥

复合肥料是指含有氮、磷、钾三种营养元素中的两种或两种以上且标明其含量的化肥。含两种营养元素的叫"二元复合肥料"，如含氮磷元素的"安福粉"（$NH_4H_2PO_4$，含 N 11%～12%，含 P_2O_5 60%）；含氮钾元素的"硝酸钾"（KNO_3，含 N 13%，含 K_2O 46%）等。含有氮磷钾三种元素的叫"三元复合肥料"，如"氮磷钾粉"等。复合肥料具有养分含量均匀（一般 N、P、K 各 15%左右），颗粒大小一致的特点。

磷酸铵 [$(NH_4)_3PO_4$，含 N 18%，含 P_2O_5 46%]、磷酸氢铵、磷酸二氢铵均属于氮磷二元复合肥。

明矾石除用于提炼明矾外，还可用于生产硫酸钾或氮钾混合肥。将焙烧后的明矾石熟料用氨溶液进行浸取：

$$K_2SO_4 \cdot Al_2(SO_4)_3 \cdot 2Al_2O_3 + 6 NH_3 \cdot H_2O ==$$
$$K_2SO_4 + 3 (NH_4)_2SO_4 + 2 Al(OH)_3 + 2 Al_2O_3$$

浸取后 K_2SO_4 和 $(NH_4)_2SO_4$ 进入溶液中，$Al(OH)_3$、Al_2O_3 及原矿中的 SiO_2、Fe_2O_3 和 TiO_2 等杂质进入残渣中。对浸出液经蒸发浓缩可得氮钾混合肥。

用硝酸分解磷矿，以氨中和后经冷冻除去硝酸钙而加工制成的氮磷速效复混肥。其主要成分有硝酸铁、磷酸铵、磷酸二氢钙。目前国产的硝酸磷肥含水溶性磷 P_2O_5 20%，N 20%（其中 NO_3^- 45%，NH_4^+ 55%）。

复混肥生产工艺比较简单，通常是指尿素、过磷酸钙、氯化钾等通过机械混匀加工或采用简单的化学反应，制得磷铵，再将尿素、氯化钾掺和进去，制成的肥料养分不均，只能称为**复混肥**。复混肥养分浓度较低，总养分一般不超过 30%，释放不均衡，效果较差。不过，复混肥在生产过程中可添加一些微量元素，或具有杀虫卵功效的农药等成分。磷酸铵与尿素、硫酸钾或氯化钾可配制成不同养分比的混合肥料。

由硫酸铵、硫酸钾和磷酸铵按不同配比混合制成的氮磷钾复混肥，是高浓度的速效复混肥，其氮磷钾比例 $[m(N)：m(P_2O_5)：m(K_2O)]$ 常见的有：10：30：10、10：20：15、15：15：15 和 12：24：12 等。

注意：硝铵和尿素不应相互掺混，铵态氮肥不应与碱性强的肥料混合，以免氮的损失。过磷酸钙不能直接与硝铵混合，否则生成吸湿性较强的硝酸钙，而使掺混肥料快速变黏。过磷酸钙与尿素掺混时会析出结晶水。

以腐殖酸、氮磷钾无机肥为原料生产有机无机复合肥，再用具有防控土传病害功能的复合微生物菌剂对该复合肥进行菌肥一体化复合包膜处理，得到的生物有机无机复合肥既能防控土传病害传播，又能满足植物生长对养分的需求，兼有修复改良土壤、提高化学肥料利用率、减轻环境污染和提高农产品品质的综合优势。

微肥

微肥是指微量元素肥料，可分为无机态和有机态两种类型。螯合态微量元素的肥效通常是无机微肥的2~5倍(如螯合态锌肥的效果是无机锌肥的10倍)，但螯合微肥的单位成本费一般比无机微肥高出10倍。植物正常生长发育所需的营养元素，除了常量元素外，还需要大量的微量元素，其中必需微量元素有铁、锰、锌、铜、钼、硼等。施用微量元素肥料对提高作物产量、改善作物品质具有重要的作用。

硼是高等植物正常生长发育必需的微量元素，能促进作物生殖生长，有利于开花结实，增强光合作用，可增强作物抗病能力，提高豆科植物的固氮能力等。硼肥适用于甜菜、油菜、棉花、小麦、烟草、马铃薯、甘薯、亚麻以及果树等作物。中国很多土壤都缺硼，缺硼会影响植物的发育、影响产量。

锌是多种类型酶的活性所必需的或至少是起调节作用的元素，能促进作物体内生长素的形成和碳、氮元素的利用。锌肥适用于高粱、谷子、大豆和花生等作物，可作基肥、种肥、追肥和根外追肥，用于拌种、浸种和根外喷施。缺锌时植物体内蛋白质合成速率和蛋白质含量急剧下降，而氨基酸累积。

铁是叶绿素形成所必需的微量元素，也是植物体内多种氧化酶、铁氧还蛋白和固氮酶的组成部分。铁缺乏时，亚硝酸还原酶和次亚硝酸还原酶的活性降低，使硝态氮还原成铵态氮的过程变缓慢，影响蛋白质和氮素的合成与代谢。

铜与植物的碳素同化、氮素代谢、吸收作用以及氧化还原过程都有密切的关系，是多种酶的组成成分。铜对叶绿素有稳定作用，可避免叶绿素过早地遭受破坏。铜还参与蛋白质和糖的代谢，与呼吸作用关系密切。

锰是植物合成叶绿素的催化剂，能促进维生素 C 的合成等，锰能促进碳水化合物和氮的代谢，能促进种子发芽和幼苗生长，加速花粉萌发和花粉管伸长。缺锰直接影响植物的光合作用，对非结构性碳水化合物含量的影响最大，合理地施用锰肥可以提高植物叶绿素和维生素 C 的含量，提高植物的抗旱、抗寒以及抗病能力等。

钼在植物中的主要功能是参与氮的代谢，一些固氮生物体内含有固氮酶，其活性中心是一种含有钼铁硫的簇合物结构单元。钼还能促进植物对磷的吸收，加速植物体内醇类的形成与转化。

微生物肥料

微生物肥料是指有益微生物制成的能改善作物营养条件（又有刺激作用）的活体微生物肥料制品，其种类分为细菌肥料、放线菌肥料、真菌肥料等。根瘤菌和固氮菌属于细菌；解磷微生物是一类能够通过各种增溶机制和矿化作用将土壤中难溶性的磷分别转换为易于被植物根部吸收生物可利用形态的微生物，种类有细菌、放线菌和真菌；硅酸盐细菌能够分解硅酸盐类矿物，一般称解钾菌。

全世界有 70 多个国家生产和推广使用微生物肥料，欧美发达国家农业生产中微生物肥料的使用率在 20%以上，美国和巴西大豆根瘤菌接种率达到 95% 以上。微生物肥料的主要特征是添加了具有固氮、溶磷、解钾等功能微生物菌剂，或添加了能够通过代谢活动产生刺激素的有益微生物，具有促进作物利用土壤中的低有效态养分，或拮抗病原微生物、减少作物病害发生等功能。例如，仿拟豆科植物根瘤菌中固氮酶的作用机理，研制出优质高效的根瘤菌制剂。微生物肥料既要提升主流的固氮、溶磷、解钾菌剂的效果，也要研发钙、镁、铁、硅等难溶性养分的活化菌剂，如生物硅肥等，通过改善土壤养分的均衡供应实现肥料提升作物品质的潜力。

微生物肥料生产需要使用的菌种已达 100 多种，早已突破过去的"固氮、解磷、解钾"模式。如把固氮和活化土壤养分的菌剂与生防促生菌剂复合，开发具有三效合一的"肥药兼效型"复合微生物肥料，利用微生物的产生物作为农药，缓解连作引起的土传病害，开发出高效无毒或高效低毒的农药，真正解决农药对环境的污染等问题。

此外，复合微生物肥料（特定微生物与氮磷钾养分复合而成）和生物有机肥（特定功能微生物与有机肥料复合而成）已呈现出极佳的开发潜力。不过多种微生物组合的作用机制研究严重欠缺，限制了相关功能菌株的挖掘和高效应用。

🔺 绿色智能肥料

绿色肥料（环境友好型肥料）包括缓/控释肥料、有机-无机复混肥料、微生物肥料、植物促生菌剂等，是一类能有效改善耕地质量、提升农业生产效率、提高作物品质、保障农产品安全、减轻环境污染的新型肥料。相比于常规施肥，施用新型肥料普遍能够提高作物产量和养分利用效率。绿色肥料应当是具有明确的适应作物生长规律需求的营养元素，既无环境污染，又能提高产量和品质的一类新型肥料。

绿色智能肥料具有养分高效、低碳环保，低排无废、资源全量利用的绿色特点；施用后具有能高效挖掘作物的生物学潜力、与根系"对话"激发根际效应、响应气候和土壤条件、精准匹配作物需求的智能特点。在优化氮、磷、钾配比的基础上，结合微量元素添加，注重养分速效与缓效的协同，走资源全量化利用路线，不强调高浓度、全水溶的肥料。

绿色智能肥料不仅具有更好增产提质和培肥土壤作用，而且是引领工农全链条融合与化肥产业绿色转型的重要切入点。将人工智能与智慧农业结合起来，可极大地提升农业生产效率，减少农药和化肥消耗，降低劳动强度。如采用测土配方施肥，做到缺什么补什么，缺多少补多少，消除或减少过量施肥造成的浪费及对环境的污染等。综合考虑每种农作物的习性、喜好及不同生长阶段的需求，精准提供各种养分，这是智慧农业的未来发展方向和必由之路。

🔬 正确合理施用化肥

施肥不仅能提高土壤肥力，而且也是提高作物单位面积产量的重要举措。化肥可以大量生产，营养元素含量较高，农业生产中使用，肥效快而显著。不过，肥料利用率偏低一直是中国农业施肥中存在的问题，氮肥利用率一般为 30%～50%（平均约 35%），磷肥的利用率仅为 10%～25%，钾肥的利用率为 20%～40%。低利用率不仅造成农业生产成本增加，而且增加了江河湖泊水体的富营养化（硝酸盐肥料是引起水质富营养化的关键污染物），危害生态体系的平衡等。

化肥的施用要根据土壤酸碱性、作物类别等因素而定，最好实施测土配方，增施土壤酸碱调节剂、土壤结构改良剂等。碱性土壤施用酸性复合肥，酸性土壤施用碱性复合肥，以调节土壤酸碱度。盐渍土不要施用氯化钾型复合肥和含钠的复合肥，避免土壤含盐量的增加。油料、薯类、糖类、棉麻类等作物需钾较多；蔬菜、烟草等忌氯作物尽量少施用含有氯的复合肥等。农田土壤缺锌主要是由 Zn 的有效性低、土壤 pH、$CaCO_3$ 含量高等原因造成的。缺钙的植株矮短、新叶卷曲、叶边黄枯，往往因早衰而枯萎。

含硝态氮的复合肥宜施于旱地，含水溶性磷的复合肥在各种土壤上均可施用；含弱酸溶性磷的复合肥在酸性或中性土壤上作基肥优于碱性土壤。氯化钾型的复合肥不宜在忌氯作物和盐碱地上施用。水溶性肥主要配以喷滴灌技术进行施肥，灌溉与施肥融为一体的新农业技术称为"水肥一体化"，"水肥一体化"具有肥料利用率高、节省人工、节约水资源的优点。

如何用简易的方法区分氮肥、磷肥、钾肥？

由于氮肥和钾肥都是白色的，而磷肥为灰白色粉末，这是生产工艺形成的，故可观察外观进行初步的判断。此外，氮肥和钾肥的溶解性一般较好，磷肥多数不溶于水或在水中溶解性较差（慢）。此外，还可以根据热稳定性的差异，通过灼烧加以判别。

施肥中氮、磷、钾三者取什么比例最好？

美国化学家皮尤（Evan Pugh）在 1857 年指出土壤中的氨对植物生长很重要，到了 19 世纪前半叶才根据法国的布森戈、英国的劳斯和李比希等的研究弄清楚了植物生长和磷、氮、钾等元素的关系。目前发达国家氮磷钾施肥比例基本为 1：0.4：0.3。中国化肥消费的 N：P_2O_5：K_2O 的比例大致是 1：（0.4～0.5）：（0.12～0.20）。对于成熟的作物，三种主要营养元素的比例大致在如下范围内最好：

$$N：P_2O_5：K_2O = 1：（0.3～0.4）：（0.12～0.16）$$

考虑到土壤结构、肥料流失等因素，三种主要营养元素的推荐采用比例范围为：

$$N：P_2O_5：K_2O = 1：（0.4～0.6）：（0.10～0.20）$$

实际生产施肥时，还应考虑种植农作物的需求、土壤已有肥力情况、所施肥料的溶解度等多种因素。此外，选择化肥时还应考虑施肥的时间，根据是基肥还是种肥，甚至是追肥确定所用化肥的种类和用量。通过测土配方施肥，优化氮磷钾比例，提升钾肥占比，提高化肥利用率，达到增加产量的目标。

近年来，化肥正朝着高效化、复合化、液体化、缓效化、绿色智能化的方向发展，总的趋势是发展高浓度高效复合肥料，尤其是开发缓释复合肥、控释复合肥、水溶性肥等复合肥高端品种。只有减少副成分，才能节约运施费用，达到降低成本、提高肥效的目的。增施有机肥，普及配方施肥，促进养分平衡，多管齐下，实现科学合理的农业施肥。

趣味实验

> 趣味实验应在实验室中由老师指导完成，同学们在实验过程中要严格遵守实验操作规范，保证人身安全。

实验 碘盐含碘的检验

碘是人体正常生长发育所必需的元素。碘缺乏导致大脖子病和精神发育障碍，孕妇缺碘会使胎儿生长迟缓，造成智力低下或痴呆，甚至发生克汀病。长期碘摄入过量也可导致甲状腺自身调节失衡，导致甲状腺疾病的发生。碘化钾极易被氧化，在长期放置的过程中可能已经被空气部分氧化为碘单质。强光也可催化氧气氧化碘离子的反应。

一、仪器和药品

仪器：试管、滴管等。

药品：氯化钠、淀粉、碘化钾、硫酸、加碘食盐等。

二、实验步骤

1. 向一支试管中先后加入 1g 氯化钠、3mL 蒸馏水、5 滴淀粉溶液、1mL 0.1mol/L 碘化钾溶液，震荡摇匀，观察实验现象。混合液中加入 1 滴 1mol/L 的硫酸，溶液是否发生变化？放置数小时后有无变化？

2．向一支试管中先后加入 5 滴淀粉溶液、1mL 0.1mol/L 碘化钾溶液，摇匀后，观察溶液是否有颜色变化？向混合溶液中加入 1 滴 1mol/L 的硫酸，观察溶液是否发生变化？放置数小时后是否发生变化？

3．向一支试管中先后加入 1g 碘盐、3mL 蒸馏水、5 滴淀粉溶液、1mL 0.1mol/L 碘化钾溶液、1 滴 1mol/L 的硫酸，观察试剂加入前后的实验现象。

4．按照表 7-3 的要求，对不同酸度条件下溶液中 O_2 氧化 KI 的快慢进行实验，观察试管中溶液的显色时间。

表 7-3 不同酸度条件下溶液中 O_2 氧化 KI 的实验情况

试管序号	（1）	（2）	（3）	（4）	（5）	（6）	（7）
0.1mol/L KI/mL	1	1	1	1	1	1	1
0.5%的淀粉/滴	5	5	5	5	5	5	5
$c(H_2SO_4)/(mol/L)$（1 滴）	10^{-5}	10^{-4}	10^{-3}	10^{-2}	0.1	1.0	10
刚显蓝色的时间							

5．按照表 7-4 的要求，对不同浓度 KI 条件下溶液中 O_2 氧化 KI 的显色时间进行实验，观察试管中溶液的显色时间。

表 7-4 溶液中 O_2 氧化不同浓度 KI 的实验情况

试管序号	（1）	（2）	（3）	（4）
$c(KI)/(mol/L)$（1mL）	0.001	0.01	0.1	1
0.5%的淀粉/滴	5	5	5	5
1mol/L H_2SO_4/滴	1	1	1	1
刚显蓝色的时间				

三、实验结果

1．上述实验步骤 1 和步骤 2 的溶液在加入稀硫酸前后均为无色，放置数小时后呈现淡淡的蓝色。

2．实验步骤3的溶液在加入稀硫酸后立即变成蓝黑色。因此如果没有 KIO_3，氧气氧化碘离子需要相当长的一段时间。

3．实验步骤4中，试管（1）（2）（3）中的溶液三天后仍为无色，（4）（5）中的溶液8小时后呈现蓝色，（6）为3个小时，（7）为20分钟，具体见表7-5。

表 7-5　不同酸度条件下溶液中 O_2 氧化 KI 的实验结果

试管序号	（1）	（2）	（3）	（4）	（5）	（6）	（7）
0.1mol/L KI/mL	1	1	1	1	1	1	1
0.5%的淀粉（滴）	5	5	5	5	5	5	5
$c(H_2SO_4)/(mol/L)$（1滴）	10^{-5}	10^{-4}	10^{-3}	10^{-2}	0.1	1.0	10
刚显蓝色的时间	无	无	无	8小时	8小时	3小时	20分钟

4．实验步骤5中，试管（1）中的溶液8小时以后尚未显色，（2）为3.5小时，（3）为3小时，（4）为5分钟，具体见表7-6。因此，随着碘化钾或者稀硫酸浓度逐渐增大，氧气氧化碘离子的时间逐渐减少，甚至达到几分钟的速度。

对不同浓度 KI 条件下溶液中 O_2 氧化 KI 的情况进行实验，观察试管中溶液的显色时间。

表 7-6　溶液中 O_2 氧化不同浓度 KI 的实验结果

试管序号	（1）	（2）	（3）	（4）
$c(KI)/(mol/L)$（1mL）	0.001	0.01	0.1	1
0.5%的淀粉/滴	5	5	5	5
1mol/L H_2SO_4/滴	1	1	1	1
刚显蓝色的时间	8小时	3.5小时	3小时	5分钟

随着碘化钾或者稀硫酸浓度逐渐增大，氧气氧化碘离子的时间逐渐减少，甚至达到几分钟的速度。为避免氧气氧化碘离子的"意外"现象发生，需要将试剂的浓度和用量控制在一定的范围内，例如使用 0.5mL 0.1mol/L 的碘化钾溶液和 1～2 滴 1mol/L 稀硫酸。

四、实验原理

对于添加碘酸盐的食用盐，可在食盐溶液中加入 KI，酸性条件下生成能使淀粉变蓝的 I_2。

$$IO_3^- + 5\,I^- + 6\,H^+ === 3\,I_2 + 3\,H_2O$$

天然淀粉由直链淀粉和支链淀粉组成，直链淀粉遇碘产生蓝色，支链淀粉遇碘产生红色。大多数淀粉含直链淀粉 10%～12%，含支链淀粉 80%～90%。玉米淀粉含 27%直链淀粉，马铃薯淀粉含 20%直链淀粉，糯米淀粉几乎全部是支链淀粉，有些豆类的淀粉则全是直链淀粉。直链淀粉又称可溶性淀粉，容易被人体消化；支链淀粉是一种具有支链结构的多糖，不溶于热水中。

直链淀粉是由 α-D-吡喃式葡萄糖单元通过 α-(1,4)-糖苷链连接的线型聚合物。禾谷类直链淀粉的聚合度为 300～1200，平均 800；薯类直链淀粉的聚合度为 1000～6000，平均 3000。直链淀粉与碘形成包合物时，直链淀粉分子形成了左旋的单螺旋链，每圈由 6 个葡萄糖单元构成，外径 13 埃，螺旋空腔内径为 5 埃，螺距为 8 埃。钻入直链淀粉螺旋空腔的 I_3^- 或多碘离子成直线排列在螺旋空腔内，且碘原子间距离相同，约 3.1 埃。

对于添加 KI 的食盐，可加入 $NaNO_2$，通过酸性条件下的氧化还原反应，生成单质碘，碘与淀粉作用变蓝。

$$2\,NaNO_2 + 2\,KI + 2\,H_2SO_4 === 2NO + I_2 + 2H_2O + Na_2SO_4 + K_2SO_4$$

五、注意事项

根据上面 5 个实验探究，得出"外加碘化钾检验碘盐真假"的方法在科学性上确实存在问题。但是，从教育的角度来讲，只需将试剂的浓度和用量控制在一定的范围内，就可以避免氧气氧化碘离子的"意外"现象。例如使用 0.5mL 0.1mol/L 的碘化钾溶液和 1～2 滴 1mol/L 稀硫酸。

主要参考书目

[1] 德里克·B. 罗威. 化学之书[M]. 杜凯, 译. 重庆: 重庆大学出版社, 2019.

[2] 杰克·查洛纳. 图解化学元素: 探秘我们宇宙的构成单元[M]. 卜建华, 译. 北京: 人民邮电出版社, 2014.

[3] 宫村一夫. 化学元素大研究[M]. 张琳, 译. 北京: 人民邮电出版社, 2014.

[4] Jackson Tom. 化学元素之旅[M]. 李莹, 等译. 北京: 人民邮电出版社, 2014.

[5] 埃里克·塞利. 神奇的化学元素[M]. 郑晨, 等译. 北京: 机械工业出版社, 2016.

[6] 伊恩·C. 斯图尔特, 贾斯廷·P. 洛蒙特. 改变世界的化学[M]. 侯鲲, 雷铮, 宗麤, 译. 上海: 上海科学技术文献出版社, 2020.

[7] 西蒙·辛格. 大爆炸简史[M]. 王文浩, 译. 长沙: 湖南科学技术出版社, 2017.

[8] 左卷健男, 田中陵二. 奇妙的化学元素[M]. 吴宣劭, 译. 北京: 煤炭工业出版社, 2015.

[9] 詹姆斯·罗素. 万物由什么组成: 化学元素的奇妙世界[M]. 江晶, 译. 成都: 四川科学技术出版社, 2020.

[10] 叶铁林, 徐宝财. 化学元素的奇妙世界[M]. 北京: 化学工业出版社, 2016.

[11] 丹·格林. 化学速览: 即时掌握的 200 个化学知识[M]. 陈晟, 等译. 北京: 人民邮电出版社, 2019.

[12] 汤姆·杰克逊. 奇妙的元素周期表[M]. 王艳红, 译. 北京: 人民邮电出版社, 2018: 28.

[13] 摩尔博士. 化学其实很简单[M]. 王中立, 译. 上海: 上海科学技术文献出版社, 2014.

[14] 李绍山, 王斌, 王衍荷. 化学元素周期表漫谈[M]. 北京: 化学工业出版社, 2011.

[15] 凌永乐. 化学元素周期系史话[M]. 北京: 化学工业出版社, 2011.

[16] 彼得·阿特金斯. 化学元素周期王国[M]. 张瑚, 等译. 上海: 上海科学技术出版社, 2012.

[17] 徐建中, 马海云. 化学简史[M]. 北京: 科学出版社, 2019.

[18] 保罗·帕森斯, 狄克逊·盖尔. 化学元素指南: 元素周期表完全解析(图文版)[M]. 陈晟, 等译. 北京: 人民邮电出版社, 2019.

[19] Steed J W, Atwood J L. 超分子化学[M]. 赵耀鹏, 孙震, 译. 北京: 化学工业出

版社, 2006.

[20] 伊恩·C. 斯图尔特, 贾斯廷·P. 洛蒙特. 身边的化学秘密[M]. 侯鲲, 雷铮, 宗
磊, 译. 上海: 上海科学技术文献出版社, 2020.

[21] 丽贝卡·米尔汉姆. 化学元素的世界[M]. 黄旭虎, 译. 北京: 电子工业出版社,
2021.

[22] 安妮·鲁尼. 化腐为奇——从元素周期表到纳米技术, 化学趣史[M]. 程肖雪,
张灿灿, 译. 北京: 中国妇女出版社, 2019.

[23] 沈青. 分子酸碱化学[M]. 上海: 上海科学技术出版社, 2012.

[24] Hideshi Hattori, Yoshio Ono. 固体酸催化[M]. 高滋, 等译. 上海: 复旦大学出
版社, 2016.

[25] Yoshio Ono, Hideshi Hattori. 固体碱催化[M]. 高滋, 等译. 上海: 复旦大学出
版社, 2013.

[26] 陈闽. 做有趣老师, 教有趣化学[M]. 青岛: 中国海洋大学出版社, 2020.

[27] 马克·科尔兰斯基. 万用之物: 盐的故事[M]. 夏业良, 译. 北京: 中信出版社,
2017.

[28] 英雄超子. 鬼脸化学课·元素家族 1[M]. 南京: 南京师范大学出版社, 2018.

[29] 英雄超子. 鬼脸化学课·元素家族 2[M]. 南京: 南京师范大学出版社, 2018.

[30] 英雄超子. 鬼脸化学课·元素家族 3[M]. 南京: 南京师范大学出版社, 2018.

[31] 詹姆斯·迪尼科兰托尼奥. 被误解的盐: 你可能需要吃咸点[M]. 王瑜玲, 译.
北京: 社会科学文献出版社, 2021.

[32] 王仁湘, 张征雁. 盐与文明[M]. 沈阳: 辽宁人民出版社, 2007.

[33] 孙俤. 国外化肥施用技术[M]. 北京: 化学工业出版社, 1982.

[34] 《化学肥料》编写组. 化学肥料[M]. 上海: 上海人民出版社, 1976.

[35] 周栋. 化学之树[M]. 广州: 华南理工大学出版社, 2020.